高等职业教育公共课程"十三五"规划教材

计算机办公实用教程

赵旭辉　王素香　主　编

谭　昕　史冶佳　孟祥娜　副主编

U0316528

中国铁道出版社有限公司

CHINA RAILWAY PUBLISHING HOUSE CO., LTD.

内 容 简 介

本书是为高等职业院校非计算机专业学生编写的计算机实用办公教材。本书编写以教育部高等学校大学计算机课程教学指导委员会公布的《大学计算机教学基本要求》和《全国计算机等级考试一级 MS Office 考试大纲》为依据，注重实作，基于实际办公应用场景，灵活安排教学内容，涵盖了操作系统、文字处理、电子表格、演示文稿、网络应用五个部分，全面满足日常办公需要。

本书思路新颖，图文并茂，内容丰富，适合作为高等职业院校、成人教育的计算机教材，也可作为日常计算机办公的实用参考书。

图书在版编目（CIP）数据

计算机办公实用教程/赵旭辉，王素香主编. —北京：中国铁道
出版社，2018.8（2020.8 重印）
高等职业教育公共课程"十三五"规划教材
ISBN 978-7-113-24660-0

Ⅰ.①计…　Ⅱ.①赵…　②王…　Ⅲ.①办公室自动化-应用软件-高等
职业教育-教材　Ⅳ.①TP317.1

中国版本图书馆 CIP 数据核字（2018）第 190644 号

书　　　名：计算机办公实用教程
作　　　者：赵旭辉　王素香

策　　　划：祁　云　　　　　　　　　　　读者热线：（010）63549458
责任编辑：祁　云　卢　笛
封面设计：付　巍
封面制作：刘　颖
责任校对：张玉华
责任印制：樊启鹏

出版发行：中国铁道出版社有限公司（100054，北京市西城区右安门西街 8 号）
网　　　址：http://www.tdpress.com/51eds/
印　　　刷：北京虎彩文化传播有限公司
版　　　次：2018 年 8 月第 1 版　　2020 年 8 月第 5 次印刷
开　　　本：787 mm×1 092 mm　1/16　印张：19.25　字数：481 千
印　　　数：6 101～6 700 册
书　　　号：ISBN 978-7-113-24660-0
定　　　价：49.80 元

前 言

本书根据教育部高等学校大学计算机课程教学指导委员会公布的《大学计算机教学基本要求》和《全国计算机等级考试一级 MS Office 考试大纲》编写而成。

信息化是当前时代发展的大趋势，信息化已经进入到人类生活的方方面面并且正改变着人们的日常生活方式。工作中的信息化可以大幅度地提高工作效率；生活中的信息化可以使生活更加舒适、安全、智能；社交沟通中的信息化可以使沟通更加便捷、流畅；娱乐中的信息化可以使人更加放松和愉快。置身于信息社会之中，在海量信息的包围下，掌握信息处理的方法和手段已是当务之急。

学习计算机技能，学会应用计算机进行日常办公事务处理是高等教育学生必须完成的一项基本学业内容。计算机操作技能和信息化办公处理能力是当前高技能人才的一个基本标志，也是职场岗位履职的一个基本能力指标，更是未来各行业得以持续发展的动力源泉和基础。然而高职学生，因为生源地域、教育程度等的差异，计算机的启蒙教育水平参差不齐，再加上高职学生自身的一些学习特点，传统的教材和教学方法无法充分调动学生参与的积极性，很难帮助学生形成计算机办公应用能力。很多学生即使毕业，其计算机办公水平依然较低，不能满足实际工作对计算机能力的要求。

本书针对高职学生的特点，基于真实办公应用场景，通过完成办公任务实现知识结点的串联，直接帮助学生完成知识的梳理，使其掌握典型应用情境和具体操作方法，学生接受迅速、有效，通过举一反三，能够快速提升学生的计算机办公能力。

参加本书编写的几位教师长期工作于一线教学岗位，积累了较为丰富的教学经验。在本书的写作中，主要突出以下几个方面：

- 突出办公情境实践。每一节所设定的办公任务都是来自于日常办公实例，通过完成这些任务串联起知识点，帮助学生完成知识梳理，使其掌握软件操作方法和流程，提升实践办公能力。
- 突出培养学生综合能力。本书的大部分章节都以任务开始，由教师带领学生分析问题，寻找解决问题的方法，在分析过程中，触类旁通，帮助学生学会运用已有知识破解难题。通过这种形式，有效地启发学生的思维，帮助学生养成勤于思考、肯于动手实践的良好习惯，真正达到有的放矢、学有所用的教学目的，进而提升学生的综合能力。
- 突出宽、浅、用、新。本书在内容安排上，突出体现新颖性、实用性、广泛性和易学性。知识新颖才能吸引住学生，知识实用才能帮助到学生，知识广泛才能开拓学生的视野，知识简单易学才能使学生易于接受。
- 突出全国计算机等级考试一级 MS Office 的考试重点。本书的内容紧密结合一级考试大纲，尽量全面地囊括考试知识点，采用示例或课后习题等形式，加深学生的印象，有利于学生对这部分知识的掌握。

全书共分 5 章，分别介绍了操作系统、文字处理、电子表格、演示文稿和网络应用等内容。本书由赵旭辉、王素香任主编，谭昕、史冶佳、孟祥娜任副主编，全书由赵旭辉、王素香统稿。

在编写过程中还得到了其他兄弟学校相关任课教师的大力支持和帮助，在此深表感谢！

全书学时安排建议如下：

类　　别	学　时　安　排
第 1 章　操作系统	10～14
第 2 章　文字处理	14～16
第 3 章　电子表格	12～14
第 4 章　演示文稿	8～10
第 5 章　网络基础知识	8～10
学时总计	52～64

本书在编写过程中借鉴了部分同类书籍和因特网上的相关内容，在此谨向这些书籍、资料的作者表示诚挚的谢意！感谢他们的真知灼见和辛勤耕耘，使我们受益匪浅。

由于时间仓促，加之编者的水平有限，书中难免存在疏漏和不足之处，敬请读者和专家批评指正。

编　者

2018 年 6 月

第1章

操作系统

操作系统用于统一管理计算机资源，合理组织计算机的工作流程，协调计算机系统各部分之间、系统与用户之间及用户之间的关系。所有的应用软件都是建立在操作系统之上的，并得到它的支持和服务。操作系统是用户和计算机之间的桥梁与纽带。

操作系统的种类很多，市场占有率较高的是微软的 Windows 系列操作系统。除此之外 UNIX、Linux、Mac OS、OS/2、NetWare 等也都是具有较大影响力、性能卓越的操作系统。

 学习目标

本章主要介绍操作系统常识、文件管理及常用软件和计算机基础理论知识，通过学习，应掌握以下内容：

- 了解有关操作系统的基础常识；
- 熟悉主流操作系统的工作界面元素及操作约定；
- 熟练掌握文件查找等方法，学会文件管理并能合理规划文件的存储；
- 熟练掌握控制面板的使用，能够进行 Windows 7 属性优化调节；
- 了解磁盘管理功能，学习掌握系统还原、备份及远程桌面等功能的使用；
- 熟练使用常用软件，完成基本办公操作；
- 了解有关计算机的常用基础理论知识。

1.1　操作系统的基本知识

操作系统（Operating System，OS）是管理和控制计算机硬件与软件资源的计算机程序，是直接运行在"裸机"上的最基本的系统软件，任何其他软件都必须在操作系统的支持下才能运行。

操作系统是用户和计算机的接口，同时也是计算机硬件和其他软件的接口。操作系统的功能包括管理计算机系统的硬件、软件及数据资源，控制程序运行，改善人机界面，为其他应用软件提供支持，让计算机系统所有的资源最大限度地发挥作用，提供各种形式的用户界面，使用户有一个好的工作环境，为其他软件的开发提供必要的服务和相应的接口等。因此，操作系统位于底层硬件与用户之间，是两者进行沟通的桥梁。用户使用计算机必须通过操作系统，各类软件要能发挥作用，也必须建立在操作系统之上。

1.1.1　操作系统的分类

操作系统的种类很多，各种设备安装的操作系统也各不相同。

- 按复杂程度不同，可分为智能操作系统、实时操作系统、传感器结点操作系统、嵌入式操作系统、个人计算机操作系统、多处理器操作系统、网络操作系统和大型机操作系统。
- 按应用领域的不同，可分为桌面操作系统、服务器操作系统、嵌入式操作系统；
- 按支持用户的数量多少不同，可分为单用户操作系统（如 MS DOS）和多用户操作系统（如 UNIX、Linux、MVS）；
- 按照源码开放程度不同，可分为开源操作系统（如 Linux、FreeBSD）和闭源操作系统（如 Mac OS X、Windows）；
- 按照管理的硬件结构不同，可分为网络操作系统（Netware、Windows NT、OS/2 warp）、多媒体操作系统（Amiga）和分布式操作系统等；
- 按存储器寻址宽度的不同，可分为 8 位、16 位、32 位、64 位、128 位的操作系统。早期的操作系统一般只支持 8 位和 16 位存储器寻址宽度，现代的操作系统如 Linux 和 Windows 7 都支持 32 位和 64 位。

1.1.2　典型操作系统介绍

（1）最古老的操作系统 UNIX

UNIX 是一个强大的多用户、多任务操作系统，支持多种处理器架构，按照操作系统的分类，属于分时操作系统。UNIX 最早由 Ken Thompson 和 Dennis Ritchie 于 1969 年在美国 AT&T 的贝尔实验室开发。

（2）最开放的操作系统 Linux

基于 Linux 的操作系统是 1991 年推出的一个多用户、多任务的操作系统。它与 UNIX 完全兼容。Linux 最初是由芬兰赫尔辛基大学计算机系学生 Linus Torvalds 在基于 UNIX 的基础上开发的一个操作系统的内核程序，Linux 的设计是为了在 Intel 微处理器上更有效地运用。其后在 Richard Matthew Stallman 的建议下以 GNU 通用公共许可证发布，成为自由软件 UNIX 的变种。它最大的特点在于它是一个源代码公开的自由及开放源码的操作系统，其内核源代码可以自由传播。

Linux 有各类发行版，通常为 GNU/Linux，如 Debian （及其衍生系统 Ubuntu、Linux Mint）、Fedora、openSUSE 等。Linux 发行版可作为个人计算机操作系统或服务器操作系统，在服务器上已成为主流的操作系统。

（3）最早的图形界面操作系统 Mac OS X

Mac OS 是一套运行于苹果系列计算机上的操作系统。Mac OS 是首个在商用领域成功的图形用户界面的操作系统。

（4）最流行的操作系统 Windows

Windows 是由微软公司成功开发的系列化视窗操作系统，该系统是一个多任务的操作系统，应用图形窗口界面，用户对计算机的各种复杂操作只需通过单击鼠标就可以实现。Windows 操作系统产生以来推出了多个经典版本，如 Windows 95、Windows 98、Windows XP、Windows 7、Windows 8、Windows 10 等，当前应用较多的是 Windows 7 和 Windows 10。

（5）最流畅的手机操作系统 iOS

iOS 操作系统是由苹果公司开发的手持设备操作系统。iOS 与苹果的 Mac OS X 操作系统一样，它也是以 Darwin 为基础的，因此同样属于类 UNIX 的商业操作系统。这个系统原名为 iPhone OS，直到 2010 年 6 月 7 日 WWDC 大会上宣布改名为 iOS。

（6）使用人数最多的手机操作系统 Android

Android 是一种以 Linux 为基础的开放源代码操作系统，主要应用于便携设备，该系统最初由 Andy Rubin 开发，最初主要支持手机。2005 年被 Google 收购注资，并组建开放手机联盟开发改良，逐渐扩展到平板电脑及其他领域上。Android 系统产生以来，发展极为迅速，截至 2018 年第一季度，安卓系统在全球各主要国家中均占有绝对的优势，其中西班牙以 86.1%的安卓系统占比高居榜首，我国手机用户中安卓数量达到 77%。

1.1.3　国产操作系统

国产操作系统多是以 Linux 为基础二次开发的操作系统。2014 年 4 月 8 日起，美国微软公司宣布停止对 Windows XP SP3 操作系统提供服务支持，引起了社会和广大用户的广泛关注和对信息安全的担忧。以此为契机，众多国产厂商开始国产操作系统的研发。棱镜事件的主角斯诺登透露的资料显示，微软公司曾与美国政府合作，帮助美国国家安全局，获得互联网上的加密文件数据。

由于操作系统关系到国家的信息安全，俄罗斯、德国等国家已经推行，在政府部门的计算机中，采用本国的操作系统软件。国产 Linux 操作系统，在易用性等方面基本具备替代 Windows 的能力，但还存在生态环境差等各种问题。"中兴事件"和中美贸易战，都使国人感觉到在操作系统领域的无力是国家发展、民族振兴的软肋，必须开发出自己的操作系统，才能不受制于人，才能更好地促进经济发展，才能确保国家在众多领域的战略安全。

下面简单介绍几个比较成熟的基于 Linux 二次开发的国产操作系统。

（1）面向 PC 的操作系统 Deepin

Deepin 是由武汉深之度科技有限公司开发的 Linux 发行版，基于 Linux 的操作系统的二次开发，该系统专注于日常办公、学习、生活和娱乐等操作的极致体验，适合笔记本式计算机、桌面计算机和一体机。它包含了日常办公娱乐需要的应用程序，网页浏览器、幻灯片演示、文档编辑、电子表格、娱乐、声音和图片处理软件、即时通信软件等。并使用自主的 DeepinUI 设计完成深度软件中心、深度截图、深度音乐播放器和深度影音等，其中有深度桌面环境，DeepinTalk（深谈）等。其操作界面友好，类似于 Windows，是 Linux 社区排名中活跃度最高的国产操作系统，也是政府采购中的主要采购对象。

和 Deepin 一样，优麒麟、普华、中标麒麟、起点等都是由国内厂商推出的基于 Linux 二次修改版操作系统。

（2）以驱动万物为目标的 AliOS 物联网操作系统

ALiOS 是依托于阿里巴巴集团电子商务领域积累的经验和强大的云计算平台，在 Linux 基础上研发的手机操作系统。该系统于 2011 年 7 月份正式推出，原名为 YunOS，现在改名为 AliOS。AliOS 以驱动万物智能为目标，可广泛应用于智联网汽车、智能家居、手机、平板电脑等智能终端，为行业提供一站式 IoT 解决方案，构建 IoT 云端一体化生态，使物联网终端更加智能。阿里巴巴宣称：汽车是 AliOS 驱动万物智能的开始，AliOS 正在定义一个不同于 PC 和移动时代的物联网操作系统。时至今日，AliOS 在手机操作系统中已经牢固占据第三的位置。

2017 年 10 月 20 日，阿里巴巴在杭州云栖大会上正式宣布，旗下的物联网嵌入式操作系统 AliOS Things 将彻底开源。阿里的 AliOS 将与谷歌旗下的 Android 系统、苹果的 iOS 系统甚至微软的 Windows 系统在物联网领域一较高下。

1.1.4 Windows 7 系统中常用的操作术语

在 PC 端使用最多的依然是 Windows 操作系统，下面以主流的 Windows 7 为例，介绍常用的系统操作术语。

1．桌面

Windows 7 正常启动后，所看到的整个屏幕称为桌面。桌面是用户使用计算机工作的平台，桌面由图标、任务栏和背景组成，如图 1.1 所示。

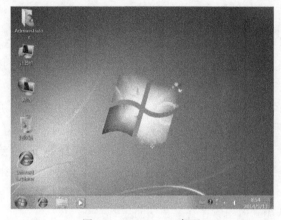

图 1.1　Windows 7 桌面

图标：每一个图标代表一个对象，它可以是一个文件、程序或者是一台硬件设备。不同类别的文件将显示为不同的图标，只有在系统内正确地安装了相应的应用程序，才能正确显示与之相应的文件的图标。Windows 7 安装完成后，默认情况下只会显示回收站图标，其他系统默认的图标并不会显示出来，这便桌面看起来更加清爽。

☛ **注意**

在桌面空白处右击，在弹出的快捷菜单中选择"个性化"命令，弹出"个性化"窗口，单击左侧的"更改桌面图标"链接，弹出"桌面图标设置"对话框，在对应项目前面选择或取消选择即可显示或关闭对应图标，如图 1.2 所示。

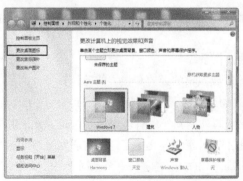

图 1.2　个性化设置图标

随着使用的增加，桌面的图标会越来越多，在桌面上右击，在弹出的快捷菜单上可以通过"查看"及"排序方式"对桌面上图标的排列方式和大小等进行设置，如图 1.3 所示。

图 1.3　桌面快捷菜单

排列与查看菜单中各项的含义如表 1.1 所示。

表 1.1　排列与查看菜单中各项的含义

菜　单　项	目　　的
名称	按图标名称开头的字母顺序排列
大小	按图标代表文件大小顺序排列
项目类型	按图标代表文件类型顺序排列
修改日期	按图标所代表文件的最后所做修改的时间排列
自动排列图标	图标在屏幕上从左边以列排列
将图标与网格对齐	在屏幕上由不可见的网格将图标固定在指定的位置
显示桌面图标	隐藏或显示所有桌面图标
大图标、中等图标、小图标	切换图标显示的大小形态

☛ 注意

选择"自动排列图标"命令之后，在对图标进行移动时会出现一个选定标志，这时只能在固定的位置将各图标进行位置的互换，而不能拖动图标到桌面上任意位置。

按住【Ctrl】键的同时拨动鼠标的滚轮可以动态改变图标显示的大小。

任务栏：通常出现在屏幕的下方，可以通过拖动的方式将其移动到屏幕的另外 3 个方向的边缘上。任务栏由"开始"按钮、任务栏按钮、语言栏、通知区域和显示桌面 5 部分组成，如图 1.4 所示。

图 1.4　任务栏

- "开始"按钮：是 Windows 7 的总开关，位于屏幕的左下角，单击此处会打开"开始"菜单。
- 任务栏按钮：任务栏在系统安装完成后，会默认存在 IE 浏览器、库及 Windows Media Player 3 个按钮。另外，每一个正在运行的应用程序在任务栏上都显示为一个按钮，通过这些按钮可以在多个应用程序间快速切换。"前台运行"指当前正在运行的程序，在应用程序区显示为稍稍发亮的按钮；"后台运行"指当前在后台运行的程序，显示为稍暗色的按钮。也可以用【Alt+Tab】组合键进行应用程序的切换。

⌂ 技巧

当前运行的程序会在任务栏上显示为一个按钮，在此按钮上右击，选择 【 将此程序锁定到任务栏 命令，就可以将该程序锁定到任务栏上，以后单击任务栏上的按钮，就可以快速启动该应用程序。在任务栏按钮上右击，选择 将此程序从任务栏解锁 命令，可以将该程序图标按钮从任务栏上删除。

任何时候，在任务栏按钮上右击，都会打开 Jump List 列表，这个列表会显示该应用程序最近的使用情况及相关任务或者是快速关闭当前应用程序，如图 1.5 所示。

在任务栏按钮上悬停鼠标，会显示当前程序已打开页面的缩略图，如图 1.6 所示。

图 1.5　任务栏按钮的 Jump List 列表　　　　　图 1.6　当前程序已打开页面的缩略图

- 语言栏：用于输入法的打开与关闭。
- 通知区域：位于任务栏的右侧，显示的是驻留在系统中的应用程序，通常包括音量、时间、杀毒软件等。
- 显示桌面：与其他 Windows 操作系统不同，Windows 7 的显示桌面按钮位于任务栏的最右侧，不论何时，单击这里，都会快速回到桌面。另外鼠标停留在该图标上时，所有打开的窗口都会透明化，类似 Aero Peek 功能，这样可以快捷地浏览桌面。单击图标则会切换到桌面。

2.　窗口

窗口是 Windows 7 的基本表现形式，所有的应用程序、文档等的运行和资源管理都是以窗口方式来显示的。窗口可以分为标准窗口（简称窗口）和对话框窗口（简称对话框）。标准窗口又可以分为应用程序窗口和资源管理窗口。

（1）标准窗口

标准窗口通常由以下几部分构成，如图 1.7 所示。

图 1.7　Windows 7 标准窗口

- 标题栏：标识窗口。双击标题栏可以在窗口的原有大小和最大化之间切换。标题栏的颜色变化也标志着该窗口是在前台还是后台运行。移动窗口时只需用鼠标拖动标题栏到指定位置释放即可。

- 控制菜单图标：单击该图标，可以访问控制菜单，可以实现改变窗口大小或者关闭窗口等操作。双击该图标直接将窗口关闭。Windows 7 中只有应用程序窗口才有控制菜单图标。

- 窗口标题：显示当前窗口的名字，一般为当前运行的应用程序名字，Windows 7 中只有应用程序窗口才会显示窗口标题。

- 窗口控制按钮：用来控制窗口的最大化、最小化和关闭窗口。最小化后的窗口只在任务栏上显示为一个按钮。

- 菜单栏：Windows 7 默认情况下不显示窗口的菜单，但是在窗口打开时，通过按住【Alt】键的方式可以临时打开菜单；或者是通过单击工具面板上的"组织"选项，依次选择"布局"→"菜单栏"命令，永久打开窗口菜单栏。

- 工具栏：使用工具栏可以执行一些常见任务，如更改文件和文件夹的外观、将文件刻录到CD 或启动数字图片的幻灯片放映等。工具栏的按钮一般仅显示相关的任务。例如，如果单击图片文件，则工具栏显示的按钮与单击音乐文件时显示不同。单击工具栏中的"组织"下拉按钮，会有下拉菜单弹出，主要包含复制、剪切、窗口布局、重命名等选项。

- 地址栏：显示当前窗口的路径名称，单击地址栏，会得到该窗口的绝对路径。

- 导航窗格：使用导航窗格可以快速访问库、文件夹、保存的搜索结果及访问硬盘等。单击"收藏夹"部分可以打开最常用的文件夹和搜索；单击"库"部分可以访问库；单击"计算机"文件夹可浏览文件夹和子文件夹。

- 前进与后退："后退"按钮和"前进"按钮可以用来导航到已打开的其他文件夹或库，且不必关闭当前窗口。这些按钮常与地址栏一起使用；如使用地址栏更改文件夹后，单击"后退"按钮就能直接返回到上一个文件夹。

- 搜索栏：在搜索栏中输入字符、文字、词组或短语可查找当前文件夹或库中相关的项。在开始录入内容的同时搜索就开始了，如输入 A 时，所有名称以字母 A 开头的文件都将显示在文件列表中。

- 信息显示窗格：使用信息显示窗格可以查看大多数文件的内容。例如，选择电子邮件、文本文件或图片，则无须在程序中打开即可查看其内容。如果看不到预览窗格，可以单击工具栏中的"预览窗格"按钮即可打开预览窗格。

- 详细信息窗格：使用细节窗格可以查看与选定文件关联的最常见属性。文件属性为文件相关信息，如作者、最后更改文件的日期及可能已添加到文件的描述性标签。

（2）窗口的基本操作

① 层叠与堆叠和并排①。当使用 Windows 7 打开多个窗口时，可以使用层叠、堆叠或者并排窗口方式对窗口进行排列以充分利用桌面空间。右击任务栏空白处，在弹出的快捷菜单中选择"层叠"或者"堆叠""并排"命令，就能使当前打开的多个窗口层叠、堆叠或并排显示。

---

① 层叠是指各个窗口以相同大小叠加起来仅显示标题栏的形式；堆叠是各窗口在桌面上水平平铺显示；并排是各窗口在桌面上垂直平铺显示。

② 移动与切换。在 Windows 7 中同时启动多个程序，就会打开多个窗口。这些打开的窗口中，最上面的窗口称为活动窗口或者前台窗口，其窗口的标题栏为深一点的蓝色。其他的窗口称为后台窗口或者非活动窗口，标题栏颜色变为透明色。任务栏上对应的应用程序按钮也有相应的颜色变化。切换窗口时可以直接单击任务栏上对应的按钮（如果多个同类应用程序在任务栏上进行了合并，将鼠标指针移动到任务栏按钮上时，会弹出使用该程序的所用窗口的缩略图）或单击弹出的对应缩略图，该窗口就切换到前台，成为当前窗口。另外使用【Alt＋Tab】组合键，屏幕会弹出一个包含已打开窗口图标的框，此时按住【Alt】键，每按一次【Tab】键就下移一个图标。当到达指定图标后，同时释放【Alt】键，则相应窗口就被激活，如图 1.8 所示。使用【⊞+Tab】组合键，在开启 Aero 效果的情况下，会显示三维窗口切换效果。

图 1.8　窗口切换

窗口的移动可以用鼠标拖动窗口的标题栏到达指定位置释放鼠标即可完成移动操作。

③ 改变大小。窗口大小的改变可以通过最大化、最小化来实现。单击"最大化"按钮后，窗口充满整个桌面，此时"最大化"按钮变为"还原"按钮，如果单击还原按钮，窗口可恢复原来大小。也可通过双击标题栏同样的放大/还原效果。单击最小化按钮后，窗口变为任务栏上的一个按钮。再次单击这个按钮，又可以将窗口按原大小重新显示出来。

也可以利用鼠标拖动窗口的边框来改变窗口的大小。

要改变宽度，移动鼠标指针指向窗口的左边框或右边框，当指针变为水平双向箭头↔时，可向左或向右拖动边框。要改变高度，移动鼠标指针指向窗口的上边框或下边框，当指针变为垂直双向箭头↕时，可向上或向下拖动边框。要同时改变高度和宽度，移动鼠标指针指向窗口的任何一个角，当指针变为斜双向箭头↖或↗时，可沿任何方向拖动边框。

📂 提示

向桌面左右方向拖动标题栏超过桌面一半大小时，窗口会自动缩放为桌面的一半；如果拖动标题栏到顶端，则窗口自动最大化。

当窗口全屏幕（最大化）显示时，不能使用鼠标拖动来调整大小。

按住窗口的标题栏进行快速晃动，可以将除本窗口以外的其他窗口最小化。按【⊞+Home】组合键也能实现同样的功能。

④ 窗口的关闭。关闭窗口的操作有以下几种：

- 使用窗口工具栏中的"组织"选项，在弹出的菜单中选择"关闭"命令。
- 使用窗口的"关闭"按钮。
- 在窗口的标题栏上右击，在弹出的控制菜单中选择"关闭"命令。
- 在任务栏相应图标上右击，在弹出的快捷菜单中选择"关闭窗口"命令。
- 使用【Alt+F4】组合键。
- 使用任务管理器结束当前窗口所代表的进程。

☛ 注意

窗口关闭意味着该窗口已经从内存中移出，若再次执行，需要重新启动该程序。窗口最小化，并不是关闭窗口，此时窗口所代表的应用程序或文档仍是执行状态，只不过是由前台运行转入了后台运行。

（3）对话框窗口

对话框窗口简称对话框，与标准窗口不同，大多数对话框无法最大化、最小化或调整大小，但是它们可以被移动。对话框窗口样式很多，主要用来完成用户与计算机间的交互式操作，如图 1.9 所示。

图 1.9　Windows 7 窗口中的常见对话框

对话框内包含各种可视化的控件，常见的可视化控件如下：

- ◉单选按钮：一般以分组的形式出现，分组的各项具有互斥性，每次只能选择其中之一。在被选择项前面的圆圈内，有一个黑点作为选中标志。

- ☑复选框：用于选择一组互相独立的选项，每次可以选择其中的一项或者是几项。在复选框前有一个方框，方框内有"√"标志该项被选中。

- 两端对齐▼下拉列表：以列表的形式，显示可供选择的项目。单击右侧的向下箭头，可以弹出下拉列表，从中选取可用的选项，选取后列表自动收回，并将选取的项目显示在列表框中。

- 0 字符⬍微调按钮：用于数值的微调。单击右侧的上/下箭头对当前的数值进行增/减的微量调整，也可直接在框内输入数值。

- 常规 查看 搜索 选项卡：在功能较为复杂的对话框中，常设有多个选项卡。选择选项卡，可以在不同的页面进行切换，这样可以在一个窗口中容纳更多的信息量。

- 　　　　文本框：提供给用户输入文字信息的地方。单击文本框后，鼠标指针显示为一条闪烁的垂直竖线，这是文字的当前位置，可以开始输入文字。

- ⬜帮助按钮：单击后，鼠标会变为"？"形状，此时单击任何对象，会弹出与之相关的帮助信息。

☛ **注意**

对话框窗口不能改变大小，并且没有控制菜单图标。

3．菜单

Windows 7 中的各种操作命令基本上都可以通过菜单来实现。Windows 7 系统提供了丰富的菜单，可以说菜单无处不在[①]。

（1）菜单的种类及约定

Windows 7 中提供的菜单主要有主菜单、下拉菜单（子菜单）、快捷菜单和控制菜单等。

- 主菜单：又称条形菜单，一般位于窗口的上部。主菜单内包含菜单项，单击菜单项会弹出下拉菜单。
- 下拉菜单：又称子菜单，与条形菜单结合，构成主菜单系统。下拉菜单的子菜单称为下级子菜单。
- 快捷菜单：Windows 7 中在任意位置右击都会弹出快捷菜单，并且快捷菜单的内容与当前的对象密切相关。用户通过快捷菜单可以方便地执行当前环境下允许执行的各种操作。这种方法简便直观，并且鼠标移动距离小，便于定位，是一种十分方便快捷的操作方法。
- 控制菜单：在窗口的标题栏上右击，会弹出控制菜单。它主要包括一些对窗口的控制命令，如还原、移动、大小、最小化、最大化、关闭等。

关于菜单的一些约定如下：

热键：菜单项内用括号括起来的字母，称为热键，使用【Alt＋热键】组合键，可以快速打开菜单项。

快捷键：使用快捷键可以在不打开菜单的情况下，快速执行该菜单的命令。

灰色：当前菜单项不可用。

选中标记：分为单选和复选两种情况。

√：复选菜单，单次单击启用该项，双击退出该命令。

●：单选菜单，在提供的一组菜单项中选中一个，且只能选中一个。

带有"…"的：表示选择后会弹出对话框。

带有"▶"的：表示有下级子菜单，又称级联菜单。

关于菜单的各部分名称及作用，如图 1.10 所示。

（2）"开始"菜单

"开始"菜单是计算机程序、文件夹和设置的主门户。通过"开始"菜单可以完成系统提供的所有功能。

通过"开始"菜单可以完成启动应用程序、打开常用的文件夹、搜索文件、文件夹和程序、调整计算机设置、获得 Windows 7 系统的帮助信息、关闭计算机、注销或切换至其他用户账户等功能。"开始"菜单如图 1.11 所示。

    □ 技巧

除了使用"开始"按钮以外，还可以直接用【Ctrl＋Esc】组合键或者是直接按【▦】键来打开"开始"菜单。

（3）"开始"菜单的组成及其功能

"开始"菜单由左右两个窗格组成，其中左边窗格的上方显示的是固定程序列表；中部是最近经常使用的程序列表，这个列表显示的数量可以通过"开始"菜单的属性进行设置；接下来是"所

---

① 在资源管理器中，菜单默认是不显示的，但按住【Alt】键就会临时显示菜单项，使用窗口工具栏的组织菜单，在布局中选择"菜单栏"命令，就可以一直显示菜单栏。

有程序"按钮，单击后整个左边的窗格显示的是系统内已经安装的所有程序的完整列表。

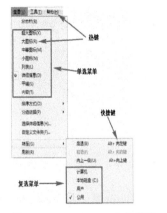

图 1.10　Windows 7 中的菜单　　　　　图 1.11　Windows 7 的"开始"菜单

左边窗格的最下方是搜索框，通过输入搜索项可在计算机上查找相关程序和文件。

右边窗格的内容是经常使用的链接，包括个人文件夹、文档、图片、音乐、游戏、计算机、控制面板、设备和打印机、默认程序、帮助和支持等。

右边窗格的底部是"关机"按钮，此外还可以注销 Windows 7 或关闭、重启计算机。

- 个人文件夹：用以打开个人文件夹（它是根据当前登录到 Windows 7 的用户名命名的），不同用户的个人文件夹各不相同。例如，当前用户是 Mr Zhao，则该文件夹的名称为 Mr Zhao。这个文件夹中包含当前用户的个人文件，主要有"文档""音乐""图片""视频"等件夹。
- 文档：打开"文档"文件夹，该文件夹用以存储用户的文本文件、电子表格、演示文稿及其他类型的文档。
- 图片：打开"图片"文件夹，用以存储和查看数字图片及图形文件。
- 音乐：打开"音乐"文件夹，用以存储和播放音乐及其他音频文件。
- 游戏：打开"游戏"文件夹，用以访问计算机上的所有游戏。
- 计算机：打开一个资源管理器窗口，用以访问磁盘驱动器、照相机、打印机、扫描仪及其他连接到本计算机上的硬件。
- 控制面板：打开"控制面板"，用以自定义计算机的外观和功能、安装或卸载程序、设置网络连接和管理用户账户。
- 设备和打印机：打开一个设备管理的资源管理器窗口，用以查看有关打印机、鼠标和计算机上安装的其他设备的信息。
- 默认程序：打开控制面板的"默认程序"设定窗口，选择 Windows 默认使用的应用程序。

🏳 技巧

利用"所有程序"菜单、"运行"对话框或者是双击图标等都可以打开相应的应用程序。关闭应用程序其实就是关闭应用程序窗口，与关闭窗口方法完全一致。

如果想在开机后就直接运行某应用程序，可以将该程序的快捷方式添加到"启动"子菜单。

- 帮助与支持：单击后会弹出系统的帮助窗口，如图 1.12 所示。用户可以在"搜索帮助"文本框内输入需要查询的信息，系统会在所有的帮助信息中搜索与之相关的内容，为用户提供帮助。也可以在窗口下面的文字链接上单击，进入某个帮助主题来获得帮助。

在 Windows 7 中除了可以使用这个系统帮助以外，还可以通过应用程序窗口提供的"帮助"菜单，这个帮助的内容是与当前窗口密切相关的。

- 关机：用完计算机以后应将其正确关闭，这不仅是节能问题，也有助于对计算机硬件和数据的保护。关闭计算机的方法有 3 种：直接按计算机的电源按钮；选择"开始"菜单上的"关机"按钮；如果是便携式计算机（笔记本），直接合上盖子，也可以关机。

单击"关机"按钮，系统就会直接关闭。单击"关机"按钮旁边的箭头，会弹出关机列表，包括切换用户、注销、锁定、重新启动、睡眠等功能，如图 1.13 所示。

图 1.12 Windows 7 的帮助和支持

图 1.13 关机列表

☛ **注意**

关机时，应采用"开始"菜单提供的关闭方式，这样在关闭前会将相关信息保存起来，不致丢失。若直接拔掉电源，可能会造成数据的丢失和硬盘等的损坏。

- 切换用户：当其他用户需要使用计算机时，当前用户可以通过切换用户的方式将计算机切换到登录界面，此时并不退出自己的工作状态。当其他用户使用完毕后，可以重新切换回自己的工作环境。
- 注销：直接选择"注销"命令，系统会关闭当前打开的所有应用程序，并回到登录界面，等待其他用户登录。
- 锁定：锁定计算机，就是在不退出系统的情况下，将计算机返回到用户登录界面。此时既可以切换用户，也可以重新登录回来。一般用在临时离开计算机，不想关机又不想让别人使用自己的计算机时，都可以锁定计算机。按【⊞+L】组合键直接锁定屏幕。
- 重新启动：系统自动关闭后，重新启动计算机。
- 睡眠[①]：使用睡眠功能并不是将系统关闭。在计算机进入睡眠状态时，显示器将关闭，计算机的风扇也会停转，好像关机一样，但此时机箱外侧的一个指示灯应当闪烁，按下机箱上的电源按钮，数秒内就可以唤醒计算机，而且原来打开的程序和文件仍在，马上就可以

---

① 睡眠功能需要在控制面板中，通过电源选项并对电源计划进行设置后才可以使用。

开始工作。尽管如此，还是建议在使用任何低能耗模式前，最好先保存打开的文件。

☞ **注意**

计算机处于睡眠状态时，耗电量极少，它只需维持内存中的工作。如果使用的是便携式计算机（笔记本），也不必担心电池会耗尽。计算机睡眠时间持续几个小时之后，当电池电量变低时，系统会将当前的工作保存到硬盘上，然后计算机将完全关闭，不再耗电。

1.1.5　思考与实践

① 什么是 Windows 7 的桌面？如何改变桌面上图标的大小？

② 使用 Windows 7 提供的帮助和支持，查找有关 "Windows 7 新增功能" 的内容。

③ 正确关闭 Windows 7 操作系统的方法有哪些？

④ 什么是菜单中的热键与快捷键，简要说明应如何应用。

⑤ 进行多个窗口快速切换的方法有哪些？

⑥ 列举你所知道的国产操作系统，讲述使用国产操作系统的体验或感受。

1.2　文 件 查 找

文件查找是一项非常重要的工作，用户会经常遇到这类问题。模糊的记忆和文件存储位置的不规范，导致文件的查找过程很周折。在计算机中，文件通常存储在外存中，在海量的外存（如硬盘、U 盘、光盘等）里面查找一个特定的文件，如果不借助一定的方法，只是逐一查看，将是一件耗时费力的 "艰苦" 工作。

1.2.1　任务的提出

张老师平时对计算机文档疏于管理，常常就地存储，时间久了，自己也说不清文件的保存位置。今天张老师接到任务，要编写一份 "计算机应用基础" 的教学计划，他想起去年刚刚做过一个，正好可以用来参考一下。不过他实在太粗心了，忘记了究竟存放在哪里，他只能提供以下线索：

- 文档类型：Word 文档。
- 文档内容或文档标题：文档内包含 "计算机应用基础" 字样，具体文件名已经忘记。
- 文档建立时间：粗略记得在 2008 年 1 月左右。

🔖 **我们的任务**

根据以上内容，帮助张老师找到这份文件。

1.2.2　分析任务与知识准备

就张老师碰到的事情而言，完成起来并不困难，但要学习的是一个分析问题、整理思路的过程，这对于有针对性地解决问题大有帮助。在处理一件事情之前，通常也是先梳理自己的思绪，想清楚解决问题的关键。

1. 分析任务

分析任务是完成任务的重要环节，在处理任何事情之前，都应当先进行分析，只有把问题分析得透彻，看清问题的本质，再动手操作，才能事半功倍，在最短的时间内找到最佳的解决方案。

依据线索做如下的分析：

① 在计算机的硬盘里查找文件，可以借助于 Windows 7 系统的搜索工具。

② 通过张老师的叙述，可以知道文档的类型是唯一的，是 Word 文档。

③ 文档包含的内容是要进行搜索的关键字，即"计算机应用基础"。

④ 文档的建立日期，虽然是模糊的，但是可以把它作为搜索的时间范围，这样可以加快搜索的速度。

2．知识准备

"工欲善其事，必先利其器"，下面先做好知识准备。

（1）Windows 7 的搜索工具

Windows 7 系统提供了丰富的搜索方式，不论身处何处，都可以快速找到需要的信息内容。系统提供的搜索工具有 3 种使用方法。

① 使用"开始"菜单的搜索框搜索。"开始"菜单左侧窗格的最下面是一个搜索框，使用这个搜索框可以查找所有存储在计算机上相关的文件、文件夹、应用程序及电子邮件等。在搜索框中输入搜索内容之后注意一定不要按【Enter】键，Windows 7 会随着输入的过程进行动态搜索，并且搜索结果会临时填充到搜索框上面的窗格中。

Windows 7 会将搜索到的结果按项目种类组织成多个类别进行分类显示。例如，在搜索框中输入 windows 时，可看到图 1.14 所示的搜索结果，每类最佳搜索结果会显示在该类标题下。单击其中任意一个结果即可打开该程序或文件，单击类标题则可在资源管理器中查看该类的完整搜索结果列表。如果觉得搜索结果不够详细，可以单击 ⚲ 查看更多结果 按钮，可以打开 Windows 7 的"搜索结果"窗口，显示搜索到的更为详细的相关信息。

图 1.14　使用"开始"菜单的搜索框进行搜索

☛ **注意**

从"开始"菜单搜索时，搜索结果中仅显示已建立索引的文件。计算机上的大多数文件会自动建立索引。

② 使用 Windows 7 的搜索工具搜索。使用【⊞+F】组合键会直接打开 Windows 7 的"搜索结

果"窗口。单击搜索框时会自动弹出添加搜索筛选器的窗口，搜索筛选器是 Windows 7 中的一项新功能，使用它可以按文件属性来搜索文件。

如果要搜索一张照片，可以通过添加修改日期和文件种类筛选器，快速找到当天拍摄的全部照片，如图 1.15 所示。

图 1.15　打开的搜索窗口

③ 使用文件夹或库的搜索框搜索。对于打开的任何文件夹窗口或是库窗口，都存在一个搜索框。搜索框会根据所输入的文本当前的窗口视图进行筛选。筛选的范围包括文件名、文件内容中的文本、文件标记等诸多属性，以及当前窗口内的所有文件夹和子文件夹。

在搜索框中输入搜索的关键字词时，随着输入过程系统会对每个字词（字母）进行动态搜索，搜索时观察搜索结果的变化，发现所需文件后，就可以停止搜索。

（2）Windows 7 的高级搜索

在 Windows 7 中进行搜索可以简单到只需在搜索框中输入几个字母，但对一些复杂的搜索则比较麻烦，应用一些高级搜索技术可以加快搜索的速度，提高查找的效率。

● 使用运算符。

常用的搜索运算符有 AND、OR 和 NOT。这些运算符在使用时必须用大写字母输入。这 3 个运算符的含义及举例如表 1.2 所示。

表 1.2　Windows 7 搜索时常用的运算符及其用法

运算符	搜索框中的输入实例	含　义
AND	Windows AND 公用	查找包含在"公用"文件夹内且名字或内容含有 Windows 字样的文件。或者是文件中同时包含这两个内容的文件
OR	Windows OR 公用	查找包含 Windows 或"公用"的文件
NOT	Windows NOT 公用	查找包含 Windows 但不包含"公用"的文件。或者是不在"公用"文件夹内的名字或内容、属性含有 Windows 的文件

● 使用自然语言进行搜索。

使用自然语言搜索是最简单的搜索方法，也不用使用 AND、OR、NO 等运算符。但是使用自然语言搜索首先需要开启自然语言搜索。在任何文件夹窗口的菜单栏选择"工具"[①] → "文件夹选项"命令，接着在弹出的"文件夹选项"对话框中选择"搜索"选项卡，选中"使用自然语言

――――――――――――

① 若窗口未显示菜单栏，可以按【Alt】键临时显示菜单栏，或参照第 1.1 节内容永久开启菜单栏。

搜索"复选框，这样就开启了自然语言选择。图 1.16 所示为使用自然语言搜索名字中带有"花"的所有格式图片。

图 1.16　开启自然语言搜索和使用自然语言进行搜索示例

☛ **注意**

使用自然语言搜索后，搜索结果可能会比预期的要多。如在搜索框中输入"文档　学期课程安排"得到的就是包含"学期课程安排"的文档。

虽然已经开启了自然语言搜索，但是仍然可以继续用以前的方法来搜索。不同之处在于可使用不那么正式的输入搜索条件。

（3）文件和文件夹

① 文件及其命名规则。在现代计算机系统中，要用到大量的程序和数据，由于内存的容量有限，且不能长期保存，故平时总是将它们以文件的形式存放在外存（硬盘或 U 盘）中，需要时再调入内存。

Windows 7 是以文件为中心的操作系统，系统的各种资源都是以文件的形式存在的。Windows 7 通过对文件的管理达到对计算机系统的管理与控制。计算机中的文件可以是文档、程序、快捷方式，还可以是某个设备。Windows 7 中不同类型的文件具有不同的显示图标，一般来说通过对图标的辨识可以方便地判断出文件的类型（有些文件的类型需要安装相应的软件，才能正确显示其图标）。

所谓的文件，实质上就是一组信息的集合，是数据的一种组织形式，通过文件名可以对文件进行读取。文件名通常由文件主名和扩展名两部分组成。文件主名常简称为文件名，表示文件的名称。文件的扩展名用来标志文件类型，如某文件名为 myfile.doc，表示文件主名为 myfile，扩展名为 doc。Windows 7 支持长文件名，即文件名的总长度（含空格）不能超过 255 个字符。

📖 **知识点：文件命名规则**

● 文件主名和扩展名：在 MS-DOS 环境下，文件主名由 1～8 个 ASCII①字符组成。扩展名是从小圆点"."后面开始的 0～3 个 ASCII 字符。扩展名也可以没有，无扩展名时，小圆点可省略。

Windows 7 下的命名规则原则上与 MS-DOS 下基本相同，但由于 Windows 7 支持长文件名（最长可以达到 255 个字符），因此在 Windows 7 下的文件主名和扩展名字符个数可以不受上述局

① ASCII：即美国标准信息交换代码，在 ASCII 编码中，由 7 位二进制数组成 128 个字符的编码。

限，只要文件主名加上扩展名的总长度不超过 255 个字符即可[①]。

- 文件主名和扩展名中允许出现的字符：英文字母、数字符号、汉字、特殊符号（$、#、&、@、!、（、）、%、＿、{、}、^、'、`、—等）。
- 文件命名中不可使用的字符：\ / : * ? " <> |。若使用非法字符命名，文件系统会出现错误提示。
- 不可与设备名重复：计算机系统对一些标准的外围设备指定了特殊的名字，称为设备名。操作系统不允许将设备名作为用户文件名。常用的设备名有：CON（控制台：键盘或显示器）、LPTl/PRN（第 1 台并行打印机）、COMl/AUX（第 1 个串行接口）、COM2（第 2 个串行接口）等。

② 树形目录存储结构。计算机外存容量巨大，可以存放数以万计的文件，如果都放在一起，势必造成管理上的混乱。因此在 Windows 系列操作系统中都采用类似分组管理的方法，即被称为树形目录的多级目录组织形式进行文件管理。

之所以采取这种树形目录的组织形式，就是为了方便管理。这很像学校对学生的管理，如果把全校学生都混杂在一起，将很难区分，也无法管理。因此管理者们总是先把学生按专业分配到各系（院），在每个系（院）内，再分为几个不同的年级，年级以下再按专业的小方向细分为若干的班级。这样如果要找某个学生，只需知道他的班级、名字就可以快速找到，而不必在全校范围内进行查找，大大提高了管理效率。Windows 7 对文件的管理采用的树形多级目录组织形式与此十分类似。

　📖 **知识点：树形目录存储结构**

在多级树形目录结构中，整个文件系统有一个根，然后在根上分支，分支上还可以再进行分支，最后的枝上长出树叶。根和分支被称为目录或文件夹，树叶被称为文件。

计算机中驱动器（磁盘、光盘、U 盘等）的第一级为树根，称为根目录，用 🖴 表示，是树根结点。其他各级分支（除文件外）都是根目录的子孙，都称为子目录（文件夹），用 📁 表示子目录。子目录内还可以继续包含子目录。文件则是任何分支上产生的树叶。

在 Windows 7 中除了可以用图形化的方式对文件资源进行访问，也可以使用字符方式访问。使用字符方式访问文件，需要写出文件的存储位置即路径信息。描述路径信息时树的根结点（根目录）可表示为"磁盘分区名＋:"，如 C:。根目录的下级子目录及文件等具有上下级关系用"\"作为分隔，如 C:\ZXH\ABC\ZXH.doc。这样从根目录开始到达任何文件，只有一条唯一的通路。从树根开始，把到达文件所经历过的全部目录名连接起来（目录间用"\"分隔），就构成访问该文件的路径，且这个路径是唯一的，如 C:\ZXH\ABC\ZXH.doc。路径根据起点的位置不同，又可分为相对路径和绝对路径。绝对路径是指从根目录开始的路径，又称完全路径或全路径；相对路径是指从用户当前所在的目录或文件夹开始的路径。

如文件 ZXH.doc 的绝对路径是 C：\ZXH\ABC\ZXH.doc；文件 TEMP.tmp 的相对路径是：（设当前所在目录为 TEMP1）TEMP2\TEMP.tmp，如图 1.17 中箭头所示。

③ 文件夹。文件夹原本是指专门用于盛装文件的器具，主要目的是为了保存文件，使之整齐规范，是有形的具体实物。计算机中的文件夹是用来协助人们管理文件的，每一个文件夹对应

---

① 在使用文件名读取文件时，这个最大长度是同时包括文件的全路径名在内的。

一块磁盘空间，它提供了指向对应空间的地址。通常又将文件夹称为目录。

文件夹的命名与文件十分相似，不过文件夹通常没有扩展名。但是文件夹具有各自的类型，如图 1.18 所示，有常规项、文档、图片、音乐、视频等类型。在任意文件夹上右击，选择"属性"命令，即可打开文件夹的属性窗口，选择"自定义"选项卡，即可对文件夹进行设置，通过设置不仅可以改变文件夹的类型，还可以为文件夹设定自己的图标。

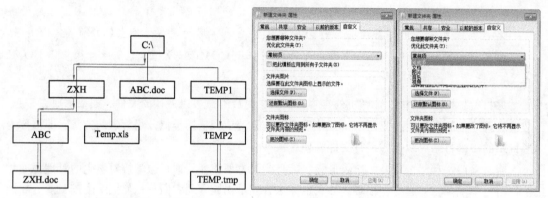

图 1.17　相对路径与绝对路径　　　　　　　　图 1.18　文件夹属性设置

1.2.3　完成任务

① 按【⊞+F】组合键打开 Windows 7 的搜索结果窗口（见图 1.15）。

② 在搜索框内输入搜索的关键词"计算机应用基础计划"。

③ 在搜索框内添加"种类筛选器"，如图 1.19 所示。

④ 在搜索框内继续添加"修改日期筛选器"，如图 1.20 所示。

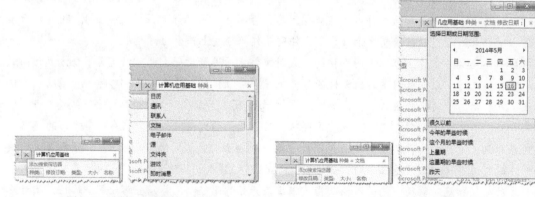

图 1.19　添加"种类筛选器"　　　　　　　　图 1.20　添加"修改日期筛选器"

⑤ 对搜索的结果再次筛选。添加了两种筛选器后，系统已经查找到了相关的文档 43 项，再次对这个搜索结果进行过滤。单击搜索结果窗口中的 类型 ▼ 按钮，在弹出的窗口内选择"Microsoft Word 文档"，进行结果的过滤，如图 1.21 所示。

⑥ 过滤后即可得到少数几个文件，通过观察找到所需文件，如图 1.22 所示。双击找到的文件即可进行操作或查看其保存位置。

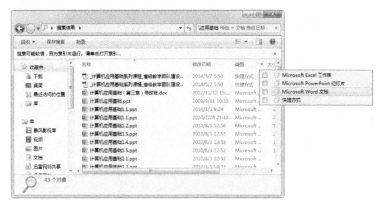

图 1.21　初步得到的搜索结果

图 1.22　搜索结果

1.2.4　总结与提高

① Windows 7 的搜索功能十分强大，并不仅限于对文档的搜索，还可使用搜索工具查找同一网络的其他计算机或共享设备，如图 1.23 所示。在任何文件夹窗口，单击左侧窗格下方的网络图标，即进入搜索网络状态，这时在搜索框中输入对方的 IP 地址或者计算机名称即可搜索目标对象。同理只要先在左侧窗格选中位置，接下来的搜索就是定位于该位置的搜索。如要搜索位于 D 盘的文件，那么只需要在左侧窗格内单击"计算机"并选择 D 盘，接下来就是只在 D 盘中搜索。

图 1.23　搜索网络上的计算机

② 使用 Windows 7 的搜索工具，不仅能完成具有完整文件名的信息查找，也可以使用通配符进行模糊信息的查找。

文件通配符有"*"和"?"两种。"*"表示任意个（0 个或多个）任意内容的字符，而"?"表示任意内容的单个字符。例如，AB*.C*表示文件主名以 AB 开头，扩展名以 C 开头的所有文件，对于文件主名和扩展名的长度没有限制，所以它可以与文件 ABC.C 或 AB.COM 相匹配，但不会与 ZA.C 匹配。A?B.*，表示文件主名长度为 3 个字符，扩展名任意，且文件主名的第 1 个和第 3 个字母分别为 A 和 B 的所有文件。那么要找到文件名以"计算机"开头，后续内容不确定的文件，就可以使用"计算机*.*"来进行查找。灵活运用通配符，可以更快更准确地查到文档。需要注意的是：通配符只能在文件的查找过程中使用，但在文件命名的过程中不能使用。

③ Windows 7 中使用索引可加快搜索的速度。可以通过"控制面板"中的"索引"选项来重建索引，有关"控制面板"的内容将在第 1.4 节讲授。

④ 虽然 Windows 7 提供了方便快捷的搜索工具，可以很快地找到预期的文件，但是养成良好的文件按类归档习惯，不仅有助于文件管理的水平，也会大大提升工作效率。

🗸拓展：部分常见的文件扩展名及其类型（见表 1.3）

表 1.3　部分常见文件的扩展名及其类型

扩 展 名	类 型	扩 展 名	类 型
.EXE	可执行程序文件	.COM	系统程序文件
.BAT	批处理文件	.C	C 语言源程序
.TXT	文本文件	.RAR	WinRAR 压缩文件
.HTM	超文本文件	.PPT	PowerPoint 文档
.HLP	帮助文件	.DOC	Word 文档
.WAV	声音文件	.XLS	Excel 文档
.BMP	位图文件	.MDB	Access 数据库文件
.DLL	动态链接库	.DBF	Visual FoxPro 表文件

1.2.5　思考与实践

① 使用搜索运算符，在计算机内查找扩展名为.h1c，且文件名或文件内容包含 window 字样的文件。

② 使用搜索工具搜索，设定搜索条件为：在 C 盘范围内、以字母 w 开头，文件名第三个字母为 n，扩展名为.txt 的文件。并在找到的文件上右击，查看该文档属性。

③ 在 D 盘内搜索一天前改动或新建立的任何文件。

④ 观察上面找到的任何文件，写出其绝对路径。或以任意文件夹为当前目录，写出其相对路径。

1.3　文 件 管 理

Windows 7 是一个以文件为中心的操作系统，计算机中的各种信息资源是以各种不同类型的文件形式存在的。对信息资源的管理就是对文件进行管理。

1.3.1　任务的提出

上次张老师在我们的帮助下，找到了所要使用的文档，非常高兴，这件事使他意识到了文件管理的重要性和必要性。以前他使用计算机有些杂乱无章，加之个人搜集的各类资料非常多，有工作、学习上的，有个人兴趣爱好方面的，还有音乐和电影等。他希望学习文件管理的方法，使他个人文档的管理和存放更加规范有序。

　　🏳 我们的任务

帮助张老师实现对文件的有效管理。

1.3.2　分析任务与知识准备

1．任务分析

文件管理主要通过对文件和文件夹的建立、复制、移动和删除等操作来完成。文件管理是操作系统最重要的功能之一。有效的文件管理手段，可以保证用户文件的安全性、完整性，并且操作的简便和快捷也提高了系统的工作效率。

根据张老师使用计算机的情况，他需要建立自己的资料库，同时建立相应的文件夹来分类存放各类文件。考虑到使用的方便性和快捷性，还可以在桌面建立指向这些文件夹的快捷方式。

2．知识准备

Windows 7 的文件管理功能很强大，除了继续使用资源管理器外，还新增加了"库"来进行文件的管理。因此，对文件的管理实际上就是对资源管理器及库的使用。除此以外，常用的文件管理工具还有"计算机"和"回收站"等。

（1）📁用户文件夹和 📁我的文档

Windows 7 是多用户的操作系统，安装完成之后，在系统分区内会建立一个名为"用户"的文件夹。在该文件夹内按不同用户名设立多个文件夹（即每一个文件夹对应一个用户名），存放用户的个人数据、配置、文件等，普通用户只能访问标识自己用户名的文件夹。打开用户自己的文件夹，大家熟悉的"我的文档""我的图片""我的音乐"等都在其中，如图 1.24 所示。双击桌面上的 📁 图标，同样可以进入用户文件夹。

"我的文档"是用户文件夹下专门用来存储用户文档资料的一个特殊文件夹，同时也是大部分应用程序的默认保存位置。Windows 7 系统安装完成后，这个文件夹就存在了。

用户可以通过右击"我的文档"，选择"属性"命令来更改"我的文档"的默认保存位置。将"我的文档"转移到其他分区的好处是当系统发生损坏需要重新安装系统时，以前存放在"我的文档"内的文件不会因为重装系统（C 盘为系统分区）而丢失，如图 1.25 所示。

（2）🖥️计算机

"计算机"是 Windows 7 提供的重要文件管理工具，通过"计算机"不仅可以查看连接到本机上的磁盘驱动器和其他硬件资料情况，还可以通过工具栏快速显示系统属性、映射网络驱动器、添加删除程序及进入控制面板等，如图 1.26 所示。

双击桌面上的 🖥️ 图标或是通过单击"开始"菜单右侧空格中的"计算机"选项，都能打开"计算机"窗口。从本质上说，"计算机"窗口也是 Windows 7 资源管理器的一种特殊表现形式。

（3）🗑️回收站

"回收站"是用来暂存被删除了的文件（夹）的系统文件夹，即一般来说 Windows 7 并没真正将那些文件删除，而是放入"回收站"。这样做的好处是当误删或改变主意时，还可以将其找回。
"回收站"有两种图标 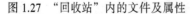 和 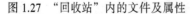，分别对应空和非空两种状态。双击"回收站"图标打开"回收站"
窗口。在"回收站"内的文件上右击，可以打开快捷菜单，如图 1.27（a）所示。选择"还原"命
令，可以将该文件恢复到原来位置；选择"剪切"命令，就可以将该文件粘贴到任意的位置上；
选择"删除"命令，则将该文件从回收站内删除；选择"属性"命令，则可以看到该文件的详细
信息，如文件的类型、何时建立、何时删除及原有位置等信息，如图 1.27（b）所示。

系统为每个分区都配置了一个回收站，回收站的大小可以通过设置来进行调整，如图 1.28 所示。

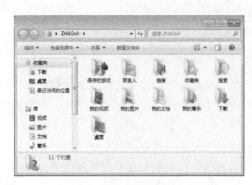

图 1.24　用户个人文件夹

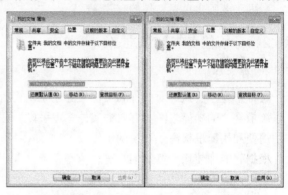

图 1.25　更改"我的文档"的保存位置

图 1.26　"计算机"窗口

（a）快捷菜单

（b）文件属性

图 1.27　"回收站"内的文件及属性

图 1.28　"回收站 属性"对话框

📖 **知识点：文件的删除**

通常直接按【Del】键并不能真正地将文件删除，只是将这个文件的属性做了更改，并移入回收站内。进入回收站内，选中这个文件，进行还原，就可以将其找回。按【Shift+Del】组合键或如图 1.27 所示进行回收站属性的修改，可以将文件直接删除，并不会进入到回收站内。如果是非常重要或者机密的信息，应使用文件粉碎机一类的软件将文件彻底粉碎，以确保该文件不会被恢复。

（4）📖资源管理器与库

资源管理器是 Windows 7 系统提供的最为重要的资源管理工具，利用这个工具可以查看计算机内的所有资源。可以认为 Windows 7 当中所有的文件管理工具归根到底其实都是资源管理器，它们与资源管理器的关系就是一种普遍与特殊的关系。掌握了资源管理器也就掌握了 Windows 7 内所有的资源管理方法。

资源管理器作为最重要的文件管理工具很特殊，与前几种文件管理工具不同，并没有哪一个窗口的名字称为"资源管理器"；资源管理器又很普通，前几种文件管理工具的外观都有资源管理器的影子，都是资源管理器的一种特殊形态。依次选择"开始"→"所有程序"→"附件"→"Windows 资源管理器"命令，就会打开以库作为默认位置的资源管理器窗口，如图 1.29 所示。

图 1.29　资源管理器窗口

📖 **知识点：库**

库是 Windows 7 中的新增功能，用于管理文档、音乐、图片和其他文件的位置。在某些方面，库类似于文件夹。在库中浏览文件与在文件夹中浏览文件完全相同，也可以按属性（如日期、类型和作者）排列文件等。但库与文件夹并不相同，库是一个虚拟的存在，把文件（夹）收纳到库中并不是将文件真正复制到"库"中，只是在"库"中登记了那些文件（夹）的位置而已。因此，收纳到库中的内容除了这些文件（夹）原来各自占用的磁盘空间之外，几乎不再占用磁盘空间。

如果删除库，会将库自身移动到"回收站"中。但该库中包含的文件和文件夹仍存储在原来的位置，不会被删除。如果意外删除了 4 个默认库（文档、音乐、图片或视频）中的任何一个，可以在导航窗格中将其还原为原始状态，方法是：右击"库"，在弹出的快捷菜单中选择"还原默认库"命令。

如果从库中删除文件（文件夹），是真正的删除并同时从原始位置将其删除。如果要将库中的某个项目删除，只需要在打开的库窗口左侧导航窗格内，找到该项目，右击，在弹出的快捷菜单中选择"从库中删除位置"命令即可（该项目中的文件仍在原存储位置未删除）。同理，如果将文件夹包含到库中，然后从原始位置删除该文件夹，则也无法在库中访问该文件夹。

Windows 7 有 4 个默认库：文档、音乐、图片和视频。

文档库：主要用来管理和保存文字处理类文档、电子表格、演示文稿及其他与文本有关的文件。默认情况下，移动、复制或保存到文档库的文件都存储在"我的文档"文件夹中。

图片库：主要用来管理和保存各类图片。默认情况下，移动、复制或保存到图片库的文件都存储在"我的图片"文件夹中。

音乐库：主要用来管理和保存各类音频文件。默认情况下，移动、复制或保存到音乐库的文件都存储在"我的音乐"文件夹中。

视频库：主要用来管理和保存各类视频文件。默认情况下，移动、复制或保存到音乐库的文件都存储在"我的视频"文件夹中。

虽然没有哪一个窗口名为"资源管理器"，但是在 Windows 7 中却有很多方法可以进入资源管理器。

- 右击桌面上的系统图标"计算机""用户的文件"等，选择"打开"命令。
- 在"开始"按钮上右击，选择"打开 Windows 资源管理器"命令。
- 选择"开始"→"所有程序"→"附件"命令，在弹出菜单内选择"Windows 资源管理器"命令。
- 在桌面建立的任何文件夹上右击，选择"打开"命令。

（5）⭐收藏夹

在 Windows 7 中打开资源管理器后，默认的窗口左侧空格的最上部就是"收藏夹"，如图 1.29 所示。和 IE 中的"收藏夹"的功能相似，可以把经常访问的文件夹加入 Windows 7 的"收藏夹"中，这样在访问时，直接通过"收藏夹"就可以方便地找到文件，不必层层打开繁杂的文件目录。

将文件添加到"收藏夹"中也非常简单，只需要在资源管理器窗口中找到想要添加的文件夹，用鼠标将其拖动至"收藏夹"图标上。然后释放鼠标，该文件夹就显示在 Windows 7 的"收藏夹"中，如图 1.30 所示。

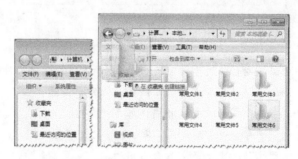

图 1.30 "收藏夹"与添加文件到"收藏夹"

3. 进行文件管理的具体操作

（1）文件的选择

选择文件是进行文件管理的第一步，选择文件也就选择了工作的对象。

- 鼠标选择法：鼠标是计算机系统的重要输入工具，也是用户与 Windows 7 系统交互的主要媒介。鼠标的功能强大，甚至只用鼠标就可以完成 Windows 7 的基本操作。鼠标的动作主要有单击、双击、拖动 3 种。

单击：通过单击，即可选中一个文件（夹），被选中的文件（夹）以反白的方式显示。

双击：通过对鼠标左键的快速双击，可以对选中的文件"对象"进行操作。

拖动：按住鼠标左键移动到目标位置后释放，鼠标经过的矩形区域内的对象都以反白方式显示，表示选择了多个文件（夹）。

- 键盘选择法：键盘也是重要的输入工具。同样，只利用键盘也可以完成 Windows 7 的基本操作。利用键盘进行选择，一种是利用快捷键方式，另一种是与鼠标配合。

快捷键：全部选中【Ctrl+A】组合键。

配合鼠标：【Shift】+单击，可以选中从开始到最后一次单击位置的全部对象，这些对象是连续的。【Ctrl】+单击，可以不连续地选中多个对象，各对象之间可以是互不相邻的。

- 取消选中。取消某一项的选中：按住【Ctrl】键的同时单击准备取消的对象即可。取消全部项的选中：用鼠标在选中对象以外的任何位置单击即可。

（2）新建文件、文件夹

文件的建立方式有很多种，通常是使用某种应用软件，并将应用软件操作的结果以文件的形式保存，这样就完成了文件的建立。如使用写字板建立的文本文件。

创建文件夹时，应先通过资源管理器选择创建的位置，然后在资源管理器的内容栏内右击，在弹出的快捷菜单上选择"新建"→"文件夹"命令，或者是在资源管理器窗口的选择"文件"菜单中的"新建"命令，在弹出的下级菜单中选择"文件夹"命令，二者的操作一致，都可在当前位置创建新文件夹，如图 1.31 所示。还可以利用资源管理器的工具栏，直接单击"新建文件夹"按钮，创建新文件夹。

图 1.31　新建文件夹

新建立的文件夹形如 　新建文件夹 ，其名字默认为"新建文件夹"，此时光标呈闪烁状态，可直接为其改名，光标离开后，完成改名。

（3）文件（夹）的属性

依据文件（夹）的不同性质，文件有很多种分类。一般的 Windows 文件（夹）具有 4 种属性[①]：系统文件、只读文件、隐藏文件和存档文件。对文件（夹）设定属性，可以更好地发挥文件

[①] Windows 7 的文件（夹）属性在 FAT32 分区显示为只读、隐藏和存档，而在 NTFS 分区内则只显示为只读和隐藏。

管理的作用，如对重要的文件可以设定只读属性，这样别人就不能修改这个文件，对于隐私的文件可以设为隐藏属性，在正常状态下这些隐藏的文件将不显示，可以有效地保护用户的隐私。文件（夹）属性的更改可以在资源管理器中进行设定。设定方法同样既可以选择"文件"菜单中的"属性"命令，或者是在文件（夹）上右击，在弹出的快捷菜单上选择"属性"命令，或者是单击工具栏上的"组织"按钮，在弹出的菜单上选择"属性"命令，这 3 种方法弹出的对话框是一致的，只要在所需的属性上单击即可设定，如图 1.32 所示。

图 1.32　打开文件夹的属性

🄿 技巧

隐藏文件一般并不显示，只有将其隐藏属性去掉，才可正常显示出来。要去掉文件的隐藏属性，首先要在资源管理器的"工具"菜单下，依次选择"组织"→"文件夹和搜索选项"命令，在弹出的"文件夹选项"对话框中，选择"查看"选项卡，滑动滚动条，找到"隐藏文件和文件夹"复选框，选中"显示隐藏的文件、文件夹或驱动器"单选按钮，最后单击"确定"按钮，即可将隐藏文件显示出来，如图 1.33 所示。此时再按照更改文件属性的办法，即可去掉隐藏属性。

（4）建立快捷方式

快捷方式是 Windows 7 为用户提供的快速访问常用文件和应用程序的便捷手段。通过建立快捷方式，可以快速找到该快捷方式所链接的资源。快捷方式一般放置于系统的桌面上，也可以放置于系统内的任何位置。快捷方式所链接的资源不仅可以是应用程序，如 Word、Excel 等，也可以是某一个文件或者是一个文件夹。

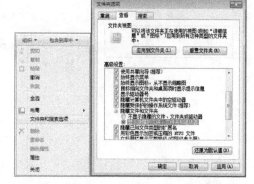

图 1.33　显示隐藏的文件、文件夹和驱动器

快捷方式的建立方法很多，从操作的实质上来看，主要有以下两种。

- 快捷菜单方法：在要建立快捷方式的资源上右击，在弹出的快捷菜单上选择"发送到"命令，在弹出的下级菜单中，选择"桌面快捷方式"命令即可建立该资源的桌面快捷方式。或者是直接选择"创建快捷方式"命令，这样只是在当前文件夹内建立了该文件的快捷方式，如图 1.34 所示。

● 鼠标拖动方法：在要建立快捷方式的资源上，按住【Ctrl+Shift】组合键（或是直接按【Alt】键），同时用鼠标进行拖动，在指定位置上同时释放鼠标和按键，即可完成快捷方式的建立。

➥ **注意**

快捷方式并不是文件本身，建立快捷方式并非做"复制"操作，只是在文件保存位置与快捷方式的位置之间建立一个纽带链接。因此如果删除"快捷方式"，只是删除了两者间的链接关系，原文件并不受任何影响。对于经常使用到的对象，最好是在桌面上建立其快捷方式，而不必将其复制或移动到桌面上。

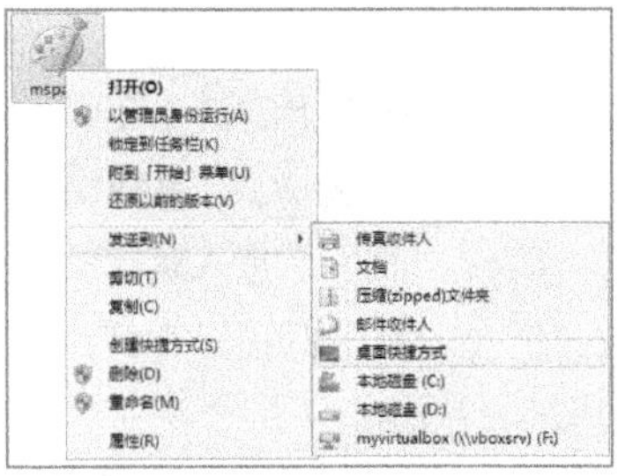

图 1.34 创建桌面快捷方式

（5）新建库与收纳文件

创建新库的步骤很简单。首先单击任务栏上的资源管理器按钮，默认打开"库"窗口。单击工具栏上的"新建库"按钮。新建立的库形如  ，在此输入库的名称，按【Enter】键即可，如图 1.35 所示。

图 1.35 创建新库

新建的库内是空白的，要将文件复制、移动或保存到新建的库中，还必须在库中包含一个文件夹，以便让库知道存储文件的位置。此文件夹将自动成为该库的"默认保存位置"。右击刚刚建立的"我的测试库"，弹出图 1.36 左图所示的快捷菜单。单击 包括一个文件夹 按钮，会弹出名为"将文件夹包括在'我的测试库'中"窗口，在此新建一个文件夹（或选择一个已经存在的文件夹），此文件夹就成为"我的测试库"中的一个默认保存位置，如图 1.36 右图所示。

图 1.36 将文件（夹）包含到库中

☞ **注意**

一个库中可以包含多个项目，即多个不同位置的文件夹。

可以将位于任何位置的文件夹包含到库中，这样该文件夹内的所有文件就可以在库中进行管理。在该文件夹上右击，在弹出的快捷菜单中依次选择"包含到库中"→"我的测试库"命令后，即将该文件夹包含到"我的测试库"中。这样通过"我的测试库"就能对刚才的文件夹的内容进行管理，而不必进入这个文件夹。或者是在打开的"库"窗口中，单击"我的测试库库"下方的"2 个对象"链接，会弹出"我的测试库库位置"对话框，在这里也可以添加新的收纳位置，如图 1.37 所示。

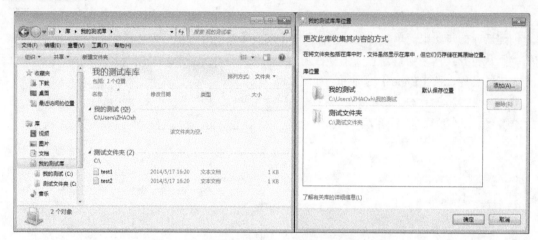

图 1.37　"我的测试库"内容及添加位置对话框

（6）文件复制与移动

文件存储位置的改变主要是通过复制（剪切）、粘贴的方式来实现的，这里需要借助系统的剪贴板来完成。复制是指取得文件的副本，而原文件仍旧存在，主要通过复制后粘贴来完成。移动是指将原文件的存储位置进行改变，移动的是原文件，改变的是存储位置，主要通过剪切后粘贴来完成。

📖 **知识点：剪贴板**

所谓的剪贴板，其实是内存当中开辟的一个专用区域，用来暂存通过复制或者剪切的数据对象，执行粘贴操作时，就是从这里取得数据对象，所以剪贴板相当于系统提供的一个"数据对象中转站"。Windows 7 的剪贴板每次只能存放 1 个数据对象[①]，后续进来的数据对象会覆盖先前的数据对象。如果没有进行后续的复制或者剪切操作，则系统的剪贴板内会一直保留原有的数据，直至关机结束前，都可以进行粘贴取用。因其是内存中的一个区域，再次开机后，原有的数据对象消失且不可恢复。

① 复制文件：复制文件的方法有很多种，可以利用菜单、快捷菜单、工具栏、鼠标拖动或快捷键等。

[①] 这里主要是指文本文件或者是图像文件，对于其他文件，Windows 7 只是在剪贴板内记载了原文件的位置信息。

a．利用菜单：

- 选中要复制的对象①。
- 选择资源管理器窗口的"编辑"→"复制"命令。
- 通过资源管理器，导航至对象的最终存放位置。
- 选择资源管理器窗口的"编辑"→"粘贴"命令。

或者是利用菜单栏中"编辑"菜单下的 复制到文件夹(F)... 命令，弹出"复制项目"对话框，如图 1.38（a）所示。在对话框内找到文件的最终存放位置后，单击 复制(C) 按钮即可。

b．利用快捷菜单：

- 选中要复制的对象。
- 右击，弹出快捷菜单，选择"复制"命令。
- 通过资源管理器，导航至对象的最终存放位置。
- 右击，弹出快捷菜单，再选择"粘贴"命令。

c．利用工具栏：

- 选中要复制的对象。
- 单击工具栏上的"组织"按钮，在弹出的菜单上选择 复制 命令。
- 通过资源管理器，导航至对象的最终存放位置。
- 单击工具栏上的"组织"按钮，在弹出的菜单上选择 粘贴 命令。

d．利用鼠标拖动：

- 选中要复制的文件。
- 按住【Ctrl】键。
- 拖动鼠标至文件的最终存放位置。
- 释放鼠标和【Ctrl】键。

e．快捷键法：

- 选中要复制的文件。
- 按住【Ctrl】键的同时按住【C】键，再同时释放按键。
- 找到文件的最终存放位置。
- 按住【Ctrl】键，同时按住【V】键即可。

② 移动文件：移动文件与复制文件的最大区别就是移动文件并不产生新的文件，只是文件本身存储位置的改变。而复制文件是产生一个和原文件一模一样的文件，但是这个文件不能和原文件放在同一文件夹下，如一定要放在一起，则必须改成与原文件不同的文件名。

移动文件的方法也很多，同样可以通过菜单、快捷菜单来完成，与复制文件基本一致，将上述方法中的复制改为移动即可。单击工具栏中的"组织"按钮后，需要使用的是 剪切 和 粘贴 命令完成文件的移动操作。选择"编辑"菜单下的 移动到文件夹(V)... 命令，会弹出图 1.38（b）所示对话框，除最后要单击 移动(M) 按钮外，其余操作与复制基本相同。

---

① 可以选中单个文件（夹），也可以选中多个连续的文件（夹），或者是不连续的多个文件（夹），以下的操作选中文件的意义与此相同。

（a）复制项目　　　　　　　（b）移动项目

图 1.38　复制与移动项目

利用鼠标拖动来移动文件时，要注意与复制的区别，如表 1.4 所示。

表 1.4　复制与移动在操作上的区别

目　　　的	复 制 文 件	移 动 文 件
在同一驱动器中	【Ctrl】键+拖动	直接拖动到目的位置
不在同一驱动器中	直接拖动或【Ctrl】键+拖动	【Shift】键+拖动

利用快捷键进行文件的移动操作如下：

- 选中要移动的文件。
- 按住【Ctrl】键的同时按住【X】键，再同时释放按键。
- 找到文件的最终存放位置。
- 按住【Ctrl】键，同时按住【V】键即可。

🗁 提示

当进行选中对象的剪切时，文件对象会以虚化的方式显示，表示该文件已经被移入了剪贴板，但如果没有成功粘贴，已进入剪贴板的文件还会回到原来位置。

（7）文件的删除

普通的文件删除，就是将原文件移动至回收站。回收站内的文件，在需要时也可以恢复至原来的存储位置。删除文件的方法很多，可以利用"文件"菜单、快捷菜单、工具栏"组织"按钮、鼠标拖动、快捷键等方法。

① 利用快捷菜单：

- 选中要删除的文件。
- 右击，弹出快捷菜单，再选择"删除"命令。
- 弹出对话框，询问是否要将文件放入回收站。
- 单击 [是(Y)] 按钮，完成文件删除。

② 利用工具栏"组织"按钮：

- 选中要删除的文件。
- 单击工具栏上的"组织"按钮，在弹出的菜单中选择 ✕ 删除 命令。
- 弹出对话框，询问是否要将文件放入回收站。
- 单击 [是(Y)] 按钮，完成文件删除。

③ 也可直接使用键盘上的【Del】键：

- 选中要删除的文件。
- 按【Del】键。
- 弹出对话框，询问是否要将文件放入回收站。
- 单击 [是(Y)] 按钮，完成文件删除。

④ 利用鼠标拖动：
- 选中要删除的文件。
- 直接拖动文件至回收站。

⑤ 利用快捷键：
- 选中要删除的文件。
- 按住【Shift】键的同时按住【Del】键，再同时释
  放按键。
- 弹出图 1.39 所示的对话框，询问是否直接将文件
  删除，而不放入回收站。
- 单击 [是(Y)] 按钮，完成文件删除。

图 1.39　确认文件删除

📂 **提示**

上述的文件删除方法，除最后一种外，都没有真正将文件删除，只是将文件转移到了回收站内。因此，如果有想彻底删除的文件一定不要用①～④的删除方法，可以采用最后一种删除方法，或者是用文件粉碎机等工具软件完成"彻底删除"工作。

（8）文件（夹）的重命名

文件（夹）的重命名，可以利用"文件"菜单、快捷菜单、工具栏"组织"按钮、单击、快捷键等方法来实现。

① 利用快捷菜单：
- 选中要重命名的文件（夹）。
- 右击，弹出快捷菜单，再选择"重命名"命令。
- 此时原文件名被文件名框罩住，并呈反白状态 [test2]，等待修改。
- 修改完成后，在文件名框外任意位置单击，即可完成重命名。

② 单击：
- 选中要重命名的文件（夹）。
- 在文件名的位置单击。
- 此时原文件名被文件名框罩住，并呈反白状态 [test2]，等待修改。
- 修改完成后，在文件名框外任意位置单击，即可完成重命名。

③ 利用工具栏"组织"按钮：
- 选中要重命名的文件（夹）。
- 单击工具栏上的"组织"按钮，在弹出的菜单中选择 [重命名(M)] 命令。
- 此时原文件名被文件名框罩住，并呈反白状态 [test2]，等待修改。
- 修改完成后，在文件名框外任意位置单击，即可完成重命名。

④ 利用快捷键：
- 选中要重命名的文件（夹）。

- 按住【F2】键。
- 此时原文件名被文件名框罩住，并呈反白状态 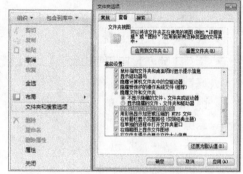test2，等待修改。
- 修改完成后，在文件名框外任意位置单击，即可完成重命名。

  🔖 **技巧：显示隐藏的扩展名**

在默认情况下，Windows 7 不显示系统熟知的文件的扩展名。这样在对某一文件更改名字时，修改的只是一个文件主名，文件的扩展名并没有改变。如果需要对文件的扩展名进行修改，需进行如下的操作。

在资源管理器窗口，单击"组织"按钮，在弹出的菜单上选择"文件夹和搜索选项"命令，弹出"文件夹选项"对话框，单击该对话框的"查看"选项卡，拖动窗口的滚动条到"隐藏已知文件类型的扩展名"复选框，将前面的"√"取消，最后单击"确定"按钮即可，如图 1.40 所示。这时所有文件的扩展名都显示，此时就可以对文件的扩展名进行修改。隐藏文件扩展名的方法正好与之相反。

图 1.40　显示隐藏的文件扩展名

1.3.3　完成任务

① 打开资源管理器，进入 D 盘。

② 在 D 盘上以张老师的名字建立一个文件夹 Teacher Zhang。

③ 进入这个文件夹，建立电子教案、工作量记录、机房安排、教学计划、教学视频、精彩电影、如歌岁月、生活记忆、万水千山、习题收集 10 个子文件夹，分别存放工作和娱乐信息等资料。建好的文件夹如图 1.41 所示。

图 1.41　创建完成的文件夹

建立这些文件夹的目的是把各类资料能够分门别类地存储起来，便于使用和查找。但是经过这样的操作，如果要在某个特定的文件夹内保存文件，将增加许多操作步骤。这个问题可以通过桌面快捷方式解决。桌面快捷方式是桌面与目标文件夹之间的"绿色通道"，通过快捷方式便可以从桌面直接访问到该文件夹。

技巧：

可以使用建立新库的方法，或者将不同的文件夹分别包含到不同的库中，这样将来读取文件信息时直接从库中获取，进行文件操作也更为方便快捷。

④ 在 Teacher Zhang 文件夹上右击，在弹出的快捷菜单中选择"发送到"→"桌面快捷方式"命令，此时桌面上出现了 Teacher Zhang 文件夹的快捷方式，依此类推，为其他两个文件夹建立桌面快捷方式，如图 1.42 所示。

⑤ 对新建立的快捷方式进行改名，将多余的文字去掉。为了使快捷方式的图标更加美观，可以右击图标，选择"属性"命令，在弹出的属性对话框内，单击 更改图标(C)... 按钮。在"更改图标"对话框内选择合适的图标后，单击"确定"按钮即可，如图 1.43 所示。

图 1.42　创建快捷方式及快捷方式的重命名与更改图标

图 1.43　更改快捷方式的显示图标

⑥ 更改图标后的快捷方式如图 1.42 右图所示。在图 1.43 中将光标移至"快捷键"位置，按【F7】键，可以为这个快捷方式指定一个打开的快捷键。以后在桌面上，只要按【F7】键，就会打开这个快捷方式，省去了鼠标的操作。这样操作既方便实用，又提高了工作效率。

⑦ 接下来要将上面的 10 个文件夹，分类包含到系统的默认库中，操作结果如图 1.44 所示。

⑧ 最后将最常用的两个文件夹"工作量记录"和"机房安排"，拖动到 Windows 7 的收藏夹中，以后对这两个文件夹就可以从这里进行快速的访问，如图 1.44 所示。

⑨ 这样张老师既可以通过桌面，使用快捷键进入自己的文件夹，也可以通过资源管理器的收藏夹和库来管理自己的文件。

1.3.4　总结与提高

通过完成任务，应当对于文件管理有了新的认识和提高。

① 文件管理是操作系统提供的方便用户使用、保证文件安全、提高系统使用效率的重要工具。对于普通用户而言，文件管理就是文件和文件夹的管理（建立、删除、更改属性、名称及复制、移动等操作）；对于系统管理员而言，文件管理是对系统全体资源的管理。

② 文件管理的主要工具是资源管理器，通过资源管理器可以完成对系统资源的管理与维护。各种文件管理工具如计算机、用户的文件、回收站等

图 1.44　最终结果

实质上都是资源管理器的特殊表现形式。收藏夹、库等都是 Windows 7 新增的文件管理工具。

📑 **拓展**

除了可以使用资源管理器进行文件管理，其他第三方厂商提供的文件管理工具也非常有效。比较著名的有 Total Commander 等，文件管理工具整合了比资源管理器还丰富的文件管理功能，熟练使用对工作会大有裨益。

③ 文件管理工作要经常进行，对于重要的文件，要及时备份（复制一份），对基本不用或没有意义的文件及时删除。删除文件时，要注意及时清空回收站。

📑 **拓展**

使用 EasyRecover、Recover4all 等软件，可将通过【Shift+Del】组合键删除的文件进行恢复，甚至格式化过的硬盘中的数据也可以进行恢复。美国的计算机专家甚至从哥伦比亚号航天飞机爆炸的残骸中找到烧毁严重的硬盘里恢复了 80% 以上的有用数据（前提是删除或格式化后，未在本分区内进行其他文件管理操作）。

推荐采用文件粉碎的方式将文件粉碎删除（需要选中"不可恢复"复选框），这样被粉碎的文件就不能被恢复。

1.3.5 思考与实践

① 在桌面为写字板程序建立一个快捷方式，并将其名字改为"我的写字板"，同时将图标改为自己喜欢的其他样式。

② 在 D 盘新建立一个以自己学号命名的文件夹，在此文件夹下创建两个子文件夹，分别命名为"重要资料"和"珍贵图片"，并将上面新建的图片移至"珍贵图片"文件夹内。

③ 为上面的图片文件在当前文件夹内创建快捷方式，并重命名为 My Picture。

④ 将"我的图片.bmp"属性设为隐藏和只读属性。

⑤ 新建一个库，命名为"学习资料"。将上面第③题创建的以个人学号命名的文件夹放入新建的库中。将第③题中的"珍贵图片"文件夹，放入 Windows 7 的收藏夹内。采用库和收藏夹两种方式进行访问，并比较两种方式的特点。

1.4　系统的优化

控制面板是 Windows 7 系统总的控制中心，专门提供了丰富的用于更改 Windows 7 外观和行为方式的各种工具。这些工具可帮助用户调整计算机设置，从而使得计算机的性能更加优化，更加符合用户的需要，使用 Windows 7 进行办公处理的过程也将更加高效。

1.4.1 任务的提出

张老师又遇到了问题再次找到我们，因为家里只有一台计算机，儿子和他共用，两人的需求不同，常常在计算机基本设置方面产生分歧，如自己视力不好，希望计算机的文字能够大些，而儿子玩游戏，需要比较高的分辨率，并且儿子还经常自作主张，将他喜欢的桌面背景等改得一团糟，更令他不能容忍的是儿子有时会将他的文件误删除等。这些都让张老师很苦恼，尤其是系统也变得越来越慢，他希望我们能帮助他妥善地处理这些问题。

┣┓ **我们的任务**

通过对"控制面板"的操作，可解决类似张老师这样的多用户共用一台计算机的问题。应用电脑助手一类软件可以实现系统的优化。

1.4.2　分析任务与知识准备

1．分析任务

张老师遇到的问题，其实是一些单位和家庭中普遍存在的现象。很多人共用一台计算机，不仅有隐私文件泄漏的问题，还有因为不同的使用习惯等造成的种种不便。其实归根到底是一台计算机上多用户共用的问题，Windows 7 系统较好地解决了这个问题。通过使用"控制面板"，可以对计算机进行个性化设计，并且由于 Windows 7 是真正的多用户操作系统，所以完全可以达到彼此共用计算机而互不干扰。下面详细介绍"控制面板"的相关知识。

2．知识准备

（1）控制面板

在"开始"菜单中要打开"控制面板"，首先选择"开始"命令，然后在右侧窗格选择 控制面板 命令，进入"控制面板"窗口，如图 1.45 所示。或者是在任何资源管理器窗口的地址栏中，直接输入"控制面板"，按【Enter】键后，也会快速进入"控制面板"窗口。

"控制面板"窗口打开时，默认以分类视图形式显示。可以单击"查看方式"旁边的小箭头，选择"大图标"或"小图标"方式，显示控制面板中的所有控制项目。

图 1.45　分类视图下的控制面板和以小图标方式显示的控制面板

（2）其他进入控制面板的方法

通过"计算机"窗口：打开"计算机"窗口后，在工具栏上单击 打开控制面板 按钮，即可进入控制面板。

通过"开始"菜单的搜索框：在"开始"菜单的搜索框内输入"控制面板"，在搜索到的"控制面板"上单击即可进入控制面板。

（3）常用的控制面板项目

① 日期和时间。日期和时间的设置都是通过"控制面板"来实现的。双击此图标，弹出"日期和时间"对话框。单击 更改日期和时间(D)... 按钮可以修改年月日及具体的时间，单击 更改时区(Z)... 按钮也可以通过本对话框的时区选项区域，修改所在时区。选择"附加时钟"选

项卡，可以为系统增加附加时钟，如图 1.46 所示。

（a）"日期和时间"选项卡　　　　　　　　（b）"附加时钟"选项卡

图 1.46　"日期和时间"对话框

设定了附加时钟后，当鼠标指针停放在任务栏右侧的日期时间上时，会显示设定的 3 个时间，单击此处会弹出钟表形式的小窗口，直观地显示 3 个时间情况，如图 1.47 所示。

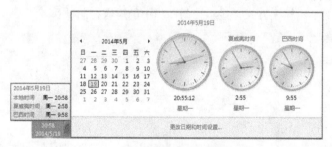

图 1.47　日期和时间属性

②　程序和功能。现在计算机软件发展很快，各种新的软件层出不穷，用户经常需要为计算机安装新的程序，或者删除（更新）不再需要的软件。如果仅仅采用删除掉程序所在文件夹或者是桌面上的快捷方式等方法是不能够将程序全部清除干净的。这个时候，要采用系统提供的添加删除程序的方法来删除不要的程序。

单击"程序和功能"图标，弹出"程序和功能"窗口，如图 1.48 所示。选择需要删除或者更改的程序名称，并单击工具栏上的"卸载/更改"按钮，此时系统会自动调用程序本身附带的卸载程序（没有自带卸载程序的由系统进行卸载）进行卸载。

"程序和功能"窗口不仅可以添加或者删除用户安装的程序，也可以对系统的组件进行添加与删除。单击左侧窗格中的　打开或关闭 Windows 功能 按钮，即可弹出"Windows 功能"对话框，在这里可以对系统安装的组件进行添加或删除，如图 1.49 所示。

☛ 注意

进行系统组件添加时，一定要准备好系统的原始安装光盘，添加时需要读取光盘内相应的信息。如果手头没有原始的安装光盘，不要尝试此类操作。

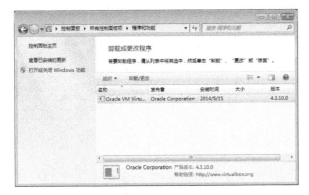

图 1.48 "程序和功能"窗口   图 1.49 "Windows 功能"对话框

③ 🖰区域和语言。主要用来进行地区性的语言文字方面的设置。单击图标后,弹出"区域和语言"对话框,如图 1.50 所示。单击 其他设置(D)... 按钮后,会弹出"自定义格式"对话框,在这里可以对当地的数字、货币、时间、日期、排序的依据等习惯格式进行设置,使 Windows 7 的语言更符合所在地的习惯。

(a)"格式"选项卡   (b)"自定义格式"对话框

图 1.50 "区域和语言"对话框

如果需要进行有关输入法的调整,选择"键盘和语言"选项卡后,再次单击 更改键盘(C)... 按钮,会弹出"文本服务和输入语言"对话框,可以进行有关输入法的调整,如图 1.51 所示。选择"语言栏"选项卡,可以设定语言栏是停靠在任务栏上而不是浮于桌面,或是隐藏起来。通过"高级键设置"选项卡,可以为某一输入法设定快捷键。

📂 **提示**

有些输入法自带了安装程序,执行安装程序就可以自动进行安装。

图 1.51 "文本服务和输入语言"对话框

囗 **技巧**

输入法状态栏及其含义如图 1.52 所示。

输入法中常用的快捷键：

中/英文标点切换：【Ctrl＋圆点】。

全/半角字符切换：【Shift＋Space】。

循环切换输入法：【Ctrl＋Shift】。

中/英文输入法切换：【Ctrl＋Space】。

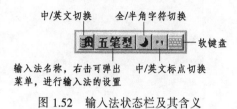

图 1.52 输入法状态栏及其含义

④ 用户账户。用户账户通俗地说是一个信息集合，主要内容是告诉 Windows 7 系统，当前用户可以访问哪些文件和文件夹，可以对计算机及个人选项（如桌面背景或屏幕保护程序）进行哪些更改的信息。通过设立用户账户，使用计算机的每个人都可以使用自己的用户名、密码访问个人资源、共用系统安装软件等，从而达到多人和谐共享一台计算机的情况。

Windows 7 系统中主要有标准账户、管理员账户、来宾账户 3 种类型的账户。每种类型为用户提供不同的计算机控制级别。

标准账户适用于日常使用，建议用户平时都使用标准账户。

管理员账户可以对计算机进行最高级别的控制，但应该只在必要时（安装/卸载软件、更改系统设置等）才使用。平时应用不建议使用此类型账户。

来宾账户主要针对需要临时使用计算机的用户。该账户权限最小，对计算机的使用度也最小。

Windows 7 安装结束时，会要求创建用户账户。这个时候创建的账户就是管理员账户，使用这个账户可以对计算机进行完全控制。完成计算机设置后，应当再创建一个标准用户账户进行日常计算机使用。当设定了多个用户后，开机时在欢迎屏幕上会显示计算机上可用的账户，选择需要的账户就可以进行登录，如图 1.53 所示。

图 1.53 多用户开机登录界面

📖 **知识点**：用户为什么使用标准账户而不是管理员账户？

标准账户可防止用户做出对该计算机的所有用户造成影响的更改（如删除计算机工作所需要的文件），从而保护计算机安全运行。建议为每个用户创建一个标准账户。

当使用标准账户登录到 Windows 7 时，此时可以执行管理员账户下的绝大部分操作，但是如果要执行影响该计算机上其他用户使用的操作（如安装软件或更改安全设置）时，则 Windows 7 会要求提供管理员账户的密码。

如果有多个用户共用一台计算机，并且每人都希望拥有属于自己的工作环境，仅设定两个账户是远远不够的，可以通过"用户账户"图标来添加/删除其他账户，如图 1.54 所示。

图 1.54　管理其他用户

创建新用户时，可以选择账户的类型，来宾账户是系统内置的账户，不需要建立。为新账户输入名称后，单击 创建帐户 按钮后，即可完成新账户的创建。在图 1.55 中选择某个已经存在的用户后，单击下方的 设置家长控制 按钮，可以在弹出的"用户控制"窗口中进行有关该账户的时间、游戏及不可以使用的特定程序的控制。

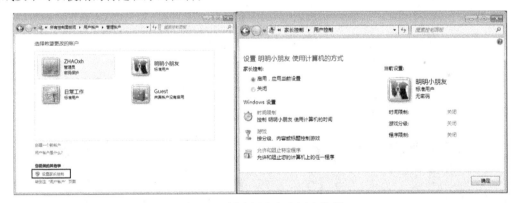

图 1.55　创建新账户和用户控制

☛ **注意**

必须是管理员账户才能进行新用户的创建、用户类型的更改及用户的家长控制。

⑤ 个性化设置。Windows 7 提供了更加灵活的人机交互界面，用户可以通过个性化设置，方便地设置桌面背景、更改分辨率、显示桌面图标、屏幕保护程序设定及外观更改等，如图 1.56 所示。

a. 主题。主题是计算机上的图片、颜色和声音等的集合。它包括桌面背景、屏幕保护程序、窗口边框颜色、声音方案。有些主题还可以包括桌面图标和鼠标指针等内容。

Windows 7 提供了多个主题。可以选择 Aero 主题使计算机更加富于个性化；如果计算机运行相对缓慢，可以选择 Windows 7 的基本主题；如果希望屏幕更易于查看，可以选择高对比度主题。单击要应用于桌面的主题，可立刻看到对该主题应用的效果，并完成对主题的设定。

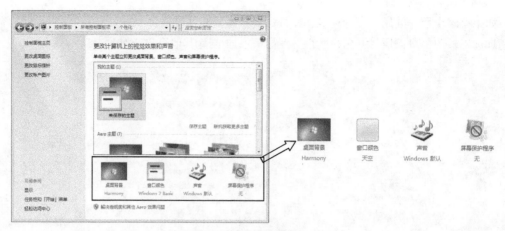

图 1.56　个性化设置

也可以更改主题的各个部分（如桌面背景图片、颜色和声音等），然后保存修改后的主题以供自己或其他人使用。

b. 更改桌面背景。在主题窗口中选中某一主题后，单击主题列表下方的桌面背景，会弹出"桌面背景"窗口，在这个窗口中选择桌面背景（或纯色的背景），单击后立刻生效。如果主题选择的是 Aero 主题里的多背景主题，则在桌面背景窗口中可以设定多背景的更换时间间隔和顺序，如图 1.57 所示。

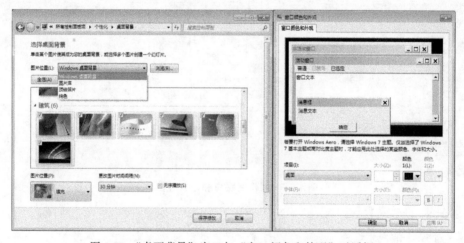

图 1.57　"桌面背景"窗口与"窗口颜色和外观"对话框

c. 窗口颜色修改。单击主题列表下的窗口颜色，会弹出"窗口颜色和外观"对话框。在"项目"下拉列表中，单击要更改的元素，例如，"窗口"、"菜单"或"滚动条"，然后调整相应的设置，如颜色、字体或字号。单击"确定"或"应用"按钮来保存所做的更改，如图 1.57 所示。

d. 设置或更改屏幕保护程序。在主题列表下方单击屏幕保护程序，进入"屏幕保护程序设置"对话框，如图 1.58 所示。在"屏幕保护程序"下拉列表中选择屏幕保护程序，设定等待时间，单击"确定"按钮即可。

🗀 提示

屏幕保护程序是针对 CRT 显示器设计的具有保护作用的程序，但由于 LCD 和 CRT 显示器的工作原理不同,所以屏幕保护程序并不适用于液晶显示器,可能会适得其反,因此液晶显示器最好不设定屏幕保护程序。

选择屏幕保护程序后,如果计算机空闲一定的时间(在"等待"中指定的分钟数),屏幕保护程序就会自动启动。

如要在屏幕保护程序启动后将其清除,移动一下鼠标或按任意键即可。

不同的屏幕保护程序的可能设置选项也不同,可以单击 设置(T)... 按钮完成对屏幕保护程序的个性化设定。

单击"预览"按钮查看所选屏幕保护程序在显示器上的显示方式,移动鼠标或按任意键结束预览。

e. 更改屏幕分辨率和刷新率。在"个性化"区域中,单击左侧空格下部的"显示"链接,会弹出"显示"窗口,在这个窗口中可以直接选择显示文字的大小。也可以单击"显示"窗口左侧空格中的"调整分辨率"链接,此时会弹出"屏幕分辨率"窗口,单击"分辨率"下拉列表可以看到显卡支持的所有分辨率,根据个人需要进行选择即可,如图 1.59 所示。

图 1.58 "屏幕保护程序设置"对话框

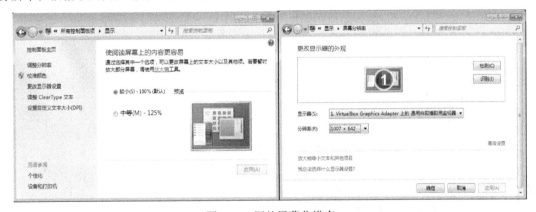

图 1.59 调整屏幕分辨率

📂 **提示**

较高的屏幕分辨率会减小屏幕上项目的大小,同时增大桌面上的相对空间。

显示器和显卡决定了能将屏幕分辨率更改到多少。

更改屏幕分辨率会影响所有登录这台计算机上的用户。

要进行刷新率的设置,单击"屏幕分辨率"窗口下方的"高级选项"按钮,进入"XX 显卡属性"对话框,可以设定刷新频率,如图 1.60 所示。

图 1.60 设置刷新率

📂 **提示**

CRT 显示器的刷新频率超过 75 Hz 人眼就不会感到明显的闪烁,不一定要将刷新频率设定成显卡的最高限,以免加速显卡的老化。而 LCD 一般使用默认的刷新频率即可。

（4）系统优化

应用电脑助手等应用软件，可以实现一键优化处理，在一定程度上可以恢复系统的运行速度。

1.4.3 完成任务

① 打开"控制面板"窗口，双击"用户账户"图标，弹出"用户账户"窗口。

② 在"用户账户"窗口中，单击 管理其他帐户 链接，在弹出的"管理账户"窗口中继续单击 创建一个新帐户 链接，在"创建新账户"窗口中，输入设定的账户名称，单击"创建账户"按钮后，完成一个新用户创建。此用户即为张老师日常工作使用的账户，如图 1.61 所示。

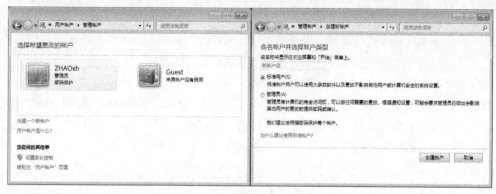

图 1.61 创建新的用户账户

🗀 提示

设定的账户名称就是将出现在"登录"屏幕和"开始"菜单上的名称。

系统安装时指定的用户即为计算机管理员，此时可以选择创建标准用户。

③ 重复创建用户步骤②，为家里的明明小朋友创建标准账户。

④ 用户创建完毕后，回到"管理账户"窗口，直接单击下方的 ⚙ 设置家长控制 链接，弹出"家长控制"窗口，在此窗口内选择要被控制的账户。在弹出的"用户控制"窗口内，选中"启用，应用当前设置"单选按钮，如图 1.62 所示。

在这里可以对控制账户的使用时间、可以玩的游戏，甚至是可以运行的特定程序进行控制，使在家长控制下的账户仅能使用家长开放的功能。

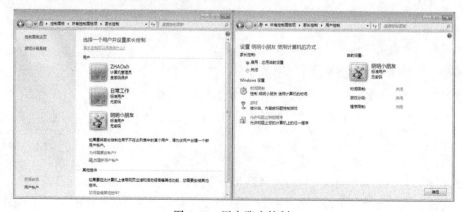

图 1.62 用户账户控制

⑤ 接着注销当前账户，以日常工作账户身份重新登录，对桌面、窗口颜色和外观等进行调整，使之满足个人要求。

⑥ 切换为其他用户进行个性化设置。如果想让不同用户的桌面分辨率也不相同，这是无法办到的。但是可以在当前用户的桌面空白处右击，选择"属性"命令，进入外观字体大小的调整，选择大字体或特大字体方式，使文字显示得更加清晰。

⑦ 切换为计算机管理员进行杀毒软件及其他工作、娱乐等软件的安装。

1.4.4　总结与提高

① 控制面板是整个系统的总控制中心，一举一动关系到系统的安全与稳定。建议只有计算机管理员才能进行设置，对于不懂的或不明白的项目，要弄懂之后再操作，确保系统安全。

② 通过用户账户，可以在多个用户之间快速切换而不用关闭当前运行的程序。切换用户很简单，只需按如下所述的 3 个步骤进行：

a. 单击"开始"按钮，弹出"开始"菜单；

b. 选择注销或切换用户；

c. 在登录屏幕单击要切换的用户。

③ 控制面板的图标会因某些程序的安装而增加，并不是一成不变的，系统内设的图标只有几个。

④ 本任务的完成只用到了常用的几个图标，要想对系统更加熟悉，还需要多看资料，查阅系统的帮助信息，并多多练习。

⑤ 尽量不要以系统管理员身份使用计算机（系统维护时除外）。但使用电脑助手进行系统优化时，应以管理员身份登录。同时也要注意不要过度依赖电脑助手类软件，进行频繁优化，有时欲速则不达，也可能会导致系统损坏。养成良好的计算机使用习惯，科学规范地使用才是最好的优化手段。

📰 **拓展**

以管理员身份运行使系统易受特洛伊木马和其他安全性威胁的侵害，即使是访问网页的简单操作也可能对系统产生非常大的破坏。有些别有用心的网页上挂有木马代码，这些代码可以下载到该系统并执行。如果以管理员特权登录，这些木马会盗取个人敏感信息，甚至可能会重新格式化硬盘、删除所有文件等。而使用标准用户可以执行绝大多数的日常操作，在涉及系统安全的时候会要求输入管理员密码。

但是也要注意，如果系统存在安全漏洞，即使病毒获得的是 guest 账户的权限，也会利用系统漏洞提升到管理员权限或系统权限，在这种情况下，不论是何种账户类型，病毒一样容易发作。

因此，安全使用计算机，除了正确地设定用户账户外，还要及时更新系统漏洞。

1.4.5　思考与实践

① 进入"控制面板"的方法有几种？哪种方式使用起来更为方便？

② 为本机创建两个账户"lx1"（标准账户）和"lx2"（标准账户），分别用这两个账户登录系统，设置自己的桌面主题信息，并对"lx2"用户设置用户控制。

③ 切换至管理员账户，删除"微软拼音输入法"，并将"简体中文—美式键盘"设为默认输入法，同时为系统添加另外一种当前没有的输入法。设置语言栏的显示方式。

④ 通过对系统外观的调整，更改系统显示字体的大小，使之更符合使用者的个人要求。

⑤ 为系统设定个人喜欢的桌面背景，并将系统时间调整为当前的准确时间。

1.5 磁盘管理与维护

磁盘是现代计算机的重要组成部分之一，是最常见的外存（辅存）。外存作为内存的后备和补充被广泛应用。与内存相比，外存的特点是容量大、成本低、速度慢、可以长期保存信息。外存不直接和 CPU 打交道，而是与内存之间进行信息交换。外存主要有磁带存储器、磁盘存储器、光盘存储器、U 盘存储器等类型。磁带存储器是海量存储设备，作为服务器的存储备份应用较多。磁盘、光盘、U 盘现在发展非常迅速，尤其是在个人计算机上，后几种外存非常常见。

1.5.1 任务的提出

张老师的计算机水平有了长足的进步，但是问题依然不少。今天张老师又来了，他带着几分不好意思对我们说，有没有什么办法，能使他向我们请教起来更方便，比如不用大老远地请我们下几层楼再爬几层楼到他的办公室上门辅导，就能解决问题。还有最近听到的许多名词，如分区、备份还原、碎片整理等，觉得很模糊，分辨不清。

▷ 我们的任务

向张老师普及磁盘管理的基本知识，并实现对他的计算机的远程桌面连接。

1.5.2 分析任务与知识准备

1. 分析任务

我们乐于帮助像张老师这样孜孜不倦学习的人，当然有时也不方便每次都上门服务。其实 Windows 7 为用户提供了一个非常方便的远程协助工具——远程桌面，利用它在这里就能远程控制张老师的计算机，并演示问题所在。至于磁盘管理需要首先搞懂什么是磁盘，磁盘的基本原理是什么，才能知其然，知其所以然。下面先介绍磁盘管理的基础知识。

2. 知识准备

（1）常用的存储介质

① 软盘。软盘（Floppy Disk）是个人计算机（PC）中最早使用的可移动介质。软盘由用来保护盘片的塑料外套和涂有磁粉的聚酯塑料盘片构成，盘片质地较软，故称为软盘。软盘的读/写是通过软盘驱动器完成的。软盘存取速度慢，容量也小，但可装可卸、携带方便。作为一种可移动的存储介质，它曾发挥了巨大的作用。软盘的规格有 8 英寸、5.25 英寸、3.5 英寸和 2.5 英寸，其中 3.5 英寸容量为 1.44 MB 的软盘流行最广。但现在软盘早已销声匿迹成为"历史文物"，市面上再也见不到它的踪影了。

② 硬盘。硬盘是计算机主要的存储媒介之一，由一个或多个铝制或者玻璃制的碟片组成。这些碟片外面覆盖铁磁性材料。绝大多数硬盘都是固定硬盘，被永久性地密封固定在硬盘驱动器中。读/写数据时磁头在距圆盘表面 0.2～0.5μm 高度处呈"飞行状态"，此时磁头既不与盘面接触造成磨损，又能可靠读取数据；寻道时沿盘片径向移动，同时盘片高速旋转。数据的储存和访问速度均远超软盘。硬盘技术也在飞速发展，现在基于 USB 3.0 和 SATA 技术的串口硬盘、SSD 硬盘等已基本取代了传统的 PATA 硬盘。

③ 内存盘。采用大容量的闪存芯片[①]作为存储介质，通过计算机的 USB 接口进行数据的传递，

---

① 闪存芯片即 Flash 芯片。Flash 芯片与计算机中内存条的原理基本相同，是保存数据的实体，但其特点是断电后数据不会丢失，能长期保存。

故称 U 盘。U 盘的存储原理与硬盘不同，它没有磁道，也不采用磁性材料进行信息的存储，它使用的是与内存性质基本一致的内存颗粒，经封装而成。在 Windows 7 系统中，使用 U 盘无须安装驱动程序，即插即用，十分方便。现在随着内存价格不断下滑，U 盘的容量不断增大，容量达到十几吉字节的 U 盘随处可见。U 盘的出现是移动存储技术领域的一大突破，其体积小巧，特别适合随身携带，可以随时随地轻松交换资料数据，是理想的移动办公及数据存储交换产品。

📖 **知识点：闪存 VS 硬盘**

硬盘是机械装置，由磁头和盘片共同构成读/写机构。在读/写数据时磁头在盘片上径向移动，盘片是高速旋转的，所以硬盘的防震性较差，而闪存没有这个缺点。由于是机械装置，硬盘的速度相对要慢，其数据率最快可达 80 Mbit/s，但是闪存（USB 3.0）的最大传输带宽高达 5.0 Gbit/s（即 640 Mbit/s，注意这是理论传输值）。硬盘的写入次数可以说是无限的，但是闪存的写入次数却是有限的。闪存的文件能保存 10 年左右，硬盘自身只要不发生损坏理论上可以永远保存。

（2）分区与格式化

① 分区。硬盘在使用之前应当进行分区和格式化操作。进行分区的意义在于更好地进行文件的管理，充分利用硬盘存储空间，提高计算机的工作效率。硬盘的分区主要包括主分区、扩展分区、逻辑分区。

主分区也就是包含操作系统启动所必需的文件和数据的硬盘分区，要在硬盘上安装操作系统，则该硬盘必须要有一个主分区。扩展分区也就是除主分区外的分区，但它不能直接使用，必须再将其划分为若干个逻辑分区才行。逻辑分区也就是平常在操作系统中所看到的 D、E、F 等盘。

目前 Windows 所用的分区格式主要有 FAT16、FAT32、NTFS 等，其中大部分的操作系统都支持 FAT16。但采用 FAT16 分区格式的硬盘实际利用效率低，且单个分区的最大容量只能为 2 GB，因此该分区格式已经很少用。

📖 **知识点：逻辑磁盘**

所谓逻辑磁盘，又称逻辑分区或磁盘分区，并不是真正的独立磁盘，而是在一个磁盘上划分成的若干个独立的区域。通过"计算机"可以看到每台计算机中都有若干个逻辑分区。习惯上将每一个分区都称为"盘"，如 D 分区，一般称为 D 盘。

② 磁盘的格式化。格式化这一概念原只应用于计算机硬盘，随着电子产品不断发展，很多存储器都用到了"格式化"这一名词，广义理解，就等于数据清零，删掉存储器内的所有数据，并将存储器恢复到初始状态。比如软盘、U 盘也都有格式化操作，但两者的含义并不相同。

格式化分为高级格式化和低级格式化。软盘只有高级格式化；而硬盘不仅有高级格式化，还有低级格式化。低级格式化对传统硬盘而言，就是对硬盘的一种彻底清零操作，通常都不建议做低级格式化。高级格式化就是平常所做的格式化，主要是在当前分区的文件分配表中将分区上的每一个扇区标记为空闲可用，同时系统扫描硬盘以检查是否有坏扇区并做好标记。扫描坏扇区的工作占据了格式化磁盘分区的大部分时间。

高级格式化中还有一种是快速格式化，进行快速格式化是对文件分配表做删除，并未真正清除数据，所以速度很快（只有在硬盘以前曾被格式化过并且在能确保硬盘没有损坏的情况下，才使用此选项）。

无论是哪一种盘在未做格式化处理之前是不能使用的。所谓格式化，就是将该磁盘划分磁道和扇区，分配存储单元，建立文件系统。对于 U 盘来说，不存在划分磁盘和扇区的概念。

在磁盘驱动器的图标上右击，在弹出的快捷菜单中选择"格式化"命令，弹出"格式化本地磁盘"对话框，如图 1.63 所示。

- 容量：通常系统会自动检测当前磁盘驱动器的容量并选择，不需要用户调整。
- 文件系统：Windows 7 支持的文件系统主要有 FAT、FAT32 和 NTFS。用户可以根据需要进行选择。
- 卷标：是当前分区的名字，在"计算机"窗口中可以看到。采用英文字母或者汉字均可，长度不超过 128 个字符即可。
- 分配单元大小：磁盘分配单元即簇的大小，若选择 NTFS 会有多个选项供用户选择，若为 FAT 或 FAT32 则只有一个默认选项，建议此处采用系统的默认值。

图 1.63　"格式化本地磁盘"对话框

- 快速格式化：对于首次使用的磁盘，不要选中"快速格式化"复选框。如果曾经格式化过，并且磁盘并无故障，建议使用快速格式化，可以加快格式化的速度。

☞ **注意**

任何用户身份都可以对软盘和 U 盘进行格式化，但对硬盘进行格式化必须是以计算机管理员的身份登录才可以进行。

如果磁盘上的文件已打开、磁盘的内容正在显示或者磁盘包含系统或启动分区，则不能格式化磁盘。

（3）查看磁盘的属性

进入"计算机"窗口，在相应的磁盘驱动器上右击，选择"属性"命令，出现磁盘属性对话框。该对话框的名字是当前驱动器的名字，包含 9 个选项卡，有当前磁盘的属性和常用工具等，如图 1.64 所示。

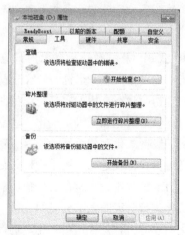

（a）常规属性　　　　　　　　　（b）常用工具

图 1.64　磁盘属性对话框

① 常规。"分区卷标"是格式化磁盘时，为分区设定的名字。一般为英文字母或者汉字等。在这里也可以对其进行修改。

"文件系统"是当前文件系统的类型。

使用情况表明的是当前分区的大小，已经使用的情况，剩余多少空间等。

单击 磁盘清理 (D) 按钮，可以弹出磁盘清理对话框，进行磁盘信息的清理，释放硬盘空间。磁盘清理程序搜索的是当前的驱动器，然后列出临时文件、Internet 缓存文件和可以安全删除的不需要的程序文件。使用磁盘清理程序可以将这些文件部分或全部删除，如图 1.65 所示。

📁 **提示**

通过附件的系统工具也可打开磁盘清理程序。但这时需要先指明要对哪个分区进行清理。

② 磁盘工具。选择磁盘属性对话框中的"工具"选项卡，如图 1.64（b）所示。

"查错"用来检测并修复磁盘错误，使用磁盘错误检查工具可以检查文件系统错误和硬盘上的坏扇区。在"工具"选项卡的"查错"区域下，单击"开始检查"按钮，在弹出的对话框中选中"扫描并尝试恢复坏扇区"复选框，如图 1.66 所示。

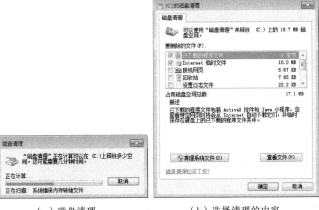

（a）磁盘清理　　　　　（b）选择清理的内容

图 1.65　磁盘清理对话框

图 1.66　磁盘查错

👉 **注意**

执行查错过程之前必须关闭所有文件。如果当前正在使用，则会显示消息框提示是否要在下次启动系统时重新安排磁盘检查。这样，在下次重新启动系统时，磁盘检查程序将运行。在查错运行过程中，这个分区不能进行其他操作。

如果这个分区是 NTFS 分区，则 Windows 会自动记录所有的文件事务、替换坏簇并存储 NTFS 分区上所有文件的关键信息副本。

③ 磁盘碎片的整理。硬盘在使用一段时间后，由于反复写入和删除文件，磁盘中的空闲扇区会分散到整个磁盘中不连续的物理位置上，从而使文件不能保存在连续的扇区内。人们将这种不连续的小的存储空间称为碎片。这样，在读/写文件时就需要到不同的地方去读取，增加了磁头的来回移动次数，降低了磁盘的访问速度。

磁盘碎片整理程序将计算机硬盘上的碎片文件和文件夹合并在一起，以便每一项在分区（磁盘）上能够占据单个或连续的空间。这样，系统就可以更有效地访问文件和文件夹，更有效地保存新的文件和文件夹。并且通过合并文件和文件夹，磁盘碎片整理程序还将合并分区上的可用空间，以减少新文件出现碎片的可能性。由此可见，及时清理磁盘的碎片可以提高计算机的运行速度。

使用磁盘碎片清理程序，同样需要关闭当前正在运行着的程序。然后，在"工具"选项卡的"碎片整理"下，单击"开始整理"按钮。在弹出的对话框中单击"分析磁盘"按钮，系统会分析当前分区碎片的数量，提出是否需要整理的建议；再次单击"磁盘碎片整理"按钮后，开始进行碎片整理。整理过程相对较长，视分区大小差异较大，如图 1.67 所示。

📁 **提示**

使用磁盘碎片整理程序，需要以计算机管理员身份登录。

图 1.67 "磁盘碎片整理程序"对话框

（4）磁盘管理

"磁盘管理"程序是用于管理硬盘及硬盘所包含的分区或卷的系统工具。在"计算机"上右击，在弹出的快捷菜单中选择"管理"命令，进入"计算机管理"窗口，单击左侧区域内的"磁盘管理"，便可使用磁盘管理程序了，如图 1.68 所示。使用磁盘管理程序可以初始化新的磁盘，创建卷及将卷格式化为 FAT、FAT32 或 NTFS 文件系统，改变盘符路径等。使用磁盘管理程序能够执行大多数与磁盘有关的任务，而且不需要重启计算机，大多数配置更改将立即生效。

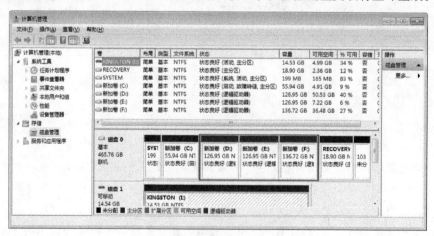

图 1.68 "计算机管理"窗口

（5）远程桌面

远程桌面是 Windows 7 提供的实用的系统维护工具之一。使用远程桌面可以实现对计算机的远程访问，既可以从其他计算机上访问自己的计算机资源，也可以在自己的计算机上访问别人的计算机资源。使用远程桌面为用户进行远程的计算机系统维护，提供了极大的便利。

选择"开始"→"所有程序"→"附件"→"远程桌面连接"命令，即可打开远程桌面。

📁 **提示**

必须作为管理员或管理员组的成员登录才能启用远程桌面功能，必须以管理员或管理员组的成员身份登录，才能将用户添加到远程用户组。

① 使用远程桌面之前需要进行相应设置。

a. 用户设置，要使用远程桌面的用户必须设定密码，这是为了保证系统的安全，防止未经允许的访问。

b. 在"计算机"上右击，选择"属性"命令，打开"系统"窗口，单击左侧窗格中的 🔘 远程设置 链接，可弹出"系统属性"对话框中的"远程"选项卡，如图 1.69 所示。"远程桌面"选区下面有 3 个选项分别是："不允许连接到这台计算机""允许运行任意版本远程桌面计算机连接（较不安全）""仅允许运行使用网络级别身份验证的远程桌面的计算机连接（更安全）"。其中第 3 项比较安全，一般开启远程桌面时都要选用此项。具有计算机管理员权限的用户默认拥有远程桌面访问权。也可通过单击 选择用户(S)... 按钮，选择进行远程桌面的用户。选择指定用户后，单击"确定"按钮返回"远程桌面用户"对话框，如果没有可用的用户，可以使用"控制面板"中的"用户账户"来创建，所有列在"远程桌面用户"列表中的用户都可以使用远程桌面连接这台计算机，如果是管理组成员即使没有在这里列出也拥有连接的权限。

图 1.69　"远程设置"及"远程"选项卡

② 允许其他用户连接到您的计算机。

在"远程桌面用户"对话框中，单击 添加(D)... 按钮。在弹出的"选择用户"对话框中单击 高级(A)... 按钮后，"选择用户"对话框变大，此时单击 立即查找(N) 按钮，在出现的用户列表中双击用户名，然后单击"确定"按钮（需多次单击），该名称最终就出现在"远程桌面用户"对话框的用户列表中，如图 1.70 所示。

📁 **提示**

Windows 7 提供了一个"问题步骤记录器"的软件，用以记录出现问题时的屏幕画面等信息，类似于屏幕录像机。该软件会将记录下的信息以压缩文件形式保存，也可以将此文件传递给计算机的维修人员，再现故障出现时的情况，协助故障处理。

运行该软件需要在"开始"菜单的搜索框中输入 psr，在上方搜索结果的空格中，单击第一项 psr.exe 即可打开该软件。

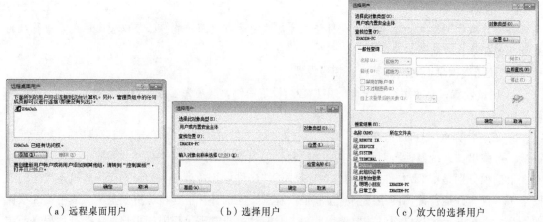

（a）远程桌面用户　　　　　　（b）选择用户　　　　　　（c）放大的选择用户

图 1.70　为远程桌面增加其他控制用户

1.5.3　完成任务

① 首先在张老师的计算机上进行远程设置，如图 1.71 所示。这里首先要按图 1.68 所示位置选中第 3 项"仅允许运行使用网络级别身份验证的远程桌面的计算机连接（更安全）"单选按钮，并添加登录用户名，这是进行远程桌面连接的前提。

② 对远程使用的用户设定密码，没有设定密码的用户名不能用来进行远程桌面，这是对用户个人信息的一个安全保障。设定后告知他的用户名和远程密码。

③ 在我们的计算机上，依次选择"开始"→"所有程序"→"附件"→"远程桌面连接"命令，会显示"远程桌面连接"窗口，单击"选项"按钮，展开窗口的全部选项，在"常规"选项卡中分别输入远程桌面的目的主机的 IP 地址或计算机名、用户名，然后单击"连接"按钮，并在弹出的窗口中输入该用户的访问密码，如图 1.71 所示。

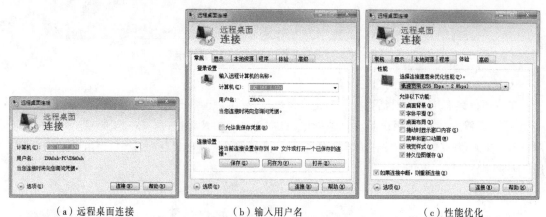

（a）远程桌面连接　　　　　　（b）输入用户名　　　　　　（c）性能优化

图 1.71　进行远程桌面连接

④ 连接成功后将打开"远程桌面连接"对话框，这时就可以看到远程计算机上的桌面设置、文件和程序，可以对远程桌面的目的主机进行操作。远程桌面窗口可以和本地窗口进行切换，操作远程桌面如同操作本地机器一样，十分方便，如图 1.72 所示。使用完毕后，可单击"关闭"按钮，关闭远程桌面。

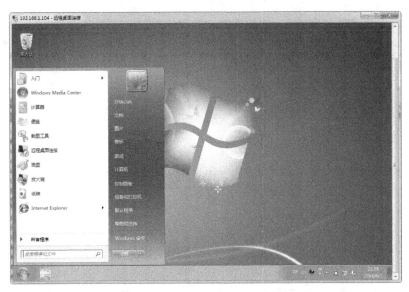

图 1.72 已经登录的远程桌面

📂 **提示**

通过远程桌面连接到目的计算机时，远程桌面将自动锁定该计算机，计算机处于登录屏幕状态。返回工作计算机后，输入用户密码后解除锁定。

远程桌面默认是不显示桌面背景的，如果想要显示背景需要在"远程桌面连接"对话框的"性能"选项卡中进行选定。

1.5.4 总结与提高

① 磁盘运行会产生很多碎片，尤其是系统分区，因此建议用户不要将应用程序安装到系统分区。另外，进行碎片整理时，由于时间较长，必须关闭屏幕保护程序，否则会不断重启碎片整理，这样将无法顺利完成碎片整理。

② U 盘虽然不存在磁道和扇区，但是随着使用的增加，也会产生碎片。但是并不需要进行碎片整理，必要时可采用格式化程序，重新格式化 U 盘即可，或者是将 U 盘上的数据复制到硬盘上备份，然后将 U 盘的内容全部删除，再重新复制回来即可。

③ 一般情况下，上述功能都要求具有系统管理员权限的用户才能使用。可以定期使用管理员权限登录进行系统的维护工作，平时使用受限账户来完成相应的任务，可以使计算机的安全性大大提高。

④ 远程桌面与远程协助不同，远程协助类似于 QQ 提供的远程帮助，远程协助时用户可以看到对方的操作，而远程桌面时用户将看不到自己的桌面。

⑤ 操作系统的使用有很多知识，建议多读系统的帮助文件后，再动手实践。

📄 **拓展：文件系统的分区格式**

目前 Windows 所用的分区格式主要有 FAT16、FAT32、NTFS 等，其中大部分操作系统都支持 FAT16。但采用 FAT16 分区格式的硬盘实际利用效率低，且单个分区的最大容量只能为 2GB，因此如今该分区格式已经很少用了（但是小容量的 U 盘大多数使用的都是这种格式）。

FAT32 采用 32 位的文件分配表，使其对磁盘的管理能力大大增强，突破了 FAT16 对每一个分区的容量只有 2GB 的限制。它是目前使用最多的分区格式，基本上 Windows 的所有系统都支持它。一般情况下，在分区时，用户可以将分区都设置为 FAT32 的格式。其单个文件最大限制为 4GB。

NTFS 的优点是安全性和稳定性极其出色。不过除了 Windows 2000/XP/2003/7/8/10 系统以外，其他的一些操作系统都不能正确识别该分区格式。

1.5.5　思考与实践

① 使用远程桌面登录至自己的主机，观察主机发生的变化，熟悉远程桌面的使用方法。

② 对 D 盘进行分析，查看是否需要进行碎片整理，并思考碎片整理的意义。

③ 查看 D 盘的大小和剩余空间，将其卷标改名为"我的数据空间"。

1.6　常　用　软　件

操作系统建立起了用户与计算机的桥梁，但是人们使用计算机办公还需要各类应用软件。各类应用软件用来完成各种不同的任务。熟练操作各种不同的应用软件，能够提高计算机办公效率。

1.6.1　任务的提出

张工的计算机办公水平不断提高，负责了单位的办公系统的管理工作。他想把有关办公系统的操作步骤和注意事项制作成一份图文并茂的文档，压缩上传到办公系统的首页上，便于全体员工参照操作文档进行规范工作。但是如何进行操作截图并在截取的图片上标注文字，以及将多幅图片进行压缩打包呢？他希望也学习一下这些内容。

　　☐ 我们的任务

向张工介绍有关图片截取和修改的工具软件，帮助张工学会截图、修图和压缩文件处理。

● 如何对当前的桌面进行截图；

● 对于获得的截图进行修改和注释；

● 将多幅图片进行压缩打包，方便进行网络交流。

1.6.2　分析任务与知识准备

1．分析任务

随着 PC 的普及，越来越多的办公操作需要使用计算机完成。使用计算机已经成为当今城市生活人群的基本生活技能之一。信息时代朋友间的娱乐互动，工作上的业务交流，学习上的体会心得等各种信息越来越多地使用图文方式传播。不仅如此，使用图文方式，将办公操作的关键步骤画面进行捕捉，并对画面中的重点内容进行标注说明，无疑能对用户起到直观的辅导教学作用，促进用户规范使用办公系统。这里的操作主要涉及截图、修图和压缩三方面内容，网上有很多这方面的应用软件，但都需要下载安装，其实应用 Windows 7 的自带功能也可以很好地解决上述需求。

2．知识准备

（1）截图

截图就是截取显示在当前屏幕上的全部或局部画面。或者说是将在计算机屏幕上正在显示的内容拍摄下来形成图片，以方便与他人共享。通常截图有专门的应用软件，如业界较为知名的 HyperSnap、SnagIt 等，都提供了非常专业的截图功用。但是如果仅是简单截图，Windows 7 操作系统提供的截图工具就已经足够用了。

① 用屏幕打印按键截图。通常标准的键盘都有【PrtSc】（或者称 PrtScSysRq、PrtScn 等）键，如图 1.73 所示。这个按键称为"屏幕打印键"。按该键之后，会将当前桌面全部画面复制到系统剪贴板，然后当打开画图或者是 Word、写字板等软件（记事本不可以）直接粘贴就可以得当前桌面的截图。这个截图是当前屏幕的整个画面，如果只需要截取当前活动窗口的图像，可以使用【Alt+PrtSc】组合键抓取当前活动窗口截图。

图 1.73　标准键盘的屏幕打印键

② 用 Windows 7 截图工具。Windows 7 专门提供了一个功能较为强大的截图工具。可以通过"开始"菜单，然后依次选择"所有程序"→"附件"→"截图工具"命令，打开系统自带的截图工具，如图 1.74 所示。

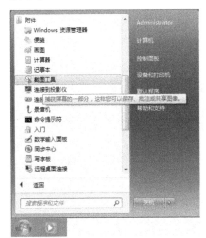

图 1.74　打开截图工具及"截图工具"窗口

该工具打开后，桌面被白色蒙版覆盖，此时单击"新建"按钮，可以选择要截取图像的范围，如果使用默认选项，则光标变为"剪刀"形状，可在桌面上勾画出欲截取范围，范围闭合即完成截图，如图 1.75 所示。截图完成后，可在截图工具自动打开的窗口中应用画笔进行绘制或书写。

☞ 注意

需要注意的是截图工具中的画笔只能绘制线条，不能输入文字。如果对于截图内容需要进行较多的文字标注，可以使用"画图"工具或其他支持图文的软件进行再次修改。

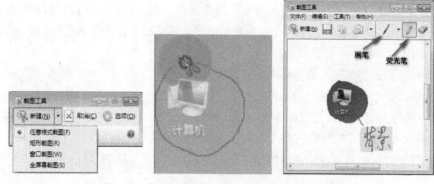

图 1.75　使用任意格式截图及应用画笔进行注释

（2）Windows 7 的画图工具

Windows 7 自带的"画图工具"其实是一个位图编辑器，可以对各种位图格式的图片进行编辑，用户既可以像在纸面上绘画一样进行手工绘制，也可以对扫描或截取获得的图片进行再次编辑修改，在编辑完成后，可以将图片保存为 BMP、JPG、GIF 等多种图像文件格式。

画图工具采用 Ribbon 菜单，功能区由"主页"和"查看"两个选项卡构成。每个选项卡中包含若干个命令程序组，每个命令程序组中又包含若干个工具按钮。从工作界面上看与 Office 2010 比较相近。画图工具的右下方可以直接拖动改变放大与缩小倍数。标题栏左边有可以自定义的快速访问工具栏，更加方便用户编辑。画图工具的界面如图 1.76 所示。

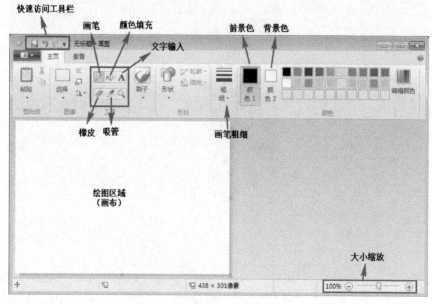

图 1.76　画图工具的页面布局

下面简单介绍画图工具中常用的工具及操作：

颜色 1：即前景色，也就是画笔的颜色，默认为黑色，单击"颜色 1"按钮后，再单击右侧的颜色色块，可以更换画笔颜色。也可以使用绘图工具中的"吸管（颜色拾取器）工具"，吸取当前绘图区域中的某个颜色，替换当前画笔的颜色。

颜色 2：即背景色，也就是画布的颜色，默认为白色，单击"颜色 2"按钮后，再单击右侧的颜色色块，可以更换画面颜色。更换颜色 2 并不会立即改变画面背景。

技巧：

绘制时，如果按下鼠标左键拖动，则使用颜色 1 进行绘制；如果按下鼠标右键拖动，则使用颜色 2 进行绘制。

粘贴：从剪贴板上获取对象，并放置在当前画布中。如使用了截图工具，则可以使用粘贴功能将截取的图像粘贴到当前画布中。

文字输入：应用文字输入工具可以在当前的画布中添加文字信息。

画笔：应用画笔可以在画布中进行勾勒绘图或是进行涂抹标注。

颜色填充：单击画布上的某个区域，用前景色（颜色 1）填充；右击某个区域，则用背景色（颜色 2）进行填充。

橡皮工具：对于不需要的线条或颜色可以使用橡皮工具进行擦除。

熟练运用上述各种工具，不仅可以使用画图工具对图片进行简单涂鸦，也可以绘制出漂亮的图形或制作出图文并茂的教程。

（3）压缩打包

网络上传输的文件多为压缩文件，使用压缩文件不仅使文件体积变小，而且可以将多个文件或文件夹打包为一个文件，更加方便归类管理和信息传输。压缩软件种类很多，较常应用的有 WinZip、WinRAR、7-Zip 及好压等软件。但这些软件有的是需要付费，有的虽然可以免费使用，但捆绑携带了大量弹出广告。其实 Windows 7 自带了非常方便的压缩工具，不需要安装专门的压缩软件即可完成大多数文件压缩、解压的工作。

① 应用 Windows 7 自带压缩工具。应用 Windows 7 自带的压缩工具很简单，只要在 zip 压缩文件上右击，在弹出的快捷菜单中选择"全部提取"命令即可将该压缩文件解压，如图 1.77 所示。或者是双击该文件，会像打开文件夹一样，直接打开该压缩文件，选取部分或全部文件进行复制粘贴也可以实现解压缩。

如果双击 zip 格式的压缩文件没有打开该文件，而是弹出"打开方式"对话框，也可在这里选择打开的工具为"Windows 资源管理器"，并且以后也不需要再进行这样的设置，如图 1.78 所示。

图 1.77 全部提取 zip 压缩文件内容及打开 zip 压缩文件

图 1.78 设置 zip 文件打开方式

提示

注意 Windows 7 自带的压缩工具能解压 zip 格式的压缩文件。如果不是 zip 格式的压缩文件仍然要使用其他专门的压缩软件进行解压或压缩处理。

如果需要将某个文件、文件夹或者多个文件（夹）压缩打包，可以先选择这些对象，然后右击，在弹出的菜单中依次选择"发送到"→"压缩（zipped）文件夹"命令，即可在当前路径下得到同名压缩文件，如图 1.79 所示。

📁 技巧

如果在"发送到"菜单中没有出现"压缩（zipped）文件夹"命令，可以在桌面上建立一个空的文本文档，并将其改名为"压缩（Zipped）文件夹.ZFSendToTarget"，并将这个文件复制到系统的 SendTo 文件夹中，再次右击就可以在"发送到"级联菜单中看到"压缩（Zipped）文件夹"命令。

📁 技巧　如何找到 SendTo 文件夹

双击桌面上的用户文件夹，在弹出窗口的搜索框内输入"sendto"，按【Enter】键，即可找到 sendto 文件夹项，双击打开搜索结果中的对应项即可进入 sendto 文件夹。

② 应用好压等专业压缩软件。大多数计算机中都安装专业的压缩处理软件，如好压等。安装好压软件之后，系统的右键快捷菜单会发生变化，增加了压缩和解压缩项目，如图 1.80 所示。

图 1.79　使用 Windows 7 自带的压缩工具进行文件（夹）压缩

图 1.80　安装好压后菜单的变化

选择准备压缩的对象（文件或文件夹）并右击，在弹出的快捷菜单中选择"添加到压缩文件"命令，即弹出压缩窗口，输入生成压缩文件的路径和名称等信息，确定后即可完成对象压缩，如图 1.81 所示。

双击压缩文件会自动关联所安装的好压软件，并打开解压缩窗口，选择文件中要解压的对象，并单击"解压缩"按钮，即可将文件解压到指定的路径下，如图 1.82 所示。

（4）照片查看器

Windows 7 自带的照片查看器界面简单，可以完成图片的查看、简单编辑和幻灯片播放等，使用起来十分方便，其工作界面如图 1.83 所示。

使用照片查看器，双击图片，默认会使用照片查看器打开该图片，如果没有打开照片查看器，可以在图片上右击，在弹出的快捷菜单中依次选择"打开方式"→"Windows 照片查看器"命令即可。

应用照片查看器可以进行图片的旋转、删除，也可以使用放大/缩小按钮调整图片显示的大小，或者是使用幻灯片播放按钮，进行全部图片的幻灯片放映。

图 1.81　使用好压压缩文件

图 1.82　使用好压解压缩文件

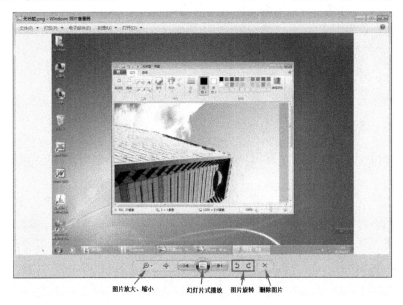

图 1.83　使用照片查看器查看图片

1.6.3　完成任务

① 建立文件夹"办公系统操作步骤"，然后正常登录管理的办公系统。进入关键页面后，按下【PrtSc】键或【Alt+PrtSc】组合键抓取当前屏幕。

② 打开画图工具软件进行粘贴，得到抓取的图片。

③ 使用画图工具的画笔和文字输入工具，对抓取的图片进行适当标注。

④ 将当前图片保存为"步骤 1.png"。（也可以保存为其他图片格式或名称）并存放在"办公系统操作步骤"文件夹中。

⑤ 重复步骤①～④，将所有关键的重要操作节点抓图并进行标注。

⑥ 在"办公系统操作说明"文件夹上右击，在弹出的快捷菜单中选择"发送到－压缩（Zipped）文件夹"命令，即生成名为"办公系统操作说明.zip"的压缩文件。

⑦ 将此压缩文件上传到网络或使用社交软件发送给所有用户。

⑧ 用户下载此文件后，在"办公系统操作说明.zip"上右键，选择"提取全部"命令，即可将此文件解压缩。

⑨ 双击解压获得的第一张图片，自动打开"照片查看器"，单击下方工具条中间的"幻灯片播放"按钮，所有操作说明图片将按顺序以全屏方式在桌面上播放。

1.6.4　总结与提高

① 除了使用 Windows 7 自带的截图工具外，很多社交通信软件和电商软件也都提供截图功能，如 QQ、旺旺等。专业的截图软件如 HyperSnap 等具有更加强大的截图功能，可以完成弹出式菜单的下级子菜单的弹出截取、画面延时截取、屏幕滚动截取（长图）等。

② 画图软件不仅能进行简单的照片涂鸦，也可以使用其进行手绘或图像更改保存格式等工作，还有些网络课程的老师也将画图软件作为教学辅助的演示白板使用。

③ Windows 7 仅提供了 zip 格式的压缩和解压缩功能，如果涉及其他压缩格式，需要下载专门的解压缩软件进行处理，如 WinZip、WinRAR、好压等。

④ 好压等国产专业压缩软件在完成压缩和解压缩的工作之外，还提供了内部文档查看器、MD5 校验、虚拟光驱等工具，非常适合日常办公应用。

1.6.5　思考与实践

① 按【▦+R】组合键，打开"运行"对话框，输入 mspaint。并为当前对话框截图，然后进入画图工具。

② 在打开的画图工具中，将截取的图片粘贴到画布中。使用文字输入工具在图片上进行适当注释。并将标注后的文件保存为"截图 1.png"。重复截取生成的多张图片并按顺序保存。

③ 双击"截图 1.png"，应用照片查看器的幻灯片播放功能，全屏播放所有图片。

1.7　计算机基础知识摘要

1.7.1　计算机概述

① 世界上第一台计算机是美国宾夕法尼亚大学为计算弹道轨迹而研制成功的 ENIAC。

② 计算机的发展阶段。依据计算机所采用的核心部件的不同，将其分为 4 个阶段（见表 1.5）。

表 1.5　计算机的发展阶段

阶　　段	核　心　部　件	备　　注
第一阶段	电子管、磁鼓、磁芯	体积庞大、用于科学计算
第二阶段	晶体管、磁芯和磁盘	体积缩小、功耗降低、性能有所提高
第三阶段	中小规模的集成电路	体积缩小，功耗和成本降低，性能进一步提高
第四阶段	大规模和超大规模集成电路	趋于微型化、高集成度、大容量、高速度

③ 计算机的分类。按照 IEEE（美国电气和电子工程师协会）1989 年的标准，将计算机分为 6 类：巨型机、小巨型机、大（中）型计算机、小型机、工作站、个人计算机。

④ 影响计算机性能的主要指标。

字长：计算机能够直接处理的二进制位数。它标志着计算机处理数据的精度，一般来说字长越长，精度越高。字长一般为 8 的倍数。

运算速度：指计算机每秒能够执行指令的条数。一般用百万次/秒（MIPS）来表示。

主频：又称时钟频率，是指 CPU 在单位时间内发出的脉冲数，它通常以兆赫兹（MHz）来表示。时钟频率越高，计算机的运算速度也就越快。

内存容量：内存容量使用 B（字节）来表示，通常以 KB、MB、GB 为单位。

1B=8bit（比特），1 KB=1 024 B，1MB=1 024 KB，1GB=1 024 MB

1TB=1 024 GB

（1bit，即一个二进制位）

1.7.2　计算机系统

计算机系统主要由硬件系统和软件系统构成。

1．软件系统

软件系统是组成计算机系统的重要部分。又可以分为两大类，即系统软件和应用软件。

系统软件是指由计算机生产厂（部分由"第三方"）提供的基本软件。最常用的有：操作系统、计算机语言及处理程序、数据库管理系统等。

操作系统：是最基本、最重要的系统软件。它负责管理计算机系统中的各种硬件资源（如 CPU、内存空间、磁盘空间、外围设备等），并且负责解释用户对计算机的管理命令，使它转换为计算机实际的操作，如 DOS、Windows、UNIX、Linux 等都是操作系统。

计算机语言：分为机器语言、汇编语言和高级语言。三者的关系如表 1.6 所示。

表 1.6　计算机语言的分类及特点

语 言 名 称	特　　点	主 要 特 点
机器语言	由机器指令组成，面向机器	编写程序难度大，不容易调试
汇编语言	使用助记符来代替机器指令，面向机器	执行速度快、占用内存空间小
高级语言	按一定的语法规则，脱离了具体的机型	易学易记，容易掌握

语言处理程序：语言处理就是将源程序转换成计算机能够直接运行的机器语言的形式。这一转换是由翻译程序来完成的。翻译程序分为汇编程序、编译程序和解释程序 3 种。

数据库管理系统：日常许多业务处理，都属于对数据库进行管理，所以计算机制造商也开发了许多数据库管理程序（DBMS）。

应用软件：应用软件是指用户为了解决业务应用等问题而开发出来的各种程序。系统软件依赖于机器，而应用软件服务于用户业务。

2．硬件系统

硬件是指组成计算机的各种物理设备，也就是计算机中那些看得见、摸得着的实际物理设备。它包括计算机的主机和外围设备。具体由五大功能部件组成，即运算器、控制器、存储器、输入设备和输出设备。这五大部件相互配合，协同工作。

硬件系统的核心是中央处理器（CPU）。它主要由控制器、运算器等组成，是采用大规模集成电路工艺制成的芯片，又称微处理器芯片。

存储器是计算机中用来保存数据的装置。按存储器在计算机中的作用，可以分为主存、辅存和高速缓存 3 类。

计算机的内存储器是由半导体器件构成的。从使用功能上分，有随机存取存储器（RAM），又称读/写存储器；只读存储器（ROM）。

（1）随机存取存储器（Random Access Memory，RAM）

RAM 的特点是：随时可以读出和写入。读出时并不损坏原来存储的内容，只有写入时才修改原来所存储的内容。断电后，存储内容立即消失，且不可恢复。RAM 分为动态（DRAM）和静态（SRAM）两大类。DRAM 的特点是集成度高，主要用于大容量内存储器；SRAM 的特点是存取速度快，主要用于高速缓冲存储器。

（2）只读存储器（Read Only Memory，ROM）

ROM 是只读存储器。它的特点是只能读出原有的内容，不能由用户再写入新内容。原来存储的内容是采用掩膜技术由厂家一次性写入的，并永久保存下来。它一般用来存放专用的固定的程序和数据，不会因断电而丢失。

输入设备：输入设备是给计算机输入信息的设备。它是重要的人机接口，负责将输入的信息（包括数据和指令）转换成计算机能识别的二进制代码，送入存储器保存，如键盘、鼠标、扫描仪、数码照相机等。

输出设备：输出设备是输出计算机处理结果的设备。在大多数情况下，它将这些结果转换成便于人们识别的形式，如显示器、打印机、绘图仪等。

3．硬件系统和软件系统的关系

硬件与软件两者相辅相成，相互依赖。硬件是物质基础，没有硬件就没有计算机；软件是计算机的灵魂，没有软件支持的计算机毫无价值。硬件系统的发展给软件系统提供了良好的开发环境，而软件系统的发展又给硬件系统提出了新的要求。

1.7.3　计算机的总线结构

微型计算机硬件结构的最重要特点是总线（Bus）结构。它将信号线分成三大类，并归结为数据总线（Data Bus）、地址总线（Address Bus）和控制总线（Control Bus）。这样就很适合计算机部件的模块化生产，促进了微型计算机的普及。

1.7.4　计算机中的数制与编码

1．计算机中的常用数制及转换

计算机中常用的进位计数制（简称数制）有十进制、八进制、十六进制和二进制。计算机中所有的数据和指令都是用二进制来表示的。八进制和十六进制是人们为了助记方便而创设的，十进制是人们日常生活中常用的进制。

在一种数制中，只能使用一组固定的数字符号来表示数目的大小，具体使用多少个数字符号来表示数目的大小，就称为该数制的基数。在数制中还有一个规则，这就是 N 进制数则逢 N 进一，如表 1.7 所示。

表 1.7 常用的数制

数 制 名 称	基 数	所用数字符号	位 权	进 位 方 法
十进制	10	0～9	10^i	逢十进一
二进制	2	0, 1	2^i	逢二进一
八进制	8	0～7	8^i	逢八进一
十六进制	16	0～9, A～F	16^i	逢十六进一

2. 各种数制之间的转换（见表 1.8）

表 1.8 各种数制之间的转换关系

数 制 名 称	转 换 规 则	逆转换规则
十进制转换为其他进制	整数部分：除基数取余，直到商为 0，余数从右至左排列 小数部分：乘基数取整数，所得整数从左至右排列	无论整数部分还是小数部分都是将数字不为 0 项乘以位权后相加求和
二进制转换为八进制	从低位开始，每三位分为一组，然后将每组内的二进制数转换为八进制数	将八进制转换为二进制，同样将每一位八进制字符转换为与它等值的三位二进制数
二进制转换为十六进制	从低位开始，每四位分为一组，然后将每组内的二进制数转换为十六进制	将十六进制转换为二进制，同样将每一位十六进制字符转换为与它等值的四位二进制数
八进制转换为十六进制	先将八进制数转换为二进制，然后从右至左每四位二进制数转换为十六进制数即可	先将十六进制转换为二进制，然后从右到左每三位二进制数转换为八进制数即可

3. 计算机内的编码

（1）ASCII 码

ASCII 码是美国标准信息交换代码。国际通用 7 位 ASCII 码，用 7 位二进制数表示一个字符的编码，共有 $2^7 = 128$ 个不同的自由码值，可以表示 128 个不同字符的编码。计算机内用一个字节（8 位二进制位）存放一个 7 位 ASCII 码，其最高位置为 0。

（2）BCD 码

BCD 码是一种用二进制编码的十进制数，又称为二-十进制数，它用 4 位二进制数表示一个十进制数码，由于这 4 位二进制数的权为 8421，所以 BCD 码又称 8421 码。当然用 4 位二进制数表示一个十进制数码也有多种方案，如 5421 码、2421 码等也都是 BCD 码。

（3）机器数

计算机中的数用二进制表示，数的符号也用二进制表示，一般用最高有效位来表示数的符号，正数用 0 表示，负数用 1 表示。把一个数连同其符号在内在机器中的表示加以数值化，这样的数称为机器数。

（4）补码

机器数可用不同的码制来表示，补码表示法是最常用的一种，正数采用符号-绝对值表示，即数的最高有效位为 0，数的其余部分则表示数的绝对值；负数的表示要麻烦一些，先写出与该负数相对应的正数的补码表示，然后将其按位求反，最后在末位加 1，就可以得到该负数的补码表示。

4. 汉字的编码

（1）汉字字符集与区位码

为了扩充 ASCII 编码，使用计算机能够显示汉字，中国国家标准总局于 1980 年发布的《信息交换用汉字编码字符集》，其标准号为 GB 2312-1980，简称为 GB2312。该字符集由 6 763 个常用汉字和 682 个全角的非汉字字符组成。其中汉字根据使用的频率分为两级：一级汉字 3 755 个；二级汉字 3 008 个。由于字符数量比较大，GB2312 采用了二维矩阵编码法对所有字符进行编码。通过构造一个 94×94 的方阵，其中每一行称为一个"区"，每一列称为一个"位"，然后将所有字符依照确定规律填写到方阵中。这样所有的字符在方阵中都有一个唯一的位置，这个位置可以用区号、位号合成表示，称为字符的区位码。例如，第一个汉字"啊"出现在第 16 区的第 1 位上，其区位码为 1601。因为区位码同字符的位置是完全对应的，因此区位码同字符之间也是一一对应的。这样所有的字符都可通过其区位码转换为数字编码信息。

（2）国标码

汉字信息交换码是用于汉字信息处理系统之间或者与通信系统之间进行信息交换的汉字代码，简称交换码，又称国标码，两个字节存储一个国标码。国标码可由区位码的高低位字节各加十六进制的 20H 得到。例如，"啊"字的区位码是 1601，其国标码的计算要先将区位码中对应的区号和位号转换为十六进制，然后再分别加上 20H，区号 16 转换为十六进制是 10H，加上 20H 等于 30H，位号 01 转换为十六进制仍是 01，加上 20H 等于 21H，这样"啊"字的国标码为 3021H。

（3）内码

汉字内码是为在计算机内部对汉字进行存储、处理和传输而编制的汉字代码，对应于一个国标码汉字内码也用两个字节存储，每个字节的最高二进制位均为 1。（机）内码由国标码的高低字节分别加上十六进制的 80H 得到，如"啊"字的国标码为 3021H，则其内码为 30H+80H＝B0H，21H+80H＝A1H，所以"啊"字的（机）内码为 B0A1H。

（4）汉字字形码

每个汉字的字形信息是预先存放在计算机内的，称为字库。常用点阵描述汉字字库，如 16×16 点阵、24×24 点阵、32×32 点阵的字库等。计算一个汉字字形码所占用空间的公式非常简单，字节数＝每行点数÷8×行数。

（5）汉字输入码

为将汉字输入计算机而编制的代码称为汉字输入码。分为音码和形码及两者的组合，如五笔字型为形码，而拼音输入法为音码。

5．条形码与二维码

（1）条形码

条形码技术是随着计算机与信息技术的发展和应用而诞生的，它是集编码、印刷、识别、数据采集和处理于一身的新型技术。最早出现在 20 世纪 20 年代，最先使用条形码的产品是箭牌口香糖。通用的商品条形码是由一组排列规则的条、空及其对应字符组成的标识，用以表示一定的商品信息；其中条为深色、空为浅色，便于条形码识读设备的扫描识读，与其对应的字符由一组阿拉伯数字组成，人们可直接识读或通过键盘向计算机输入数据使用。这一组条空和相应的字符所表示的信息是完全相同的。

（2）二维码

二维码又称二维条码，常见的二维码为 QR Code，QR 全称为 Quick Response，是当前移动设备上十分流行的一种编码方式，它比传统的条形码能存更多的信息，也能表示更多的数据类型。二维码在代码编制上巧妙地利用构成计算机内部逻辑基础的"0""1"比特流的概念，使用若干个与二进制相对应的几何形体来表示文字数值信息，通过图像输入设备或光电扫描设备自动识读以实现信息自动处理。

二维码是一种比一维码更高级的条码格式。一维码只能在一个方向（一般是水平方向）上表达信息，而二维码在水平和垂直方向都可以存储信息。一维码只能由数字和字母组成，而二维码能存储汉字、数字和图片等信息，所以二维码的应用领域要更加广泛。尤其是在电子商务和移动支付领域应用非常广泛，在使用手机扫描陌生二维码时，必须首先判断其来源是否可靠安全，对于扫描时弹出的链接信息，并提示下载安装软件时，一定要慎防软件是否携带病毒。

1.7.5　计算机病毒与防范

1．计算机病毒

计算机病毒（Computer Virus）在《中华人民共和国计算机信息系统安全保护条例》中被明确定义，病毒指"编制或者在计算机程序中插入的破坏计算机功能或者破坏数据，影响计算机使用并且能够自我复制的一组计算机指令或者程序代码"。

2．计算机病毒的特征

① 寄生性。计算机病毒寄生在其他程序之中，当执行这个程序时，病毒就起破坏作用，而在未启动这个程序之前，它是不易被人发觉的。

② 传染性。传染性是病毒的基本特征。病毒程序通过修改磁盘扇区信息或文件内容并把自身嵌入其中的方法达到病毒的传染和扩散。被嵌入的程序称为宿主程序。

③ 潜伏性。潜伏性与可触发性相关联，病毒在未满足触发条件时，处于潜伏状态，此时并无破坏作用。

④ 隐蔽性。计算机病毒具有很强的隐蔽性，有的可以通过病毒软件检查出来，有的则检查不出来，对这类病毒的清除通常很困难。

⑤ 破坏性。病毒发作时，会对计算机内的文件进行删除或损坏，或者泄露用户私密信息等。也有的病毒破坏硬件，如 CIH 病毒。

⑥ 可触发性。病毒具有预定的触发条件，这些条件可能是时间、日期、文件类型或某些特定数据等。病毒运行时，触发机制检查预定条件是否满足，如果满足，启动感染或破坏动作，使病毒进行感染或攻击；如果不满足，病毒继续潜伏。

3．病毒的分类

病毒的分类方法很多，常见的有：按病毒的破坏能力分为良性病毒和恶性病毒；按照病毒攻击对象可分为引导区病毒和文件型病毒；按照病毒传播媒介可分为单机病毒和网络病毒。

4．防范计算机病毒的方法

① 及时更新操作系统补丁。

② 设定系统登录密码为强密码；关闭不必要的共享资源，并将共享的资源设为"只读"状态。

③ 安装杀毒软件，并定期扫描系统，及时更新病毒库。

④ 不轻易打开来路不明的 EXE 和 COM 等可执行程序，尤其是作为邮件附件的程序。

⑤ 下载的文件一定要经过查毒，确认无病毒后再打开。

⑥ 拒绝不良诱惑，不要访问不良站点。

⑦ 作好系统盘及关键数据的备份，以防万一。

1.7.6 计算机中常用的缩写和单位

计算机中常用的缩写和单位如表 1.9 所示。

表 1.9 计算中常用的缩写和单位

缩　写	名　称
CAD	计算机辅助设计
CAM	计算机辅助制造
CAE	计算机辅助教育
CAI	计算机辅助教学
CPU	中央处理器
ROM	只读存储器
RAM	随机存取存储器
CD-ROM	只读光盘
DVD	数字视频光盘
PC	个人计算机,又称微型计算机或微机
NC	网络计算机
MPC	多媒体计算机
b	比特
B	字节
MB	兆字节
GB	吉字节

1.7.7 思考与实践

① 计算机存储器中,一个字节由(　　　)位二进制位组成。

　　A. 4　　　　　　　　B. 8　　　　　　　　C. 16　　　　　　　　D. 32

② 在下列字符中,其 ASCII 码值最大的一个是(　　　)。

　　A. 8　　　　　　　　B. 9　　　　　　　　C. a　　　　　　　　D. b

③ CPU 中控制器的功能是(　　　)。

　　A. 进行逻辑运算　　　　　　　　　B. 进行算术运算

　　C. 分析指令并发出相应的控制信号　　D. 只控制 CPU 的工作

④ KB(千字节)是度量存储器容量大小的常用单位之一,这里的 1 KB 等于(　　　)。

　　A. 1 000 个字节　　　　　　　　　B. 1 024 个字节

　　C. 1 000 个二进位　　　　　　　　D. 1 024 个字

⑤ 在计算机中,既可作为输入设备又可作为输出设备的是(　　　)。

　　A. 显示器　　　　B. 磁盘驱动器　　　　C. 键盘　　　　　　　D. 打印机

⑥ 汇编语言是一种(　　　)程序设计语言。

　　A. 依赖于计算机的低级　　　　　　B. 计算机能直接执行的

　　C. 独立于计算机的高级　　　　　　D. 面向问题的

⑦ 在微型计算机内存储器中，不能用指令修改其存储内容的部分是（　　　）。

A. RAM　　　　　　B. DRAM　　　　　　C. ROM　　　　　　D. SRAM

⑧ 计算机病毒是一种（　　　）。

A. 特殊的计算机部件　　　　　　　　B. 游戏软件

C. 人为编制的特殊程序　　　　　　　D. 能传染的生物病毒

⑨ 字长是 CPU 的主要性能指标之一，它表示（　　　）。

A. CPU 一次能处理二进制数据的位数　　B. 最长的十进制整数的位数

C. 最大的有效数字位数　　　　　　　　D. 计算结果的有效数字长度

⑩ 计算机的系统总线是计算机各部件间传递信息的公共通道，它分（　　　）。

A. 数据总线和控制总线　　　　　　　B. 地址总线和数据总线

C. 数据总线、控制总线和地址总线　　D. 地址总线和控制总线

⑪ 下列关于因特网上收/发电子邮件优点的描述中错误的是（　　　）。

A. 不受时间和地域的限制，只要能接入因特网，就能收发电子邮件

B. 方便、快速

C. 费用低廉

D. 收件人必须在原电子邮箱申请地接收电子邮件

⑫ 已知"装"字的拼音输入码是 zhuang，而"大"字的拼音输入码是 da，则存储它们内码分别需要的字节个数是（　　　）。

A. 6，2　　　　　　B. 3，1　　　　　　C. 2，2　　　　　　D. 3，2

⑬ 下列关于 ASCII 编码的叙述中正确的是（　　　）。

A. 一个字符的标准 ASCII 码占一个字节，其最高二进制位总为 1

B. 所有大写英文字母的 ASCII 码值都小于小写英文字母'a'的 ASCII 码值

C. 所有大写英文字母的 ASCII 码值都大于小写英文字母'a'的 ASCII 码值

D. 标准 ASCII 码表有 256 个不同的字符编码

⑭ 假设某台式计算机的内存储器容量为 128 MB，硬盘容量为 10 GB，硬盘的容量是内存容量的（　　　）。

A. 40 倍　　　　　　B. 60 倍　　　　　　C. 80 倍　　　　　　D. 100 倍

⑮ 构成 CPU 的主要部件是（　　　）。

A. 内存和控制器　　　　　　　　　　B. 内存、控制器和运算器

C. 高速缓存和运算器　　　　　　　　D. 控制器和运算器

⑯ 假设某台式计算机的内存储器容量为 256 MB，硬盘容量为 20 GB，硬盘的容量是内存容量的（　　　）。

A. 40 倍　　　　　　B. 60 倍　　　　　　C. 80 倍　　　　　　D. 100 倍

⑰ 已知汉字"家"的区位码是 2850，则其国标码是（　　　）。

A. 4870D　　　　　　B. 3C52H　　　　　　C. 9CB2H　　　　　　D. A8D0H

⑱ 下列编码中属于正确的汉字内码的是（　　　）。

A. 5EF6H　　　　　　B. FB67H　　　　　　C. A3B3H　　　　　　D. C97DH

⑲ 已知 3 个用不同数制表示的整数 A=00111101B，B=3CH，C=64D，则能成立的比较关系是（　　）。

    A. A<B<C　　　　　B. B<C<A　　　　　　C. B<A<C　　　　　　D. C<B<A

⑳ 已知 a=00111000B 和 b=2FH，则两者比较的正确不等式是（　　）。

    A. a>b　　　　　　B. a=b　　　　　　　C. a<b　　　　　　　D. 不能比较

㉑ CPU 主要性能指标是（　　）。

    A. 字长和时钟主频　　　　　　　　　B. 可靠性

    C. 耗电量和效率　　　　　　　　　　D. 发热量和冷却效率

㉒ 在标准 ASCII 码表中，英文字母 a 和 A 的码值之差的十进制值是（　　）。

    A. 20　　　　　　　B. 32　　　　　　　　C. −20　　　　　　　D. −32

㉓ 全拼或简拼汉字输入法的编码属于（　　）。

    A. 音码　　　　　　B. 形声码　　　　　　C. 区位码　　　　　　D. 形码

㉔ 目前，度量中央处理器 CPU 时钟频率的单位是（　　）。

    A. MIPS　　　　　　B. GHz　　　　　　　C. GB　　　　　　　D. Mbps

㉕ 在标准 ASCII 码表中，已知英文字母 K 的十进制码值是 75，英文字母 k 的十进制码值是（　　）。

    A. 107　　　　　　　B. 101　　　　　　　C. 105　　　　　　　D. 106

㉖ 已知 A=10111110B，B=AEH，C=184D，关系成立的不等式是（　　）。

    A. A<B<C　　　　　B. B<C<A　　　　　　C. B<A<C　　　　　　D. C<B<A

㉗ 设任意一个十进制整数为 D，转换成二进制数为 B。根据数制的概念，下列叙述中正确的是（　　）。

    A. 数字 B 的位数<数字 D 的位数　　　B. 数字 B 的位数≤数字 D 的位数

    C. 数字 B 的位数≥数字 D 的位数　　　D. 数字 B 的位数>数字 D 的位数

㉘ 一个汉字的内码和它的国标码之间的差是（　　）。

    A. 2020H　　　　　B. 4040H　　　　　　C. 8080H　　　　　　D. A0A0H

㉙ 下列 4 个 4 位十进制数中属于正确的汉字区位码的是（　　）。

    A. 5601　　　　　　B. 9596　　　　　　　C. 9678　　　　　　　D. 8799

㉚ 在计算机的硬件技术中，构成存储器的最小单位是（　　）。

    A. 字节（byte）　　　　　　　　　　B. 二进制位（bit）

    C. 字（word）　　　　　　　　　　　D. 双字（double word）

㉛ 已知 3 个字符为 a、Z 和 8，按它们的 ASCII 码值升序排序，结果是（　　）。

    A. 8，a，Z　　　　　B. a，8，Z　　　　　　C. a，Z，8　　　　　　D. 8，Z，a

㉜ 下列关于随机存取存储器（RAM）的叙述中正确的是（　　）。

    A. 存储在 SRAM 或 DRAM 中的数据在断电后将全部丢失且无法恢复

    B. SRAM 的集成度比 DRAM 高

    C. DRAM 的存取速度比 SRAM 快

    D. DRAM 常用来做 Cache 用

第 ② 章
文字处理

文字是人类文化的重要组成部分。无论在何种视觉媒体中，文字和图片都是其两大构成要素。文字排列组合的好坏，直接影响版面的视觉效果。因此，文字排版是增强视觉效果，提高作品的诉求力，赋予版面审美价值的一种重要构成技术。目前文字处理软件有很多，Microsoft 公司的 Word、国产软件金山 WPS、操作系统自带的写字板程序等，都可以制作出精美的办公文档与专业的信函文件以满足用户的需要。本章以 Word 2010 为例，介绍其功能和操作方法。

学习目标

本章主要介绍 Word 2010 的基本知识和基本操作技能，帮助用户掌握 Word 软件的使用方法，熟练编辑各种文档的方法。通过学习，应掌握以下内容：

- 了解 Word 的功能和特点，熟悉工作界面及文档的基本操作；
- 熟练掌握文档的编辑排版技巧；
- 熟练掌握表格的制作与应用；
- 熟练掌握形状的应用；
- 熟练掌握图文混排方法。

2.1　编制会议记录

本节以编制会议记录为例，介绍了 Word 2010 的启动和退出、界面组成、文档的录入、文字与段落的格式设置等内容。

2.1.1　任务的提出

小林刚刚走上工作岗位，负责办公室的文书工作。他需要将"交班会议记录"进行规范的文字排版，以备存档。

  我们的任务

帮助小林运用 Word 制作图 2.1 所示的交班会议记录，学习使用在 Word 中录入文字、设置文字与段落格式的方法。

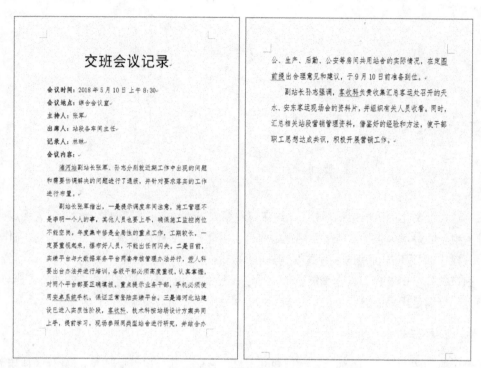

图 2.1 交班会议记录

2.1.2 分析任务与知识准备

1. 分析任务

要用 Word 制作这样一份文档，首先启动中文版 Word 2010，熟悉新建和保存文档的方法。在录入文字之后，要对文字与段落进行格式设置。

2. 知识准备

1）Word 2010 启动与退出

（1）Word 2010 的启动

① 从"开始"菜单启动。单击"开始"按钮，打开"开始"菜单，选择"所有程序"命令，打开程序列表。在列表中选择 Microsoft Office →Microsoft Office Word 2010 命令，即可启动 Word 2010，如图 2.2 所示。

② 利用已有的 Word 2010 文件打开。如果系统中存在 Word 2010 生成的文件，双击这个文件图标，也可以进入 Word 2010。

③ 利用快捷方式打开。如果在桌面上建立了 Word 2010 的快捷方式，双击快捷图标，也可以启动 Word 2010。

图 2.2 启动 Word 2010

（2）退出 Word 2010

退出 Word 2010 的方法非常简单，通常使用以下 3 种方法之一。

① 直接单击 Word 2010 窗口中的 按钮。

② 使用【Alt+F4】组合键。

③ 执行"文件"选项卡中的"退出"命令。

2）Word 2010 界面组成

Word 2010 的工作界面主要由标题栏、快速访问工具栏、"文件"选项卡、功能区、文档编辑区、标尺、滚动条、状态栏、视图按钮、缩放标尺等组成，如图 2.3 所示。

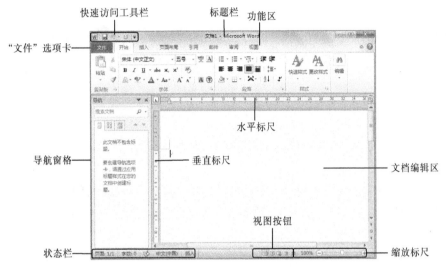

图 2.3　Word 2010 的工作界面

（1）标题栏

标题栏位于 Word 窗口的顶端右侧，含有 Word 控制菜单按钮、Word 文档名、"最小化"、"最大化"（或还原）和"关闭"按钮。

（2）快速访问工具栏

快速访问工具栏默认位于窗口顶端左侧，用于放置一些常用工具按钮，默认情况下只包括"保存""撤销""恢复"3 个工具按钮。用户可以根据需要，使用"自定义快速访问工具栏"命令添加其他按钮。

（3）"文件"选项卡

Word 2010 的"文件"选项卡提供了一组文件操作命令，如"新建""打开""保存"等，另外还提供了关于文档、最近使用过的文档等相关信息。

（4）功能区

Word 2010 的功能区用于放置编辑文档时所需的功能按钮。为使界面保持简洁，某些选项卡只在需要时才显示。每个功能区根据功能的不同分为若干个组。在某些组的右下角有对话框启动器按钮。单击该按钮可以打开相应的对话框，在对话框中包含该组中的相关设置选项。

（5）标尺

标尺的作用是帮助用户识别文本的准确位置或定位文本的位置。标尺的宽度取决于显示比例以及显示器的尺寸等。切换至"视图"功能区后，可在"显示"组中设置显示或隐藏标尺。

在默认状态下，标尺的度量单位是厘米。用户也可以更改其度量单位，方法是切换至"文件"选项卡，选择"选项"命令，在"Word 选项"对话框中，选择"高级"选项卡，然后在"显示"选项组中设置英寸、厘米、毫米或磅等单位。

（6）文档编辑区

用于显示或编辑文档内容的工作区域，编辑区中不停闪烁的光标称为插入点，用于在当前位置输入文本内容和插入各种对象。

（7）滚动条

滚动条用来移动文档的显示位置，包括垂直滚动条和水平滚动条。用鼠标拖动滚动条或单击滚动箭头，就可以显示文档的不同部分。

（8）视图按钮

在 Word 2010 中提供了多种视图模式供用户选择，包括"页面视图""阅读版式视图""Web 版式视图""大纲视图""草稿视图"5 种。用户可以在"视图"功能区中选择需要的文档视图模式，也可以在文档窗口的右下方单击视图按钮 📄📄📄📄📄 选择视图。下面对这几种视图进行简要介绍。

① 页面视图。页面视图是系统默认的视图方式。它可以显示文档的打印结果外观，主要包括页眉、页脚、图形对象、分栏设置、页面边距等元素，是最接近打印效果的显示视图。

② 阅读版式视图。阅读版式视图以图书的分栏样式显示文档，"文件"选项卡、功能区等窗口元素被隐藏起来。在阅读版式视图中，用户还可以单击"工具"按钮选择各种阅读工具。

③ Web 版式视图。Web 版式视图以网页的形式显示文档，Web 版式视图适用于发送电子邮件和创建网页。

④ 大纲视图。大纲视图用于整体文档的设置和显示标题的层级结构，并可以方便地折叠和展开各种层级的文档。大纲视图广泛用于长文档的快速浏览和设置。

⑤ 草稿视图。草稿视图隐藏了页面边距、分栏、页眉页脚和图片等元素，仅显示标题和正文，是最节省计算机系统硬件资源的视图方式。当然现在计算机系统的硬件配置都比较高，基本上不存在由于硬件配置偏低而使 Word 运行遇到障碍的问题。

（9）状态栏

用于显示当前文档的页数、字数、拼写和语法状态、使用语言、输入状态等信息。

（10）缩放标尺

用于对编辑区的显示比例和缩放尺寸进行调整，用鼠标拖动缩放滑块后，标尺左侧会显示缩放的具体数值。

（11）导航窗格

导航窗格中的上方是搜索框，用于搜索文档中的内容。在下方的列表框中通过单击按钮 📄📄📄，分别可以浏览文档中的标题、页面和搜索结果。

3）文档的新建、打开和保存

（1）文档的新建

① 建立标准文档。当启动 Word 2010 后，会自动生成一个新的文档，并取名为"文档 1"。如果继续创建其他的新文档，系统会自动为其取名为"文档 2""文档 3"等，依此类推。

此外，也可以单击"文件"选项卡中的"新建"命令，在"新建"窗口中单击"可用模板"列表框中的"空白文档"按钮，单击"创建"按钮，即可创建一个空白文档，如图 2.4 所示。

图 2.4 文档的新建

还可以直接单击"快速访问工具栏"中的"新建"按钮，创建一个新的文档。

② 根据模板创建文档。当安装 Office 2010 时，已经自动安装了部分模板，使用现有模板创建的文档一般都拥有漂亮的界面和统一的风格。使用模板创建新文档后，只需删除文档中的提示内容，输入自己的内容即可。另外，还可以通过互联网，在 Office.com 列表中选择喜欢的模板来创建文档。

单击"文件"选项卡中的"新建"命令，在"新建"窗口中单击"样本模板"按钮，在模板列表中单击要应用的模板，如"基本简历"，单击"创建"按钮，如图 2.5 所示。

（a）   （b）

图 2.5 根据模板创建文档

📄 拓展：新建书法字帖图

使用 Word 2010 提供的"书法字帖"功能，用户可以灵活地创建字帖文档，还可以自定义字帖中的字体颜色、文字方向、网格样式等，并且可以将它们打印出来，这样就可以获得适合用户的书法字帖。利用用户自己打印的字帖，平时有空可以练习书法，提高书法造诣。

具体的操作步骤如下：

① 单击"文件"选项卡中的"新建"命令，在中间区域选择"书法字帖"模板，单击"创建"按钮。

② 打开"增减字符"对话框，在"书法字体"右侧的下拉列表框中选择需要的字体，在"可用字符"列表框中选择文字，单击"添加"按钮。完成后单击"关闭"按钮。在文档中就可以看见书法字帖。

（2）打开文档

对于已经存在的文档，可直接双击文件名将其打开。也可以在 Word 启动之后，单击"文件"选项卡中的"打开"命令，弹出"打开"对话框，从中选择指定的文件后，将其打开。通常情况下，Word 会自动记住最近打开并使用过的文档，并显示在"文件"选项卡中的"最近所用文件"命令的右侧，需要时直接单击即可打开。

（3）保存文档

① 直接保存新文档。单击"文件"选项卡中的"保存"命令，在弹出的"另存为"对话框中，选择文件的保存位置，输入文件名，单击"保存"按钮。

② 将文档保存为旧版本兼容的格式。Word 2010 默认的文档保存格式是.docx，使用低于 Word 2007 的旧版本是无法打开此类文件的。只有将文档保存为旧版本兼容的格式，才能正常打开。保存方法为：单击"文件"选项卡中的"保存"命令，在弹出的"另存为"对话框中，在"保存类型"下拉列表框中选择"Word 97–2003 文档"选项，单击"保存"按钮，如图 2.6 所示。

📂 提示

文档的保存对于用户来说非常重要，当某些意外的情况发生时（如死机、程序运行异常、突然断电等），如果文档还未保存，损失可能是惨重的。因此用户应养成良好的习惯，在文档的编辑过程中随时注意存盘。

Word 每隔一定时间就为用户自动保存一次文档。用户可以单击"文件"选项卡中的"选项"命令，在"Word 选项"对话框的"保存"选项卡中设置自动保存的时间间隔，如图 2.7 所示。一般设置为 5～10 分钟比较合适。

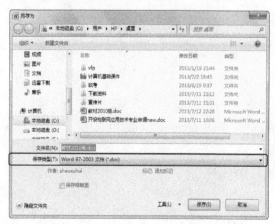

图 2.6　保存文档的兼容格式　　　　　图 2.7　设置自动保存时间

4）文档的录入与编排

（1）录入文本

使用 Word 新建文档或打开已存在的 Word 文档时，会看到编辑区内闪烁的光标，这就是"插入点"，它表示在文档窗口插入新对象的位置。在确定新对象位置后，再选择一种输入方法，用户就可以在插入点所在的位置开始输入文档的内容。

随着文本输入操作的进行，插入点将自动地从左向右逐渐移动，并在每行的最右端换行，插入点移动至第 2 行的开始处。在文本内按【Enter】键之后，将在文档内创建新的段落。

（2）编辑文本

① 选中文本。在对文档内容进行任何编辑之前，都需要先选中要编辑的内容，也就是指明要对哪些内容进行编辑。选中文本的方法有多种，下面介绍常用的两种方法。

a．鼠标选中法。最常用的方法就是把光标移至要选中文本的开始处，按下鼠标左键并拖动到要选中的文本的结尾处，松开鼠标。另外，还有一些鼠标选中文本的方法，如表 2.1 所示。

表 2.1　鼠标选定文本的方法

选 中 内 容	操 作 方 法
一个单词	双击该单词
一句	按住【Ctrl】键，再单击句中的任意位置
一行	在选中栏内单击所指的行
连续多行	在选中栏内按住鼠标左键后向上或向下移动
一段	在选中栏中双击，或在段落内的任意位置三击
整篇文档	按住【Ctrl】键并单击选中栏的任意位置，或在选中栏处三击
矩形区域	按住【Alt】键并在选中的文本上拖动鼠标
大部分文档	单击要选中的文本的开始处，按住【Shift】键，再单击要选中的文本

b．利用键盘选中文本。利用键盘选中文本可以通过编辑键与【Shift】键和【Ctrl】键的组合来实现，方法如表 2.2 所示。

表 2.2　利用键盘选定文本

按　键	选 中 内 容	按　键	选 中 内 容
Shift+↑	向上选中一行	Shift+Ctrl+→	选中内容扩展到单词尾
Shift+↓	向下选中一行	Shift+Home	选中内容扩展到行首
Shift+←	向左选中一个字符	Shift+End	选中内容扩展到行尾
Shift+→	向右选中一个字符	Shift+Ctrl+Home	选中内容扩展到文档首
Shift+Ctrl+↑	选中内容扩展到段首	Shift+Ctrl+End	选中内容扩展到文档尾
Shift+Ctrl+↓	选中内容扩展到段尾	Ctrl+A	选中整个文档
Shift+Ctrl+←	选中内容扩展到单词首		

② 编辑文本。

a．插入文档。在文档的编辑过程中，若需要插入另一个文档的内容，操作步骤如下：

将插入点移至要插入的位置。单击"插入"功能区"文本"组中的"对象"按钮，在下拉列表中选择"文件中的文字"命令，如图 2.8 所示。在弹出的"插入文件"对话框中，选择要插入文档并单击"插入"按钮。

b．移动文本。

常规法。选择需要移动的文本，右击，在弹出的快捷菜单中选择"剪切"命令（或【Ctrl+X】组合键）对文字进行剪切；然后将光标置于要输入文本的地方，右击，在弹出的快捷菜单中选择"粘贴"命令（或【Ctrl+V】组合键）可以实现粘贴。

图 2.8　插入文档

- 鼠标拖动法。先选中要移动的文字，同时按鼠标左键，拖动鼠标指针。此时，鼠标指针会变成一个带有虚线方框的箭头，光标呈虚线状。当光标移动到要插入文本的位置后释放鼠标，就可以实现文本的移动。

c. 复制文本。

- 常规法。选择需要复制的文本，右击，在弹出的快捷菜单中选择"复制"命令或【Ctrl+C】组合键对文字进行复制；然后移动光标到要输入文本的地方，右击，在弹出的快捷菜单中选择"粘贴"命令（或【Ctrl+V】组合键）可以实现粘贴。

- 鼠标拖动法。先选中要复制的文字，按住【Ctrl】键，同时按鼠标左键，拖动鼠标指针。当光标移动到了要插入文本的位置后释放鼠标，就可以实现文本的复制。

（3）撤销与恢复

Word 2010 提供了多级撤销和恢复操作。在操作过程中，如果不小心进行了错误的操作，如删除了不该删除的文字、进行了错误的格式排版等，可以使用"快速访问工具栏"中的 按钮。若要连续撤销，可以单击"撤销"按钮旁的按钮，然后在下拉列表中选择。

"恢复"是"撤销"的反操作。执行完"撤销"操作后，如果发现撤销是错误的，单击 按钮，原编辑操作仍然有效。

（4）文字的查找与替换

如果想要知道某个字、词或一句话是否出现在文档中及出现的位置，或者希望快速定位到需要修改的文档位置，可通过 Word 的"查找"功能进行查找。当发现某个字或词全部输错了，可以通过"替换"功能进行替换，从而避免逐一修改的麻烦，达到事半功倍的效果。

① 文本的查找。用户可以找到文档中指定的文本，并定位到该文本位置，还可以将查找到的文本突出显示，具体方法如下：

a. 在文档中单击"开始"选项卡，单击"编辑"组中的"查找"按钮。

b. 在窗口的左侧显示"导航"窗格，在文本框中输入要查找的内容，按【Enter】键，右侧文档窗口中查找到的符合条件的内容将呈黄色突出显示，如图 2.9 所示。

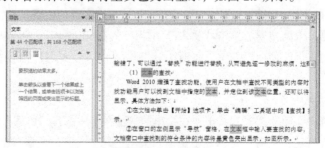

图 2.9　文本的查找

② 文本的替换。替换文本的方法与查找的方法相似。适用于在长文档中批量修改错误，具

体步骤如下：

　　a．在文档中单击"开始"选项卡，单击"编辑"组中的"替换"按钮，弹出"查找和替换"对话框的"替换"选项卡，如图 2.10 所示。

　　b．在"查找内容"文本框中输入被替换的内容，在"替换为"文本框中输入替换后的内容。

　　c．单击"替换"按钮。如果用户不想替换此处的文本，可单击"查找下一处"按钮向后查找，直到替换完所有内容。

　　d．如果单击"全部替换"按钮，将直接替换掉所有找到的文本。

　　例如，将文中"计算机"替换成 computer，操作方法如图 2.11 所示。

图 2.10　文本的替换

图 2.11　文本的替换示例

　🖰 技巧

　　如果"替换为"文本框内为空白，则可删除找到的文本。

　　③ 高级查找与替换。在"查找和替换"对话框中的"查找"选项卡和"替换"选项卡下都有"更多"按钮。单击该按钮后，对话框会多出一些选项和按钮供用户更进一步地详细设置查找和替换的条件，如图 2.12 所示。

　　下面简述部分相关选项的功能：

- 搜索：用于设定搜索范围。在下拉列表框中有"向上""向下""全部"3 个选项，其中"向下"表示搜索范围是从当前光标位置到文档末尾，"向上"表示搜索范围是从当前光标位置到文档开头，而"全部"则表示搜索范围是整个文档。
- 区分大小写：选中表示搜索结果必须与"查找内容"处输入的内容完全相符，否则搜索结果可以忽略大小写。
- 全字匹配：选中表示搜索结果将与"查找内容"处输入的单词完全相符，否则搜索结果可以是输入单词中的一部分字母。
- 使用通配符：选中表示可以在"查找内容"和"替换为"处输入通配符，否则不允许。
- "格式"按钮：包含字体、段落、制表位、语言、样式、图文框、突出显示等菜单，可以通过选择这些菜单来具体设置搜索条件。
- "特殊格式"按钮：单击"特殊格式"按钮将弹出特殊格式列表，通过此列表，可以直接在"查找内容"和"替换为"处输入特殊字符。

　　下面，将文档中所有的"正定"两字下面加着重号为例说明如何使用高级替换中的格式替换，具体操作如下：

　　a．在"查找内容"和"替换为"中都输入"正定"两字，并单击"更多"按钮，如图 2.13 所示。

图 2.12　高级查找与替换

图 2.13　高级替换示例

b. 将光标放在"替换为"文本框中，选择"格式"→"字体"命令，如图 2.14 所示。弹出"替换字体"对话框，为"正定"设置着重号，如图 2.15 所示。

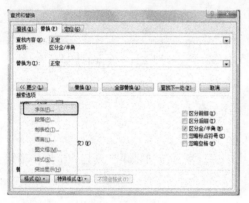

图 2.14　替换格式

图 2.15　添加着重号

c. 返回到"替换"选项卡，在"替换为"文本框的下方，出现"格式：点"。最后，单击"全部替换"按钮。

技巧：清除多余的空行

使用替换功能，在 Word 中打开编辑菜单，单击"替换"按钮。在窗口中单击"更多"按钮，将光标移动到"查找内容"文本框，然后单击"特殊格式"按钮。选取"段落标记"选项，会看到"^p"出现在文本框内，然后再同样输入一个"^p"，在"替换为"文本框中输入"^p"，即用"^p"替换"^p^p"，然后选择全部替换。

5）Word 文档的文字与段落的格式设置

在 Word 文档制作过程中，可以先输入文字再设置格式，也可以先设置格式再输入文字，一般建议采用前一种方法。

① 文字格式设置。一份图文并茂的文档，通常会有文字格式的变化。例如，字体、字号、颜色等。默认情况下，文字格式采用的是"宋体、五号、黑色"。设置字符格式就是要修改这些设置。Word 的最大特色就是"所见即所得"，当用户改变文本的格式后，在屏幕上立即能看到排版的效果。

a. 设置文字的基本格式。

字体：指文字的外观形状。

字号：文字的大小。系统内置了初号～八号字由大到小变化；5～72 号字由小到大变化。

颜色：文字的颜色。

- 使用"字体"组。

图 2.16 "字体"组

首先选中要设置格式的文本。在"字体"组中选择所需要的字体、字号，如图 2.16 所示。

- 使用"字体"对话框。

首先选中要设置格式的文本。单击"字体"组右下角的 按钮，弹出"字体"对话框，如图 2.17（a）所示。选择"字体"选项卡，在这里可以设置中文字体、西文字体、字形、字号、颜色、下画线、着重号、特殊效果等。在预览框中可以看到设置后的字符格式，确认后单击"确定"按钮。

☛ 注意

在"字体"选项卡中，可以为文本设置上标和下标。例如，想输入"-2^{15} 到 2^{15-1}"，可以先输入"-215 到 215-1"，然后将"15"和"15-1"选中，在"字体"选项卡的效果中选中"上标"复选框，或使用"字体"组中的 按钮。

b. 设置文字的高级格式。选中文本，单击"开始"选项卡"字体"组右下角的 按钮，弹出"字体"对话框，单击"高级"选项卡设置字符的缩放比例、字符间距和提升效果，如图 2.17（b）所示。在"预览"框中查看设置的字符格式，确认后单击"确定"按钮。

（a）

（b）

图 2.17 "字体"对话框

🖪 技巧

使用"开始"选项卡中的"格式刷"按钮 ，能快速地复制文字和段落的格式。"刷子"刷过的文字将应用"刷子"记录的格式修饰，操作步骤如下：

- 如果复制的格式只使用一次，则单击格式刷 ，然后选择要应用格式的内容。
- 如果复制的格式要被使用多次，则双击格式刷 ，然后依次选择要应用格式的内容，直至全部完成，最后单击格式刷 ，释放格式复制功能。

② 段落格式设置。文档中的每一个自然段称为一个段落。每个段落的最后都有一个 标记，称为段落标记，它表示一个段落的结束。段落格式设置是指设置整个段落的外观，包括段落对齐、段落缩进、段落间距、行间距等设置。通过设置段落格式可以使文档的层次分明、结构突出。

a. 段落对齐。Word 提供 5 种段落对齐方式：左对齐、居中、右对齐、两端对齐、分散对齐，其功能作用如表 2.3 所示。其中，段落的"两端对齐"为默认的对齐方式。

表 2.3　段落的对齐方式

对　齐　方　式	特　　点
左对齐	段落中每行文本一律以文档的左边界为基准向左对齐
右对齐	段落中每行文本一律以文档的右边界为基准向右对齐
居中	段落的文本靠中间对齐，左右边界一样大，标题经常需要居中
两端对齐	段落的文本靠左对齐，同时也与右边界对齐（通过调整文字间距实现）。"两端对齐"与"左对齐"相近。如果文本的一行中有英文字母，用"左对齐"右边界会对不齐，这种情况用"两端对齐"比较好
分散对齐	段落中的文本增大字间距，使文字从左排到右，占满整行。分散对齐多用于一些特殊场合，如姓名字数不相同时就常用分散对齐排版

段落对齐的设置方法有以下两种：

- 选中要设置对齐的段落，单击"开始"功能区"段落"组中的对齐方式按钮 ▤▤▤▤▤ 。
- 选中要设置对齐的段落，单击"段落"组右下角的 ▫ 按钮，弹出"段落"对话框。选择"缩进和间距"选项卡，单击"对齐方式"组下拉按钮，选择相应的对齐方式，单击"确定"按钮，如图 2.18 所示。

图 2.18　段落的对齐

b. 段落缩进。段落缩进是指调整文本与页面左右边界之间的距离。段落缩进有 4 种：左缩进、右缩进、首行缩进和悬挂缩进。

左缩进：整个段落中的所有行的左边界向右缩进。

右缩进：整个段落中的所有行的右边界向左缩进。

首行缩进：段落首行向右缩进，其他行不缩进，以作为区分各个段落的标志。

悬挂缩进：段落除首行以外的所有行均向右缩进，首行不缩进。

设置段落的缩进方式有多种方法，但设置之前一定要选中段落或将光标放到要进行缩进的段落内，具体设置步骤如下：

选中要设置缩进的段落，单击"开始"功能区"段落"组右下角的 ▫ 按钮，弹出"段落"对话框。选择"缩进和间距"选项卡，在"缩进"选项组中单击"左侧"或"右侧"文本框右端的微调按钮，设置左右边界的字符数，如图 2.19（a）所示。

在"特殊格式"下拉列表中选择"首行缩进""悬挂缩进"来确定段落的缩进格式，如图 2.19（a）所示。

另外，可以使用"页面布局"功能区的"段落"组中的左右缩进，对段落的左右边距进行调整，如图 2.19（b）所示。

c. 段间距和行间距。段间距是指段落之间的距离，包括段前间距和段后间距。行间距是指段落中各行文本之间的垂直间距，Word 默认的行间距为单倍行距。

设置段落间距。选中要设置间距的段落，单击"开始"功能区"段落"组右下角的 ▫ 按钮，弹出"段落"对话框。选择"缩进和间距"选项卡，调整"间距"选项组的"段前"和"段后"文本框右端的微调按钮设定间距，每按一次增加或减少 0.5 行，如图 2.20（a）所示。单击"确定"

按钮。或者使用"页面布局"功能区的"段落"组中的"间距",对段前段后间距进行调整,如图 2.20(b)所示。

（a）

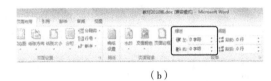

（b）

图 2.19　段落的缩进

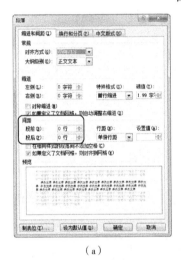

（a）

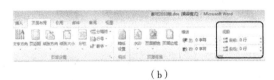

（b）

图 2.20　调整段落间距

设置行距。选择要设置行距的段落,单击"开始"功能区"段落"组右下角的 按钮,弹出"段落"对话框。选择"缩进和间距"选项卡,单击"行距"下拉按钮,选择所需的行距选项,单击"确定"按钮,如图 2.21 所示。

✎ 注意

在"行距"选项中,单倍、1.5 倍、2 倍和多倍行距是以"行"为单位,在"设置值"中选择倍数。系统默认的多倍行距为"3"。如果在"设置值"框中输入"1.8",就表示行距设置为单倍行距的1.8 倍。"固定值"和"最小值"是以"磅值"为单位。"固定值"是指不管字体大小,行距值不改变,若有文字高度大于固定值,文

图 2.21　设置行距

字将会被裁减。"最小值"是指行距的下限固定，上限不固定，它会随着行中字体的增大而增大。

2.1.3　完成任务

① 新建文档。在"开始"菜单的"所有程序"命令中，选择 Office 组件中的 Word，启动软件。软件启动后，自动新建一个空白的文档，默认名称为"文档1"。单击"文件"选项卡中的"保存"按钮，在"另存为"对话框中，选择好文件的保存位置，将文件命名为"交班会议记录"，如图 2.22 所示。

② 录入文档内容。选择一种熟悉的文字输入方法，将文档的标题和内容录入 Word 文档中。

③ 关于字体的设置。将标题"交班会议记录"选定，在"开始"功能区中的"字体"组中，将字体设置为"黑体"，字号设置为"小初"，如图 2.23 所示。正文部分字体设置为"仿宋–GB2312"，字号为"三号"。参照图 2.1，将正文中一部分字体设置为"加粗"。

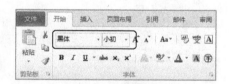

图 2.22　文件的保存　　　　　　　　　图 2.23　设置的字体

④ 关于段落的设置。将标题选定，单击"开始"功能区中的"段落"组的对话框启动器，弹出"段落"对话框。在"间距"区域将段前、段后间距均设置为"2行"，如图 2.24 所示。将会议内容部分选定，同上述方法在"段落"对话框中单击"特殊格式"下拉按钮，选择"首行缩进"，磅值为"2字符"。单击"行距"下拉按钮，选择"1.5倍行距"，如图 2.25 所示。

图 2.24　间距的设置　　　　　　　　　图 2.25　设置首行缩进和行距

2.1.4　总结与提高

通过完成这个文档的编辑，应能举一反三，利用 Word 制作出格式规范的作品。在学习本节内容时，大家应注意以下几点：

① 在 Word 文档编辑过程中，完成某项操作可以采用多种方法，如功能区按钮法、快捷键法、快捷菜单法等。

② 在文档中多次出现同一种格式，可以使用"格式刷"按钮。

2.1.5　思考与实践

① 新建一个 Word 文档，输入下列表达式：

H_2O

H_2SO_4

$3a^2-ab-4b^2$

② 新建一个 Word 文档，输入下面的古诗，然后按照题目要求排版。

望庐山瀑布

日照香炉生紫烟，

遥看瀑布挂前川，

飞流直下三千尺，

疑是银河落九天。

要求：将正文部分各行的最后两个字加着重号，第一段文字加下画线（单线）；第二段文字加边框；第三段文字设置为空心；第四段文字设置阴影。

2.2　格式化工作用函

本节以一个工作函件为例，介绍对文档进行规范格式化的方法，主要包括为文档添加项目符号和编号、首字下沉、分栏、插入脚注和尾注等内容。

2.2.1　任务的提出

公司需要给各站段发送一封"关于规范员工合同管理的函"，小林需要对公函进行规范的排版，如图 2.26 所示。

  卬 **我们的任务**

帮助小林同志对文档进行规范的格式排版，圆满完成任务。

图 2.26　工作用函示例

2.2.2 分析任务与知识准备

1．分析任务

制作这样一份公函，首先需要制作红色字体的文件头，运用边框功能设置红头横线。正文部分录入文字之后，需要对文字与段落进行格式设置。运用自定义项目编号的功能，规范设置条目序号。

2．知识准备

（1）插入特殊字符

① 输入符号和编号。利用键盘可以轻松地输入常用的标点符号，如果需要的符号是键盘上无法直接输入的，如∝、Φ、℃等，可以通过"插入符号"功能来完成。操作方法如下：

a．将插入点定位在要插入符号的位置。

b．选择"插入"功能区"符号"组中的"符号"按钮 Ω，在下拉列表中选择"其他符号"命令，弹出图2.27所示的"符号"对话框。

c．在"字体"下拉列表中选择字体，如果该字体有子集，在"子集"下拉列表框中选择符号子集。

d．在符号列表框中选择要插入的符号，单击"插入"按钮。或直接双击要插入的符号即可。

在Word 2010中有一个插入编号的新方法。单击"插入"功能区"符号"组中的"编号"按钮，弹出"编号"对话框，如图2.28所示。在文本框中输入编号，在"编号类型"列表框中选择用户想要使用的类型，单击"确定"按钮即可。

图2.27 插入符号

图2.28 插入编号

📕 **技巧：输入大写数字的方法**

a．先输入小写数字，如"1580"，选中之后在"插入"功能区单击"编号"按钮。

b．在对话框中选择"壹，贰，叁…"，即得出大写数字"壹仟伍佰捌拾"。

② 插入日期和时间。在信件、传真、简历等文档的书写过程中经常需要插入日期与时间，Word提供了多种中英文的时间和日期的模式。单击"插入"功能区"文本"组中的"日期和时间"按钮，弹出"日期和时间"对话框，选择需要的日期和时间格式，单击"确定"按钮即可。

📕 **技巧：录入当前日期和时间的快捷键**

当前日期：【Alt + Shift + D】组合键

当前时间：【Alt + Shift + T】组合键

（2）项目符号和编号

项目符号和编号可以使文档层次清晰，易于阅读。它具有"继承性"，即当前行设置了项目符号和编号后按【Enter】键，下一行也有同样的项目符号和编号。

① 添加项目符号。首先将光标移至要设置项目符号的文本的起始位置，单击"开始"功能区的"段落"组中的"项目符号"按钮 ≣ᵥ，在下拉列表中选择项目符号的样式，如图 2.29 所示。如果想自定义项目符号的样式，可以在下拉列表中选择"定义新项目符号"命令，在"定义新项目符号"对话框中设置"项目符号字符"和"对齐方式"，如图 2.30 所示。

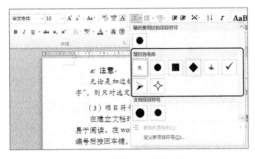

图 2.29　添加项目符号　　　　　　　　　　图 2.30　自定义项目符号

② 添加编号。首先将光标移至要设置编号的文本的起始位置，单击"开始"功能区的"段落"组中的"编号"按钮 ≣ᵥ，在下拉列表中选择编号的样式，如图 2.31 所示。如果用户想自定义项目符号的样式，可以在下拉列表中选择"定义新编号格式"命令，在"定义新编号格式"对话框中设置编号样式和对齐方式，如图 2.32 所示。

图 2.31　添加编号　　　　　　　　　　　图 2.32　自定义编号

🗁 提示

用户还可以在文本上右击，在弹出的快捷菜单中选择"项目符号"和"编号"命令即可。

项目符号和编号的使用虽然方便，但它的"继承性"有时也会带来一些困扰。要想删除或取消文档中的编号可通过下列方法：

① 按两次【Enter】键，后续段落自动取消编号（不过同时也插入了两个多余的空行）。

② 将光标移到编号和正文间按【Backspace】键可删除行首编号。

③ 选中（或将光标移到）要取消编号的一个或多个段落，再次单击"编号"按钮。

技巧

在"开始"功能区的"段落"组中有"多级列表"按钮，可以设置多级项目编号。多级符号在进行试卷、书籍等排版中非常有用，但多级编号的转换让人头疼。这里为用户提供一个多级编号中的帮手。输完某一级中一个编号（如 1、2、3……）后的正文内容，按【Enter】键即自动进入下一个编号，再按【Tab】键可改为下一级编号样式（如 A、B、C……）。若要返回到上一级继续编号，按【Shift+Tab】组合键即可。

（3）边框与底纹

在 Word 中，边框和底纹是一种修饰文档的效果。为文档中的文字和段落添加边框和底纹，可起到突出和强调的作用。

① 边框。边框是指包围文本的线框。添加边框时，可以设置边框的样式、线型、颜色等。具体方法如下：

a．选中要加边框的文字或段落。

b．单击"开始"功能区的"段落"组中的"下框线"下拉按钮，在下拉列表中选择"边框和底纹"命令，如图 2.33 所示。

c．弹出"边框和底纹"对话框，选择"边框"选项卡，如图 2.34 所示。在"设置"中选择方框、阴影、三维和自定义（如果对段落添加边框的 4 条线有不同线型、颜色和粗细要求，则选择"自定义"）。

图 2.33　选择"边框和底纹"命令

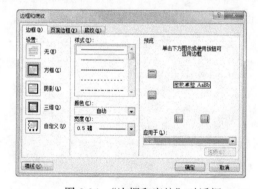

图 2.34　"边框和底纹"对话框

d．选择边框的样式、颜色和宽度。根据需要选择"应用于"下拉列表中的文字或段落。设置实例如图 2.35 所示。

② 页面边框。对整个页面添加边框和对文字或段落添加边框的操作基本一致。不同的是页面边框可以选择"艺术型"，应用范围可以选择"整个文档"、"本节"、"本节首页"或"本节除首页外所有页"。

③ 底纹。底纹是指文本的背景色和图案。

a．选中要加底纹的文字或段落。

b．单击"开始"功能区的"段落"组中的"边框"下拉按钮，在下拉列表中选择"边框和底纹"命令。

c．弹出"边框和底纹"对话框，选择"底纹"选项卡，在"填充"颜色中选择背景色。如果在背景色中添加图案和图案的颜色，可在"图案"框中的"样式"和"颜色"列表框中进行选择。

d. 根据需要选择"应用于"文字或段落，如图 2.36 所示。

加"文字边框"：
如果应用范围选择"文字"，只对选定的文字添加边框和底纹。

加"段落边框"：
如果应用范围选择"段落"，对选定的文字所在的段落添加边框和底纹。

图 2.35　边框和底纹样例

图 2.36　设置底纹

☛ **注意**

无论是加边框还是底纹，一定要注意应用的范围有文字和段落两种。如果应用范围选择"文字"，则只对选中的文字加边框和底纹，否则对选中的文字所在的段落加边框和底纹。

（4）首字下沉

首字下沉是一种段落装饰效果，一般在图书和报纸中能看到这种效果。它是指段落的第一个字符下沉几行或悬挂显示，以起到醒目的作用。操作方法为如下：

① 把光标定位于需要首字下沉的段落中。

② 单击"插入"功能区中"文本"组中的"首字下沉"按钮，在下拉列表中选择下沉的方式，如图 2.37（a）所示。

③ 选择"首字下沉选项"命令，在图 2.37（b）所示的对话框中设置字体、下沉行数及与正文的距离等信息，单击"确定"按钮。效果如图 2.37（c）所示。

（a）

（b）　　　　　（c）

图 2.37　设置首字下沉及效果

🗁 **提示**

设置首字下沉排版方式后，段落的第一个文字将置于文本框中，用户可以根据需要在文本框中输入其他文字，并对其字符格式进行单独设置。

若要取消首字下沉，可将插入符置于设置首字下沉的段落，在"首字下沉"对话框中选择"无"选项。

（5）文字方向

默认情况下，输入的文字都是水平方向排列的。可以根据需要改变文本方向，设置为垂直排列或旋转文字的方向。具体方法如下：

① 选中需要改变方向的文字。

② 单击"页面布局"功能区中"页面设置"组中的"文字方向"按钮，在下拉列表中选择文字方向，如"垂直"，如图 2.38 所示。或者选择下拉列表中的"文字方向选项"命令，在弹出对话框的"方向"选项组中选择一种样式。在"预览"框中查看效果，然后单击"确定"按钮，如图 2.39 所示。

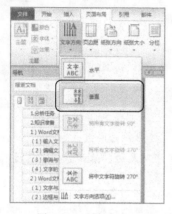

图 2.38　文字方向

图 2.39　"文字方向"对话框

✂ 拓展

Word 2010 中提供了中文版式的功能，可以为文档设置更多特殊格式，如纵横混排、合并字符等。"中文版式"按钮位于"开始"选项卡的"段落"组。下面简单介绍常用的功能。

① 纵横混排。当把一个字或者一个词做特殊处理，即变成纵排方式，但也占据一行的宽度来显示，以体现其明显性，达到醒目的要求。方法如下：

输入文字，选中欲纵横混排的文字，单击"开始"功能区中"段落"组中的"中文版式"下拉按钮，在下拉列表中选择"纵横混排"命令，效果如图 2.40 所示。

② 合并字符。将所选的多个字符合并为一个字符，方法步骤如下：

输入要合并的字符，单击"开始"功能区中"段落"组的"中文版式"下拉按钮，在下拉列表中选择"合并字符"命令，效果如图 2.41 所示。

图 2.40　纵横混排效果

图 2.41　合并字符效果

③ 双行合一。将所选一行文本变成两行显示，而只占一行文本的高度。方法如下：

输入文字，选中需要双行合一的文字，单击"开始"功能区中"段落"组的"中文版式"按钮，在下拉列表中选择"双行合一"命令，效果如图 2.42 所示。

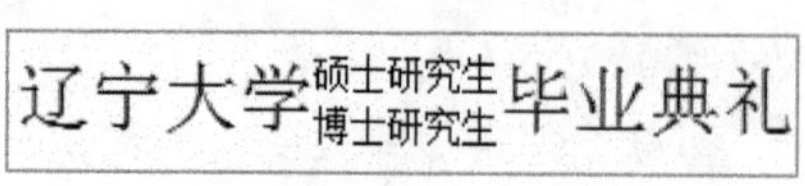

图 2.42　双行合一效果

（6）分栏

分栏是指在文档的编辑中，将文档的版面划分为若干栏。分栏可以使版面显得更为生动、活泼、增强文档的可读性。操作方法如下：

① 选中要分栏的文字，单击"页面布局"功能区中"页面设置"组中的"分栏"按钮，选择"更多分栏"命令，弹出"分栏"对话框，如图 2.43 所示。

② 在"预设"设置区中选择分栏的格式：一栏、两栏、三栏、左、右。也可以在"栏数"微调编辑框中输入所要分隔的栏数（微调编辑框中最大分栏数根据纸张的不同而不同）。

如果要使各栏等宽，则选中"栏宽相等"复选框；如果不选中，可以在"宽度"和"间距"设置区中精确设置各栏的宽度和间距。

如果要在各栏之间加入分隔线，使各栏之间的界限更加明显，则选中"分隔线"复选框，然后在"应用于"下拉列表中选择分栏的范围，单击"确定"按钮即可。

例如，将文章分为等宽的两栏，其栏宽设置成 18 字符，间距 3.55 字符，栏间加分隔线，效果如图 2.44 所示。

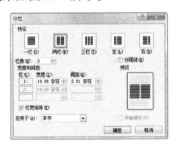

图 2.43　"分栏"对话框

图 2.44　分栏示例

◆ 注意

分栏只适合于文档中的正文，对页眉、页脚、批注或文本框则不能分栏。如果要对整篇文档分栏，则将插入点移到文本的任意处；如果要对部分段落分栏，则应先选中这些段落。只有在"页面视图"方式下才能显示分栏效果。

2.2.3　完成任务

① 录入文档的全部内容。

② 关于字体的设置。将文件头"××局集团有限公司"内容选定，设置字体为"宋体、初号、加粗"，字体颜色为"红色"。将"昆站技函〔2018〕23 号"，设置字体为"仿宋-GB2312、三号"。将正文标题"关于规范员工合同管理的函"设置为"华文宋体、二号、加粗"。正文部分为"仿宋-GB2312、三号"。文档末尾的拟文单位和印发时间，字体设置为"仿宋-GB2312、四号"。

③ 关于段落的设置。文件红头设置为居中对齐，文号设置为右对齐。文件标题"关于规范员工合同管理的函"设置为居中对齐，单击"开始"功能区"段落"组的对话框启动器按钮，在"段落"对话框中，设置段前间距为 2 行。将正文部分选定，在"段落"对话框中，单击"特殊格式"下拉按钮，选择"首行缩进"，磅值为"2 字符"。将行距设置为"1.5 倍行距"，再单击"确定"按钮。

④ 添加项目编号。选择正文部分的第二、三、五及最后一段，即函件的条目段。单击"开

始"功能区"段落"工作组的"编号"按钮，在下拉列表中选择"定义新编号格式"命令，弹出的对话框如图 2.45（a）所示。在对话框中将编号样式选择为"一、二、三（简）…"，在"编号格式"栏中，在"一"的左边和右边分别加上"第"和"条"字，再单击"确定"按钮。这时这四段文字已经添加了项目编号，如"第一条""第二条"等。

下面调整列表缩进。在文档的"第一条"位置右击，在弹出的快捷菜单中选择"调整列表缩进"命令，如图 2.45（b）所示。在"调整列表缩进量"对话框中，将编号位置设置为 1 cm，文本缩进为 0 cm，编号之后设置为"空格"，再单击"确定"按钮，如图 2.45（c）所示。这时编号的位置就调整好了。

运用相同的方法，将"第三条"下面的四句话设置项目编号为（一）、（二）、（三）、（四），调整列表缩进的方法也相同。

（a）　　　　　　　　（b）　　　　　　　　（c）

图 2.45　添加项目编号

⑤ 关于边框的设置。选定标题文字，单击"开始"功能区"段落"组的"下框线"按钮，在下拉列表中选择"边框与底纹"命令，弹出对话框。在线型中选择"▬▬▬▬"，颜色选择"红色"，宽度选择"3.0 磅"，然后在预览框中单击"下框线"，将"应用于"设置为"段落"，单击"确定"按钮。

选定文档的最后一行，在"边框与底纹"对话框中选择"单线、黑色、1.0 磅"，在预览框中分别单击"上、下框线"，将"应用于"设置为"段落"，单击"确定"按钮。

2.2.4　总结与提高

本节内容主要介绍在文字排版中插入特殊符号、设置项目符号和编号、边框和底纹。首字下沉、分栏和文字方向等常常应用于报纸、书刊的格式编排中。在使用时注意以下两点：

① 项目符号和编号在运用过程中，因其"继承性"会出现很多特殊情况。需要熟练地掌握其设置方法，才能制作出美观的文档效果。

② 边框和底纹在运用时尤其注意应用于"段落"或是"文字"，此处设置不同则展现的效果也是不同的。另外边框线的设置可以制作出文档的一些特殊格式要求，如本节任务中的文件头的分隔线和文档末尾的线条。

2.2.5　思考与实践

① 在 Word 中录入一份上学期的学习总结，然后按下列要求进行排版。

将标题文字设置为二号红色黑体、加粗、居中、字符间距加宽 4 磅、并添加黄色底纹，底纹图案样式为"20%"、颜色为"自动"。将正文各段文字设置为五号仿宋；各段落左右各缩进 2 字符、首行缩进 2 字符、行距设置为 1.25 倍行距。再将正文分为等宽的两栏、栏间距为 1.5 字符；栏间加分隔线。正文中所有的"学习"一词添加波浪下画线。

② 设计一份系里的学习园地报纸，要求运用首字下沉、分栏、特殊的文字方向等功能。

2.3 毕业论文的排版

毕业论文（设计）的撰写是高等教育中实践教学的重要部分，是提高学生动手能力、分析和解决问题能力及创新能力的重要途径，是课题研究结果的一种表达形式。规范的论文排版有助于准确的表达成果，便利于学术成果的评价。

2.3.1 任务的提出

小林在工作之余攻读了专升本的学历进修，临近毕业，毕业论文已经撰写完毕，现在需要进行最后的排版。排版后效果的节选如图 2.46 所示。

图 2.46 毕业论文示例（节选）

⋔ **我们的任务**

帮助小林将毕业论文的格式排版完成，主要包括设置各级标题的样式，自动生成目录，添加页眉和页脚及页面设置和打印。

2.3.2 分析任务与知识准备

1．分析任务

要完成这样一份论文的编辑和排版工作，首先需要设定各级标题及正文要应用的样式，然后将样式分别应用到各级标题及正文，最后使用 Word 的目录功能自动生成目录。此外，还需要对论文的不同部分添加不同样式的页眉和页脚。全部设置完成后，最终打印输出。

2．知识准备

1）样式的编辑与应用

样式是一系列格式的集合，使用它可以快速统一文档的格式。合理使用样式，可以节省设定各类文档格式所花的时间，还可以确保文档中的格式一致，避免因忘记格式而导致文档格式混乱。

Word 提供了一些设置好的内部样式供用户选用，如"标题 1""标题 2""正文"等，每一种内部样式都有它的默认格式，用户可以直接选用。

Word 2010 提供的"标题"样式是有层次级别的。"标题 1"层次级别高于"标题 2"。例如，一本书有章、节、小节等不同等级的标题，同一级的标题应该具有相同的文字格式和段落格式，有关"章"的标题可以选用"标题 1"样式，"节"标题用"标题 2"样式，"小节"用"标题 3"样式，文字部分用"正文"样式等。

（1）应用 Word 自带样式

① 选中要使用"样式"的文本。

② 单击"开始"功能区的"样式"组中的样式列表，选择某种样式类型。

③ 如果要查看一篇文档中的所有样式，则可以单击"样式"组右下角的 ▣ 按钮，打开"样式"窗格，在样式列表中选择需要应用的样式，如图 2.47 所示。

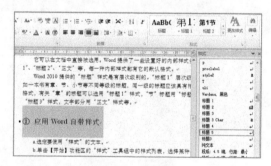

图 2.47　应用样式

（2）新建样式

① 单击"样式"组右下角的 ▣ 按钮，打开"样式"窗格，单击窗格左下角的"新建样式"按钮 ▦，如图 2.48（a）所示。

② 弹出图 2.48（b）所示的"根据格式设置创建新样式"对话框。在"名称"文本框中输入新样式的名称。在"样式类型"文本框中选择样式适用于"段落"或"字符"。在"格式"中分别设置样式包含的字体、字形、字号、段落、编号等。单击"确定"按钮，回到"样式"任务窗格。

③ 更改和删除样式。

在"样式"窗格中右击某一个样式名称，在弹出的快捷菜单中选择"修改"或"删除"命令即可。注意，系统提供的样式不能被删除。

（a）　　　　　　　　　　　　　　（b）

图 2.48　创建新样式

2）插入分隔符

（1）插入分页符

在"页面视图"下，当页面充满文本或图形时，Word 自动插入分页符并生成新页（自动换页）。如果需要将文档内容强制换页时，只需在换页处插入人工分页符即可。操作步骤如下：

① 将插入点定位到人工分页的位置。

② 单击"页面布局"功能区中"页面设置"组中的"分隔符"按钮，在下拉列表中选择"分页符"命令，则从光标处开始新的一页，如图 2.49 所示。

📖 技巧

可以按【Ctrl+Enter】组合键，在插入点位置插入人工分页符。

（2）插入分栏符

如果在文档中设置了多个分栏，则文本内容会在完全使用当前栏的空间后转入下一栏显示，用户可以在任意文档位置插入分栏符，使插入点以后文本内容强制转入下一栏显示。具体方法为：将插入点光标定位到需要插入分栏符的位置，单击"页面布局"功能区中"页面设置"组中的"分隔符"按钮，在下拉列表中选择"分栏符"命令，则从光标自动跳转到下一栏。

（3）插入分节符

"页"是随着纸型和页边距的设置而有一个固定长度的一段文档；"节"是没有固定长度的一段文档。设置节是为了在不同的节内可以设置不同的页眉和页脚，可以选择不同的纸型和设置不同的页边距。当文档中的部分文本有些格式或参数与其他文本不同时，应将这部分文本创建为一个新的节，以将需要特殊排版要求的文档限定在一定的范围内。插入分节符的操作步骤如下：

① 将光标定位在每一章节的起始处。

② 单击"页面布局"功能区中"页面设置"组中的"分隔符"按钮，在下拉列表中的"分节符"区域选择分节位置，如图 2.50 所示。其中，"下一页"表示插入一个分节符，新节从下一页开始；"连续"表示插入一个分节符，新节从同一页开始；"奇数页"或"偶数页"表示插入一个分节符，新节从下一个奇数页或偶数页开始。

图 2.49　插入分页符

图 2.50　插入分节符

📂 **提示**

在"草稿视图"下，插入的分节符显示为"===分节符（下一页）==="，如图 2.51 所示。插入的分页符显示为"……分页符……"。

若要删除分页符和分节符，可以转换到"草稿视图"下，将光标放在标识处，按【Del】键即可。返回"页面视图"下可以看到前后两节内容合并的效果，分节符上方的一节格式被删除，并成为下一节的一部分，格式与下一节的格式相同。

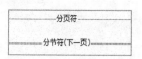

图 2.51　分页符和分节符

3）自动生成目录

通过文本中应用的标题样式，如标题 1、标题 2 和标题 3 等来创建目录。Word 会自动搜索这些标题，然后将标题体现在目录中。

（1）插入目录

创建目录最简单的方法是使用内置标题样式，还可以创建基于所应用的自定义样式的目录。

① 从库中创建目录：单击要插入目录的位置（通常在文档的开始处），切换至"引用"功能区，单击"目录"组中的"目录"按钮，然后选择所需的目录样式。

② 创建自定义目录：选择"目录"组中的"目录"→"插入目录"命令，弹出"目录"对话框，根据需要创建目录。

（2）更新目录

插入目录后，如果更改了目录所基于的文字，可切换至"引用"功能区，单击"目录"组中的"更新目录"实现目录的更新。也可以将光标移动到目录区域，按【F9】键更新。

更新时可选择更新页码或更新整个目录。

（3）删除目录

切换至"引用"功能区，选择"目录"组中的"目录"→"删除目录"命令可将目录删除，也可以选中目录后按【Del】键删除。

4）页眉、页脚和页码

（1）建立普通页眉和页脚

页眉和页脚是在每一页顶部上边距和底部下边距位置上的注释性文字或图形。例如，书籍的名称或章节的名称通常插在页眉位置，页码或日期通常插在页脚位置。

在 Word 中添加页眉和页脚的方法非常简单，Word 2010 的样式库中预设了非常丰富的页眉和页脚样式，可以快速地制作出精美的页眉和页脚。下面详述插入页眉的具体步骤。

① 打开文档，单击"插入"功能区中"页眉和页脚"组中的"页眉"按钮，在下拉列表中选择需要的样式，如"瓷砖型"，如图 2.52 所示。

② 进入"页眉"编辑区，此时文档正文区变成灰白色的不可编辑状态，光标在"页眉"编辑区闪动，在此处输入页眉文字。Word 会自动切换到"页眉和页脚工具–设计"功能区，通过"设计"功能区中的工具编辑页眉。例如，可以添加图片、日期和时间等信息，如图 2.53 所示。

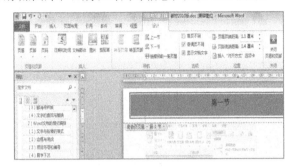

图 2.52　插入页眉　　　　　　　　图 2.53　"页眉和页脚工具–设计"功能区

③ 页眉编辑完成之后，单击"设计"功能区中的"关闭页眉和页脚"按钮，此时光标返回正文区域。

插入页脚的方法与插入页眉的方法相同。

📂 **提示**

页眉和页脚只有在"页面视图"或"打印预览"中才是可见的。页眉和页脚与文档的正文处于不同的层次上。因此，在编辑页眉和页脚时不能编辑文档正文。同样，在编辑文档正文时也不能编辑页眉和页脚。另外，双击页眉或页脚的位置，也可切换到页眉和页脚的编辑状态。

（2）建立奇偶页不同的页眉和页脚

当用户为文档设置页眉页脚时，很多时候第一页是不需要显示页眉或页脚的，即首页不同的页眉和页脚；当文档有多页时，通常采用的是奇偶页不同的页眉和页脚。

① 设置首页不同的页眉和页脚。双击页眉和页脚的位置切换到页眉和页脚的编辑状态，选中"设计"功能区中"选项"组中的"首页不同"复选框，然后分别切换到首页和其他页面设置不同的页眉和页脚。

② 设置奇偶页不同的页眉和页脚。双击页眉和页脚的位置切换到页眉和页脚的编辑状态，选中"设计"功能区中"选项"组中的"奇偶页不同"复选框，如图 2.54 所示。然后分别切换到任意奇数页和任意偶数页设置不同的页眉和页脚。

图 2.54　设置奇偶页不同的页眉和页脚

（3）插入页码

在编辑图书或是多页文档时，页码是不可缺少的内容。页码属于页眉和页脚的一部分，所以插入的方式也相似。

① 单击"插入"功能区中"页眉和页脚"组中的"页码"按钮，在下拉列表中选择页码位置，如"页面底端"，如图 2.55 所示。

② 在弹出的样式列表中选择页码样式，如"带状物"。

③ 如果想要设置页码的编号格式和起始页码，在"设计"功能区的"页码"中选择"设置页码格式"命令，弹出图 2.56 所示的对话框。

图 2.55　插入页码

图 2.56　设置页码格式

5）脚注和尾注

在编写文档时常常需要对陌生的词语、文字、缩写词及文档的来源等加以注释，"脚注"和"尾注"是 Word 提供的两种常用的注释方式。通常情况下，脚注位于页面的底部，对当前页的字或词加以解释，所以写在当前页下方便于及时浏览；尾注位于文档的末尾，列出引文的出处等。

插入脚注的步骤如下：

将光标移到文档中要插入脚注的位置，单击"引用"功能区中"脚注"组中的"插入脚注"按钮 。此时在文档处出现"①"符号，相对应在页面下方出现"①"符号，用户就可以在光标处输入脚注内容了。

插入尾注的步骤如下：

将光标移到文档中要插入尾注的位置，单击"引用"功能区中"脚注"组中的"插入尾注"按钮 。此时在文档处出现"i"符号，相对应在整篇文档的末尾出现"i"符号，用户就可以在光标处输入尾注内容了。

用以上方法插入脚注和尾注的位置和编号格式为系统默认值。如果想修改插入的位置和格式，单击"脚注"组右下角的 按钮，弹出"脚注和尾注"对话框，如图 2.57 所示，设置插入位置和格式，单击"插入"按钮。

图 2.57　"脚注和尾注"对话框

若想删除脚注和尾注，将光标定位在插入了脚注和尾注的文字后面，按【Del】键即可。

例如，给表 2.4 中的"计算机基础"加脚注，脚注内容为"注：由于 2010 级还没有开课，大部分学生都选择不确定，因而该课程的评定成绩有特殊性。"脚注字体为黑体、小五号。

表 2.4　必修课评定成绩

必 修 课	语 文	高 等 数 学	英 语	计算机基础
第一学年	83.87	87.09	73.33	76.12
第二学年	72.90	70.32	70.32	70.32

操作步骤如下：

将光标移到"计算机基础"之后，单击"引用"功能区中"脚注"组中的"插入脚注"按钮。这时光标在页面底端闪动，输入脚注内容。再将脚注内容选中，将字体设置为黑体、小五号，最终效果如图 2.58 所示。

必修课评定成绩

必修课	语文	高等数学	英语	计算机基础①
第一学年	83.87	87.09	73.33	76.12
第二学年	72.90	70.32	70.32	70.32

①注：由于 2010 级还没有开课，大部分学生都选择不确定，因而该课程的评定成绩有特殊性。

图 2.58　插入脚注效果

☛ **注意**

脚注和尾注的编号只与插入在文档中位置的先后顺序编号有关，与输入的先后次序无关；插入新的脚注和尾注，后面的编号自动递增；删除脚注和尾注，后面的编号自动递减。

📖 **拓展**

① 题注。如果编辑的文档中有许多插图和图表，而且还要为这些插图和图表进行编号，那么使用题注功能就再方便不过了。题注功能可以为文档中插入的有连续性的图片和表格等自动进行编号，而且能自动提示。插入编号后，删除其中一个编号时，系统还会自动调整编号的正确顺序。

a.题注的插入。以插入图表为例，当插入第一张图表后，单击"引用"功能区中"题注"组的"插入题注"按钮，就会弹出"题注"对话框，题注栏显示的是"图表 1"，单击"确定"按钮即可，如图 2.59 所示。

b.新建题注标签。原有的题注标签中只有"图表""表格""公式"3 种，如果用户想增加标签的种类，可以单击"题注"对话框中的"新建标签"按钮，在弹出的对话框中输入要新增的标签名称，如"图"字，则以后就使用"图"的标签了，如图 2.60 所示。

图 2.59　"题注"对话框

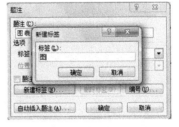
图 2.60　"新建标签"对话框

② 批注。"批注"是文档审阅人员在原有文档上所添加的批阅性文字。添加批注后，只在文档中添加批注的地方显示黄色底纹，当鼠标移向批注的时候，该批注的具体内容就会自动显示出来。批注只是给文档提"意见"，而不直接修改文档，不影响原文档的打印和阅读。

单击或选中要插入批注的点或区域，然后单击"审阅"功能区中"批注"组中的"新建批注"按钮，在弹出的"批注"输入框中输入"批注"的内容即可，如图 2.61 所示。单击"批注"编辑框外的任意位置，退出编辑状态。此时可看到批注标记颜色变浅，批注框变为虚线，边框变为较细的实线。

若在添加批注前未选中内容，Word 将自动以光标所在位置的词组或其右侧单字作为添加批注对象，连续的字母或数字被视为一个批注对象。

如果计算机配有麦克风，批阅人员还可以单击"插入声音"按钮，用麦克风录入声音批注。

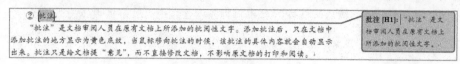

图 2.61　插入批注

6）页面设置及打印

（1）给文档添加封面

Word 为用户设计了 19 种类型的封面，只需选择合适的封面并添加相应的文字即可。

单击"插入"功能区中"页"组中的"封面"按钮 ，在下拉列表中选择所需的样式，如图 2.62 所示。单击封面的提示性文字，输入自己的标题或插入图片，即可完成封面的制作，效果如图 2.63 所示。

　　拓展：设置文档的水印

水印是一种特殊的背景效果，指显示在 Word 文档页面背景中的文字或图片，用于标志文档状态。用户可以使用预设的水印，也可以设置自己喜欢的水印。

单击"页面布局"功能区的"页面背景"组中的"水印"按钮，在下拉列表中选择喜欢的水印样式。或者选择"自定义水印"命令，在"水印"对话框中设置图片水印或文字水印，设置水印的相关属性，如图 2.64 所示。

图 2.62　插入封面　　　　图 2.63　封面效果　　　　图 2.64　设置文字水印

（2）页面设置

打印文档之前需要在"页面设置"中确认打印纸张的大小、页边距、纸张来源、版面设计和字符数/行数等。这些功能都集中在"页面布局"功能区的"页面设置"组中。

① 页边距。页边距是文本与纸张边缘的距离。系统预设的页边距有普通、窄、适中、宽、镜像 5 种，单击"页面设置"组中的"页边距"按钮 ，在下拉列表中选择 Word 内置的页边距，如选择"适中"，如图 2.65 所示。

用户还可以自定义页边距。单击"页面设置"组中的"页边距"按钮，在下拉列表中选择"自定义页边距"命令，或直接单击"页面设置"组右下角的 按钮，弹出"页面设置"对话框。在页边距"上、下、左、右"4 个文本框中调整具体值，如果文档需要装订，可以设置装订线与边界的距离，如图 2.66 所示。

图 2.65 设置页边距   图 2.66 "页面设置"对话框中的页边距

📁 **提示**

默认情况下，Word 创建的文档顶端和底端各留有 2.54 厘米的页边距，左右两侧各留有 3.17 厘米的页边距。

② 纸张方向。在 Word 中，纸张方向有纵向和横向两种。单击"页面设置"组中的"纸张方向"按钮 📄，在下拉列表中选择"纵向"或"横向"。

③ 纸张大小。标准型号打印纸有：A3，A4，B3，B4，16 开等，也可以自定义纸张尺寸。

单击"页面设置"组中的"纸张大小"按钮，在下拉列表中选择用户所需的纸张大小。如果没有找到适合的纸张大小，可以在下拉列表中选择"其他页面大小"命令，如图 2.67（a）所示。弹出"页面设置"对话框，在"宽度"和"高度"文本框中输入值，单击"确定"按钮，如图 2.67（b）所示。

（a）   （b）

图 2.67 设置纸张大小

④ 版式。用于设置奇偶页不同、首页不同及页面的垂直对齐方式等。

⑤ 文档网格。用于设置每页固定的行数和每行固定的字数，或设置在页面上显示字符网格。

（3）打印

单击"文件"选项卡，选择"打印"命令，在左侧区域设置打印份数、选择打印机设备、设置打印范围。右侧区域显示打印预览的效果。单击左上角的"打印"按钮，即可打印文档。

2.3.3 完成任务

小林目前完成的论文是没有进行任何字体段落设置，不包含样式设置的文档。

① 设置纸张的大小和页边距。单击"页面布局"功能区，在"纸张大小"中选择"A4 纸"，在"页边距"的下拉列表中选择"自定义边距"，在对话框中设置上、下边距为 3.5cm，左、右边距为 2.5cm。

② 论文的封面一般可按照学校给出的模板填写即可，注意填写内容的字体格式要与原格式保持一致，并注意文字的对齐方式，使封面看起来美观大方。

摘要的格式。由于论文中的"摘要"是不参加章节编号的，且一般位于目录之前，所以为了后续排版方便，不需要对其设置样式。只需设置字体和段落格式。摘要标题为"黑体、小三号"，摘要内容为"宋体、小四号"。内容的段落格式设置为"2 倍行距"。

③ 设置全文的字体和段落格式。选择论文正文部分，设置字体为"宋体、小四号"。段落格式设置为"行距 1.25 倍"，首行缩进"2 字符"。

④ 设置标题样式。在"开始"功能区的"样式"中的"标题 1"上右击，选择"修改"命令，如图 2.68 所示。弹出"修改样式"对话框，在格式区将字体设置为"黑体、小三号、加粗"，如图 2.69 所示。单击左下角的"格式"按钮，在下拉列表中选择"段落"命令，在"段落"对话框中将段前和段后间距设为 5 磅。最后单击"确定"按钮，这样一级标题就设置完毕。运用同样的方法将二级标题设置为"黑体、四号、加粗"。三级标题为"黑体、小四号、加粗"。

图 2.68　修改样式

图 2.69　"修改样式"对话框

⑤ 应用标题样式。选定所有的一级标题，即章名，如"1 绪论"等，选择"样式"中之前设置好的"标题 1"，这样标题 1 的样式就应用成功了。用同样的方法将二级标题，即节名，如"1.1 课题研究的背景"，应用之前设置好的"标题 2"。再将三级标题，即小节名，如"1.2.1 数字签名的产生与发展"，应用之前设置好的"标题 3"。

⑥ 插入分节符。由于论文的封面、摘要、目录页都不需要设置页眉，而且页码也需要从正文部分开始设置。所以要在第 1 章绪论之前，插入分节符以编辑不同的页眉和页码。具体方法如下：使用"页面布局"功能区中"分隔符"下的"分节符"，选择"分节符"中的"下一页"，如图 2.70 所示。这样，不同的节就可以设置不同的页眉、页脚及页码了。

⑦ 设置页眉，插入页码。将光标放置在论文的正文部分，使用"插入"功能区中"页眉"

下拉列表中的"空白"，在页眉的文本输入区中输入"天海职业技术学院电子信息系毕业论文（设计）"，然后在"设计"功能区的"导航"组中，取消"链接到前一条页眉"按钮点亮，如图 2.71 所示。这样，上一节的页眉就不会与当前节一致了。双击正文编辑区退出页眉编辑模式。

将光标放在正文部分的第一页，使用"插入"功能区中的"页码"，选择"页面底端"的"普通数字 2"，然后在弹出的"设计"功能区的"页码"下拉列表中选择"设置页码格式"命令，在对话框中将页码编号的起始页码设置为 1，再单击"确定"按钮，如图 2.72 所示。

图 2.70　插入分节符　　　　图 2.71　取消与前一条页眉链接　　　　图 2.72　设置页码格式

⑧ 自动生成目录。将光标放在摘要的后一页，单击"引用"功能区的"目录"按钮，在下拉列表中选择内置的"自动目录 1"。目录就会在光标处生成。选定生成的目录文本，将字号设置为"小四号、宋体"。

另外，也可以使用"插入目录"功能，进入"目录"对话框，对目录的样式进行修改。

⑨ 插入脚注。将光标放在论文正文第二页 1.2.3 的"公钥"之后，使用"引用"功能区中"脚注"组中的"插入脚注"，这时光标跳转至本页底端，录入"公钥"这个词的注释。

⑩ 打印。单击"文件"选项卡中的"打印"按钮，在预览框中再次查看文档的格式和整体效果，再根据论文的装订要求，设置是否需要双面打印，最后单击"打印"按钮。

2.3.4　总结与提高

通过对论文进行格式排版，应能举一反三，利用 Word 制作出需要生成目录、对页眉页脚有特殊要求的长幅文档。在学习本节内容时，应注意以下三点：

① 在编辑文本之前，首先确认文档打印的纸张大小，从而设置合适的方向和纸张大小，以防止内容打印不完整。

② 分节是页眉页脚的基础，有关页眉页脚的要求一般都要先通过分节才能实现，如奇偶页不同等。同时分节也是很多其他操作的基础，如纵向版面与横向版面的混排。

③ 在编辑篇幅较长的文档时，如果在编辑完成之后想修改频繁出现的某个词，可采用查找与替换功能，进行整体替换。

2.3.5　思考与实践

① 页眉和页脚在什么视图方式下显示？

② 为 Word 添加一个新的样式，具体格式自选。

2.4 编制工作票据单

表格是一种简明扼要的表达方式。实际应用中，常常以表格的形式来表达某一事物，如考试成绩表、职工工资表等。它是由一系列彼此相连的方框组成，其中的每个方框称为一个单元格。Word 提供了丰富的表格功能，不仅可以快速创建表格，而且还可以对表格进行编辑和修改，对表格中的数据运用公式进行计算等。

2.4.1 任务的提出

车务段需要采购一批用品，小林需要按照物资公开采购流程，制作出询价采购票据单，如图 2.73 所示。

⊨ 我们的任务

运用 Word 的表格功能，帮助小林制作出车务段询价采购工作票据单。

车务段询价采购工作票据单

序号	物资名称	规格型号	计量单位	数量	预算不含税单价（元）	税率	备注
1	UPS 电源	10KVA/1H	套	2	20500	16%	
2	UPS 电源	6KVA/1H	套	2	14500	16%	
3	冗余开关	CG8、PC6713	个	2	8378	16%	与 CRH380BG 冗余 VDX 配套使用
4	滤波器	300T.DLD	个	3	1400	16%	与 300T 设备 VDX、SDU 配套使用
合计	/	/	/	9	44778	/	/
交货时间及地点	2018 年 7 月 15 日前，指定车站						
联系人及电话	车务段　周全　联系电话：13844041234						
交货条件及状态	安装调试合格，交钥匙工程。						

图 2.73 工作票据单

2.4.2 分析任务与知识准备

1. 分析任务

结合插入表格和手工绘制表格的方法，制作这个表格。然后对表格进行格式化，设置表格的边框线，设置文字的对齐方式，并完成一个求和计算。

基本的工作步骤如下：

① 创建表格并录入内容。

② 合并和拆分单元格。

③ 对表格进行格式化，注意边框的样式。

④ 设置表格中文字的格式和对齐方式。

2．知识准备

1）创建表格

（1）使用窗格创建表格

如果要创建的表格行列数较少，可以使用"插入表格"下方的预设方格，从而快速创建出规则的表格。具体方法：单击"插入"功能区中的"表格"按钮，在弹出的方格内，拖动鼠标到所需的行数和列数后单击，即可插入表格，如图 2.74 所示。

（2）使用对话框创建表格

① 将光标移到要插入表格的位置。

② 单击"插入"功能区中的"表格"按钮，在下拉列表中选择"插入表格"命令，弹出图 2.75 所示的对话框。在"行数"和"列数"微调框中分别输入所需的行列数。在"自动调整"操作选项组中默认选中"固定列宽"单选按钮。

图 2.74　使用窗格创建表格　　　　　图 2.75　"插入表格"对话框

③ 单击"确定"按钮，即可在插入点插入一张表格。

"'自动调整'操作"选项组中选项的含义如下：

● "固定列宽"表示表格的列宽不会因输入的内容或文档视图及程序窗口的改变而改变，旁边的数字显示框是为表格设定列宽的，可以单击微调按钮或者直接输入数值，这样当表格中输入的字符串长度超过了列宽，Word 会自动调高该单元格所在的行，让文本可以在单元格内换行，以保持列宽不变。

● "根据内容调整表格"表示表格的行高与列宽将会被自动调整以适应每个单元格中输入的内容。

● "根据窗口调整表格"表示表格的行高和列宽将随文档视图和程序窗口的改变而改变，以保证用户总能看到完整的表格。本选项适用于创建 Web 页面或 HTML 页面。

● 选中"为新表格记忆此尺寸"复选框表示下次创建相同表格时，Word 将以当前设置为默认值。

（3）手工绘制表格

① 单击"插入"功能区中的"表格"按钮，在下拉列表中选择"绘制表格"命令，此时鼠标变成一个铅笔形状。

② 按住鼠标左键拖动，先绘制出表格的外框线，在表格中绘制水平或垂直线，也可以绘制单元格的对角线。

③ 在绘制表格的过程中，功能区会切换到"表格工具–设计"选项卡，如图 2.76 所示。单击"绘图边框"组中的"擦除"按钮 ，使鼠标指针变成橡皮形状，可以擦除表格的线。

图 2.76 "表格工具–设计"选项卡

 技巧

在手动制表状态下，鼠标指针为"笔"形状，指针所到之处画线。如果按住【Shift】键不放，鼠标指针变成"橡皮"形状，所到之处删除表格线。如果松开【Shift】键，鼠标指针又恢复为"笔"形状。

（4）快速创建表格

在 Word 2010 中，可以使用"快速表格"命令创建出预置格式的表格，包括表格格式、表格的文字格式等，只需根据需要稍作修改，就可以制作出满意的表格。

① 将光标定位到要插入表格的位置。

② 单击"插入"功能区中的"表格"按钮，在下拉列表中选择"快速表格"命令，在子菜单中选择一种喜欢的样式即可。

2）表格的修改与调整

（1）选中表格

创建了表格之后，就可以对表格进行各种编辑操作。与编辑文本方法相似，表格的操作也要先选中相应操作对象才可以进行编辑，具体方法如表 2.5 所示。

表 2.5　表格的选中方法

选 中 区 域	鼠标选中法	"选择"按钮法
单元格	将鼠标放在单元格左边框边缘，当指针变成 ◢ 形状时，单击选中该单元格	选择"布局"功能区中的"选择"→"选择单元格"命令
连续单元格	将鼠标指针移入第一个单元格内，按住鼠标左键不放向其他单元格拖动，鼠标经过的单元格均被选中	
不连续单元格	按住【Ctrl】键，然后用选择单个单元格的方法进行选择	
列	将鼠标放在表格最上面的边框线上，指针指向要选中的列。当指针变成 ↓ 形状时，单击选中一列	选择"布局"功能区中的"选择"→"选择列"命令
行	将鼠标放在表格最左的边框线上，指针指向要选中的行。当指针变成 ◢ 形状时，单击选中一行	选择"布局"功能区中的"选择"→"选择行"命令
表格	单击表格左上角控点 ⊞	选择"布局"功能区中的"选择"→"选择表格"命令

（2）设置表格的大小

① 缩放表格。创建一个表格后，如果对当前表格大小不满意，还可以进行缩放调整。将鼠标指针指向表格右下角的缩放标记上，当指针改变形状为 ↖ 时按下鼠标左键并拖动，在拖动过程中有一个虚线框表示当前缩放的大小，如图 2.77 所示。当虚线框符合需要的尺寸时松开鼠标左键即可。

② 鼠标拖动调整。需要单独调整某些行和列的高度与宽度时，拖动鼠标调整行高与列宽是最简单的方法。当把鼠标指向表格中的某一条线时，光标会变成 ┿ 状拖动鼠标即可调整表格的行高或列宽。

③ 指定单元格大小。选中需要调整的单元格，单击"布局"功能区，在"单元格大小"组中设置行高和列宽的具体值，如图 2.78 所示。

图 2.77　缩放表格

图 2.78　设置单元格大小

④ 平均分布各行各列。在编辑表格时，使用平均分布各行各列的方法，可以将不规则的行和列调整为规则的行与列，此功能可以对整个表格使用，也可以只对选中的多行或多列使用。

下面以平均分布各行为例，具体方法如下：首先选中要平均分配行高的连续数行，选择"布局"功能区中"单元格大小"组的"分布行"按钮，如图 2.79 所示。这样可以在保证总行高不变的情况下使被选中的数行变为等高。平均分布各列的方法相同。

⑤ 自动调整表格。使用鼠标拖动调整表格的大小，有时会不整齐，用户可以使用"自动调整"功能来调整表格。首先选中整个表格，单击"布局"功能区中"单元格大小"组的"自动调整"按钮，在下拉列表中选择需要的选项，如图 2.80 所示。此选项与"插入表格"对话框中"自动调整"选项的内容是一致的。

图 2.79　平均分布行列

图 2.80　自动调整表格

⑥ 利用"表格属性"调整表格大小。将光标放入表格中，单击"布局"功能区中"表"组的"属性"按钮，弹出"表格属性"对话框。在"表格"选项卡中可以指定表格的总宽度；在"列"选项卡中可以设定具体某列的宽度，在"行"选项卡中可以设定具体某行的高度。

　📑 拓展

用户还可以利用鼠标左键在水平标尺上拖动。将插入点置于表格中，水平标尺上会出现一些灰色方块，把鼠标指针移向它们，形状变为左右双箭头时，按住鼠标左键对它们左右拖动即可改变相应列的列宽，如图 2.81 所示。在进行拖动的过程中，如果同时按住【Alt】键，可以对表格的列宽进行精细微调，同时水平标尺上将显示出各列的列宽值。

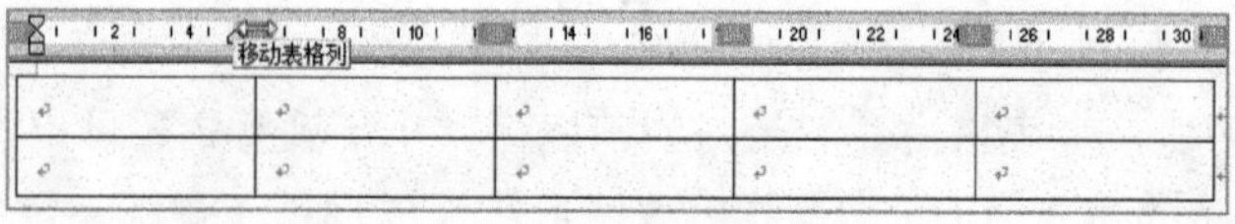

图 2.81　使用水平标尺修改列宽

（3）插入或删除行、列和整个表格

在实际操作中经常会遇到由于创建表格时未充分考虑而要向表格中插入/删除行或列的情况，具体方法如下：

① 在表格中插入行/列。选中表格中的一行，单击"布局"功能区中"行和列"组的"在上方插入"或"在下方插入"按钮。选中表格中的一列，单击"布局"功能区中"行和列"组的"在左侧插入"或"在右侧插入"按钮。如果选中了多行或多列连续的单元格，则可以插入相应数目的多行或多列。

② 在表格中删除行/列/单元格。如果只删除一行，将光标置于要删除行的任意一个单元格中，单击"布局"功能区中"行和列"组的"删除"按钮，在下拉列表中选择"删除行"命令。如果要删除连续多行，则需要先选中这些行中的连续单元格，再进行删除操作。

删除列的方法与删除行的方法一致。

如果想删除某个单元格，先将光标置于要删除的单元格，单击"布局"功能区中"行和列"组的"删除"按钮，在下拉列表中选择"删除单元格"命令。

③ 删除整个表格。先将光标置于表格内，单击"布局"功能区中"行和列"组的"删除"按钮，在下拉列表中选择"删除表格"命令。或者将整个表格选中，按【BackSpace】键删除整个表格。按【Del】键是删除表格中的内容。

📂 提示

将插入符置于表格行尾外侧的段落标记处，然后按下【Enter】键，可快速在表格当前插入符的下方插入新行。

（4）合并或拆分单元格

① 合并单元格。选中需要合并的单元格右击，在弹出的快捷菜单中选择"合并单元格"命令，或单击"布局"功能区中"合并"组的"合并单元格"按钮，如图 2.82 所示。

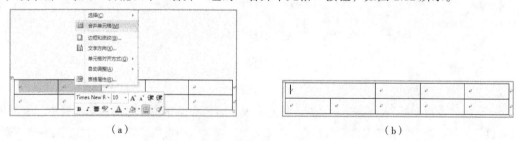

（a）　　　　　　　　　　　　　　　　　　　　　　　　（b）

图 2.82　合并单元格

② 拆分单元格。将光标定位到需要拆分的单元格中右击，选择"拆分单元格"命令，在弹出的"拆分单元格"对话框中输入要拆分的"行数"或"列数"即可，如图 2.83 所示。

（5）表格标题行的重复

当 Word 文档中表格的内容多于一页时，可以设置标题行重复，使其反复出现在每一页表格的首行，这样更便于对表格内容的理解，也能满足某些时候表格打印的要求。

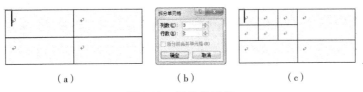

|（a）|（b）|（c）|

图 2.83 拆分单元格

具体步骤如下：

① 如果表格的第一行作为标题行，需选中第一行（全部或部分）或将光标置于第一行的单元格中；如果以表格的开始连续数行作为标题行，需选中这些行（全部或部分）。

② 单击"布局"功能区中"数据"组的"重复标题行"按钮。

☛ **注意**

要重复的标题行必须是该表格的第一行或开始的连续数行，否则"重复标题行"命令将处于禁用状态。

3）表格的格式化

（1）边框和底纹

为了美化表格或突出表格的一部分，可以为表格设置边框和底纹。

操作步骤如下：

① 选中表格中要设置边框或底纹的部分。右击在弹出的快捷菜单中选择"边框和底纹"命令，弹出图 2.84 所示的对话框。

② 在"边框"选项卡中，选择"设置""样式""颜色""宽度"，然后在预览图示中设置相应的边框线，单击"确定"按钮。

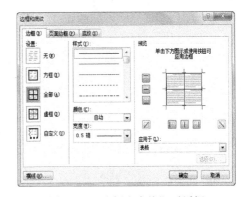

图 2.84 "边框和底纹"对话框

☛ **注意**

在"设置"选项区域中各选项的作用如下：

● 无：表示取消所选表格或单元格区域的所有框线。

● 方框：表示只为所选表格或单元格区域的外框线设置指定线型、颜色和粗细。

● 全部：表示内、外框线的线型、颜色、宽度都一致。

● 虚框：表示外框线可以设置指定的框线，而内框线使用系统默认的 1/2 磅细实线，不能修改。

● 自定义：表示内外框线都可以自由设置，通过单击"预览"区的相应按钮，分别为所选表格或单元格区域的上侧、下侧、内部、左侧、右侧等设置指定的框线，或者取消相应的框线。当用户对表格的内外框线都有特殊要求时，则选择"自定义"。

③ 在"底纹"选项卡中的设置方法，与给文字加底纹的方法一致，可以为表格设置填充颜色、填充图案等。

此外，还可以单击"设计"功能区，在"绘图边框"中设置线条样式和粗细，单击"表格样式"组的"边框"按钮，在下拉列表中选择需要的边框选项。单击"底纹"按钮选择底纹颜色，如图 2.85 所示。

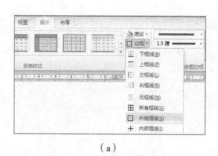
（a）

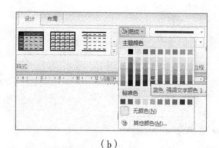
（b）

图 2.85　使用"设计"功能区设置边框和底纹

（2）快速应用表格样式

在 Word 2010 中除了采用手动的方式设置表格中的字体、颜色、边框和底纹等格式以外，使用"表格样式"功能可以快速将表格设置为比较专业的 Word 表格格式。具体步骤如下：

① 选中整个表格，单击"设计"功能区中的"表格样式"组的"其他"按钮，在弹出的内置表格样式库中选择需要的表格样式，如图 2.86 所示。

图 2.86　快速应用表格样式

② 如果在表格样式库中没有合适的样式，可以单击样式列表中的"修改表格样式"命令，弹出"修改样式"对话框，调整参数可以制作出更多精美的表格。

（3）表格和单元格的对齐方式

① 表格的对齐方式。Word 中表格的对齐方式是指表格在页面中的位置，即表格靠页面的左边或者右边。最简便的方法是使用"开始"功能区中的对齐按钮。

如果表格周围有文字环绕，需要更详细的设置，则方法如下：

a. 选中整个表格右击，在弹出的快捷菜单中选择"表格属性"命令。或将光标定位到表格中，单击"布局"功能区中"表"组中的"属性"按钮，弹出"表格属性"对话框，如图 2.87 所示。

b. 在"文字环绕"选区下可以选择"环绕"选项，单击"定位"按钮，弹出"表格定位"对话框，如图 2.88 所示。在"水平"选区下的"位置"处选择表格的水平位置；在"垂直"选区下的"位置"处选择表格的垂直位置；在"距正文"选区下设置表格与正文文字之间的距离。

图 2.87　"表格属性"对话框

图 2.88　"表格定位"对话框

② 单元格的对齐方式。表格中的每个单元格相当于一个小文档，因此能对选中的一个单元格或多个单元格里的文字进行对齐操作。

选择单元格后右击，在弹出的快捷菜单中选择"单元格对齐方式"命令，弹出子菜单，共有9种对齐方式，如图 2.89 所示。

另外，可以在"开始"功能区的"段落"组中单击"水平居中"按钮 三 设置水平对齐方式，在"表格属性"的"单元格"选项卡中设置垂直对齐方式，如图 2.90 所示。

图 2.89　单元格对齐方式

图 2.90　设置垂直对齐方式

4）表格的排序与计算

（1）排序

排序是指将一组无序的数据按从小到大或者从大到小的顺序排列。Word 可以按照用户的要求快速、准确地将表格中的文本、数字或者其他类型的数据按照升序或降序进行排序。

Word 提供了"排序"对话框来帮助用户进行多字段的复杂排序，最多允许 3 列数据参加排序。在排序依据中选择要排序的项，称为"关键字"。依次为主要关键字、次要关键字和第三关键字。如果选择了 3 个排序项，在排序中先对主要关键字进行排序，如果有相同数据再对次要关键字排序，依此类推。

操作步骤如下：

① 将光标移到表格中，单击"布局"功能区中"数据"组的"排序"按钮 ，弹出"排序"对话框，如图 2.91 所示。

② 在"主要关键字"选区中选择排序首先依据的列。在其右边的"类型"下拉列表框中选择数据的类型。选中"升序"或者"降序"单选按钮，表示按照升序或者降序排列。

图 2.91　"排序"对话框

③ 分别在"次要关键字"和"第三关键字"中选择排序次要和第三依据的列。再选择数据类型和排列顺序。

④ 在"列表"栏中，选中"有标题行"单选按钮，可以防止对表格中的标题行进行排序。如果没有标题行，则选中"无标题行"单选按钮。单击"确定"按钮，进行排序。

在前面介绍的排序方法中，都是以一整行进行排序的。如果只要求对表格中单独一列排序，而不改变其他列的排列顺序，则要选中这一列，然后在"排序"对话框中单击"选项"按钮，选中"仅对列排序"复选框即可。

如果排序时要求某一行的位置不变，则在排序之前先选定除了这一行之外的其他行，然后再排序，这样这一行就不会参与排序了。

例如，将表 2.6 中数据按"总产值"进行降序排列，"合计"行仍保持在最下方。

表 2.6　"总产值"数据

单　　位	工　　业	农　　业	总 产 值
第一区	2 500	2 500	5 000
第二区	2 800	3 700	6 500
第三区	1 600	5 900	7 500
合计	6 900	12 100	19 000

为了将"合计"行保持在最下方，在排序前，将表格的前 4 行选中（不选中"合计"行）。单击"布局"功能区中"数据"组的"排序"按钮，在对话框中设置主要关键字按"总产值"降序排序。

（2）计算

Word 2010 提供了简单的表格计算功能，如求和、求平均值、最大值、最小值。在 Word 中不像 Excel 中能复制公式，因此，复杂的计算最好用 Excel 来完成。

📖 知识点：单元格的定义

第 1、2、3……列分别定义为 A、B、C……。第 1、2、3……行分别定义为 1、2、3……。如第 5 列第 3 行即是 E3，对应关系如图 2.92 所示。

	A	B	C	D	E	…
1	A1	B1	C1	D1	E1	…
2	A2	B2	C2	D2	E2	…
3	A3	B3	C3	D3	E3	…
	…	…	…	…	…	…

图 2.92　单元格对应关系

Word 表格中的公式是以"="开头的一个计算表达式。表达式是通过单元格的名称来定义的。公式中括号里面的单元格名称用":"来分隔，表示一个矩形区域。

如果要表示由多个单元格组成的一个连续矩形区域，可以使用该区域的"左上角名称：右下角名称"来表示，如公式＝sum（A1:C2）表示对 A1、B1、C1、A2、B2、C2 进行求和。如果表示几个不连续的单元格，可以逐一列出这些单元格的名称，之间用"逗号"来分隔，如公式＝sum（A1,B1,C1）表示对 A1、B1、C1 进行求和。

☛ 注意

输入公式时，各类符号都是英文标点。

📖 知识点：常用的函数

SUM( ) 返回一列数值或公式的和。

AVERAGE( ) 返回一组数值的平均数。

COUNT( ) 返回列表中的项目数。

MAX( ) 返回一列数中的最大值。

MIN( ) 返回一列数中的最小值。

当用户对一行或者一列进行计算时，可以使用简化操作。公式后面括号里面是 left（左边）、right（右边）、above（上面）、below（下面），可以按方向对函数自动进行算术操作。例如，要对图 2.92 中 C3 左边所有数据求和，将光标放置在 C3 单元格中，在"公式"文本框中输入"=sum(left)"，要对图 2.92 中 C3 上边所有数据求和，则在"公式"文本框中输入"=sum(above)"。

下面以成绩表为例（见表 2.7），给出求和与求平均值的方法。

表 2.7　成绩表

姓　　名	政　　治	高　　数	英　　语	总　　分	平　均　分
李铁	90	87	96	=sum(left)	=Average(B2,C2,D2)
王刚	89	78	84	=sum(left)	=Average(B3,C3,D3)
王依然	94	91	85	=sum(left)	=Average(B4,C4,D4)
孟广生	78	86	87	=sum(left)	=Average(B5,C5,D5)

将光标移到李铁同学的总分位置，即 E2 单元格。单击"布局"功能区中"数据"组中的"公式"按钮 ，弹出"公式"对话框，如图 2.93（a）所示。在"公式"文本框中输入求和公式"=sum(left)"，单击"确定"按钮。

单击"公式"对话框中的"粘贴函数"下拉列表，可以看到在 Word 中可以运用的所有函数，如图 2.93（b）所示。单击某个函数，该函数就会自动出现在公式文本框中。

（a）　　　　　　　　　　　　　（b）

图 2.93　"公式"对话框

5）表格与文本间的转换

（1）将表格转换为文本

选中表格，单击"布局"功能区中"数据"组中的"转换为文本"按钮 ，然后选择"文字分隔符"，单击"确定"按钮，如图 2.94 所示。

（2）将文本转换为表格

要保证转换为表格的各列内容间有且只有一个分隔符，分隔符可以是段落、逗号、制表符、空格或其他自选的半角英文符号，每行文本左边紧靠左边界（文字前不能有空格等）。然后选中文本，单击"插入"功能区中"表格"按钮，在下拉列表中选择"文本转换成表格"命令，在对话框中选择对应的分隔符，再输入生成的表格的列数，单击"确定"按钮，如图 2.95 所示。

图 2.94　表格转换成文本　　　　　图 2.95　文本转换成表格

2.4.3 完成任务

① 录入文档标题。标题的字体设置为"宋体、小二号、加粗"。

② 插入一个 9 行 8 列的表格。选择"插入"功能区中"表格"下拉列表中的"插入表格"命令，在对话框中输入行为 9，列为 8，单击"确定"按钮。

③ 分别将第 6、7、8、9 行的第 1、2 列合并单元格。具体方法如下：选定第 6 行的第 1、2 列两个单元格，在"布局"功能区单击"合并单元格"按钮。其余单元格也用此方法操作。再将第 7、8、9 行的第 3～8 行合并单元格。方法同上。

④ 设置行高。在表格的左上角单击，选定整个表格后右击，在弹出的快捷菜单中选择"表格属性"命令。在"行"选项卡中将"行高"设置为 2cm，如图 2.96 所示。

⑤ 参照图 2.73 所示录入表格中的内容。表格的文字设置为"宋体、小四号"。第一行文字加粗。"合计"行的数字不录入。

⑥ 设置表中文字的对齐方式。在表格的左上角单击，选定整个表格，在"布局"功能区的"对齐方式"组中选择"水平居中"按钮。

⑦ 设置表格的边框。选定表格，右击，在弹出的快捷菜单中选择"边框和底纹"命令。在弹出的对话框中，选择"虚框"，宽度设置为 2.25 磅，单击"确定"按钮，如图 2.97 所示。

图 2.96　设置行高

图 2.97　设置表格边框

⑧ 手工绘制斜线。在"设计"功能区中的"绘图边框"组中，先将"笔画粗细"设置为 1.0 磅，再单击"绘制表格"按钮，如图 2.98 所示。这时光标变成"笔"的形状，在表格的第 6 行相应位置画出斜线。

⑨ 求和计算。依次将光标放在"合计"行的"数量"和"预算不含税单价（元）"，单击"布局"功能区的公式，在"公式"对话框中，确认默认的公式"=sum(above)"是正确的，单击"确定"按钮，如图 2.99 所示。

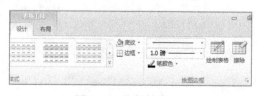

图 2.98　绘制斜线

图 2.99　求和计算

⑩ 可以用此表练习表格的排序功能。选定表格的前 5 行，单击"布局"功能区中的"数据"组中的"排序"按钮，在对话框中设置"主要关键字"为"预算不含税单价（元）"，"降序"排序。

2.4.4 总结与提高

通过本节内容的学习，掌握表格的编辑和格式化，以及在表格中运用公式计算等基本知识。在表格编辑过程中，要注意以下几点：

① 在调整表格线时，除了手动调整之外，可以在表格属性中设置行高和列宽的精确值。还可以选中表格的某些行或列，右击，通过弹出的快捷菜单中的"平均分布各行"或"平均分布各列"命令来设置。

② 设置表格对齐方式时，注意选中整个表格与表格中的单元格的区别。设置单元格对齐方式时，除了在表格属性中设置之外，还可以右击，在弹出的快捷菜单中进行设置。

③ 在表格中运用公式时，注意函数括号中的单元格引用位置。

2.4.5 思考与实践

① 运用本节所学知识，制作一个课程表，如图 2.100 所示。具体要求如下：

B1:F1 单元格的字体设置成楷体_GB2312，字号设置成四号，加粗，单元格内容（"星期一""星期二""星期三""星期四""星期五"）的文字方向更改为"纵向"，垂直对齐方式为"居中"。B3:F6 单元格对齐方式为"中部右对齐"。

	星期一	星期二	星期三	星期四	星期五
	课程				
第1节	语文	数学	数学	语文	数学
第2节	体育	外语	外语	历史	外语
第3节	化学	语文	生物	外语	物理
第4节	数学	生物	语文	数学	语文

图 2.100 课程表样图

第二行单元格底纹为"灰色–25%"。设置表格外框线为蓝色双窄线 $1\frac{1}{2}$ 磅，内框线为单实线 1 磅，第二行上、下边框线为 $1\frac{1}{2}$ 磅蓝色单实线。

设置表格居中，所有单元格上、下边距各为 0.1 cm，左、右边距均为 0.3 cm。

② 运用表格中的公式功能，计算各队的积分（见表 2.8）（积分=3*胜+平）。

表 2.8 计算各队的积分

名次	队名	场次	胜	平	负	进球数	失球数	积分
1	大连实德	19	11	4	4	36	20	
2	深圳平安	18	9	6	3	29	13	
3	北京国安	19	9	6	3	28	19	

2.5 绘制项目流程图

流程图是流经一个系统的信息流、观点流或部件流的图形代表，能够直观地描述一个工作过程的具体步骤。流程图对准确了解事情是如何进行的，以及决定应如何改进过程极有帮助。在 Word 中可以很方便地绘制流程图。掌握绘制流程图的方法，在各项工作中都起到非常重要的作用。

2.5.1 任务的提出

小林所在的项目部，刚刚接到了一个新任务。他需要为这个项目做一个流程图，能够清楚展现在开工建设阶段各相关部门的工作流程，如图 2.101 所示。

🖰 我们的任务

帮助小林绘制出这份工程建设项目流程图。

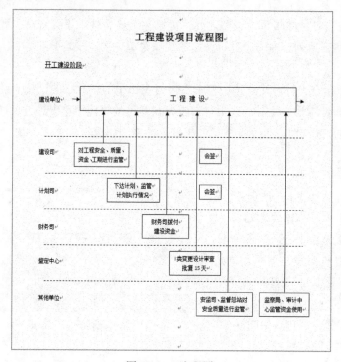

图 2.101　流程图

2.5.2 分析任务与知识准备

1. 分析任务

在这个流程图中，首先要确定"工程建设"矩形和虚线的位置，这是把握整体布局的关键。然后在合适的位置插入矩形，并且对矩形进行格式的设置，在矩形中添加文字。再利用箭头把文本框连接在一起。另外，利用文本框在流程图左侧添加说明文字。

2. 知识准备

1）形状的插入和编辑

单击"插入"功能区中"插图"组的"形状"按钮，在弹出的列表中选择需要的形状，如"笑脸"，如图 2.102 所示。将鼠标移动到编辑区域中，鼠标指针变成"＋"形状，按住鼠标左键拖动至合适大小时，松开左键，即可绘制出需要的形状。如果想要绘制自定义图形，在形状列表中选择"线条"下的按钮，自己绘制图形。

📂 提示

选中绘制好的图形，可拖动其周围的 8 个控点来调整图形大小，拖动绿色的圆形控点来旋转图形，拖动黄色的菱形控制点调整图形形状（部分图形无法调整形状），如图 2.103 所示。

自定义绘制图形时，按住【Shift】键拖动鼠标可绘制一些规则的图形。例如，绘制正方形、圆、正太阳形。

图 2.102　插入形状

图 2.103　旋转图形和调整图形形状

2）设置形状样式

（1）设置内置的样式

当形状插入文档后，可以使用内置的形状样式。方法如下：选中图形，在"格式"功能区中"形状样式"组的图形样式中，选择喜欢的主题填充，如图 2.104 所示。

（2）形状填充

包括纯色填充、渐变填充、纹理填充、图片填充。方法如下：选中图形，单击"格式"功能区中"形状样式"组的"形状填充"按钮，选择喜欢的一种填充方法，如纹理填充中的"鱼类化石"，如图 2.105 所示。

图 2.104　设置内置的样式

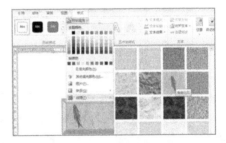

图 2.105　自定义填充效果

（3）形状轮廓

主要设置形状的边框颜色、边框线粗细和虚线样式。方法如下：选中图形，单击"格式"功能区中"形状样式"组的"形状轮廓"按钮，在弹出的下拉列表中选择线条的颜色、粗细、虚线和箭头。

（4）形状效果

包括阴影、映像、发光、柔化边缘、棱台和三维旋转 6 种。方法如下：选中图形，单击"格式"功能区中"形状样式"组的"形状效果"按钮，在弹出的下拉列表中选择具体效果。

3）在图形中添加文字

在需要添加文字的图形上右击，从弹出的快捷菜单中选择"添加文字"命令，如图 2.106 所示。这时光标就出现在选中的图形中，输入需要添加的文字内容。这些输入的文字就会变成图形的一部分，当移动图形时，图形中的文字也跟随移动。

4）图形的组合

用 Word 绘制图形时，大多数时候不能一次将整个图形画出，如画一个扇形时，就需要将一段圆弧和两条半径线三个图形组合起来。

组合图形方法如下：同时选中要组合的多个图形，右击，在弹出的快捷菜单中选择"组合"命令，如图 2.107 所示。也可使用"格式"功能区中"排列"组中的"组合"命令。将几个不同的图形组合成一个整体，有利于对这些图形进行某项相同的操作，如缩放、设置格式等。若想要取消组合，在图形上右击，在弹出的快捷菜单中选择"取消组合"命令。

图 2.106　在图形中添加文字

图 2.107　图形的组合示例

5）绘制文本框

Word 中的文本框是一种可以移动、大小可调的文本或图形容器。文本框可用于在页面上放置多块文本，也可用于为文本设置不同于文档中其他文本的方向。当进行复杂排版时，既有横排文字又有竖排文字，或一些需要单独排列的文字时，通过插入文本框排版是非常方便的。

插入文本框有两种方法，第一种方法是单击"插入"功能区中的"文本"组的"文本框"按钮，在下拉列表中选择内置的文本框样式，如"边线型引述"，如图 2.108 所示。插入模板后，只需要删除原有文字，输入新的内容就可以了。

第二种方法是自定义文本框的方法。下面重点介绍第二种方法。

将光标定位在插入点，单击"插入"功能区中的"文本"组的"文本框"按钮，在下拉列表中选择"绘制文本框"命令，当光标变成"+"形状时，按下鼠标左键拖动至合适大小时松开鼠标，即可绘制出文本框，如图 2.109 所示。如果文本框中的文字竖排，则在下拉列表中选择"绘制竖排文本框"命令。

图 2.108　插入内置文本框

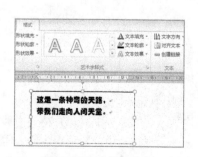

图 2.109　绘制文本框

创建文本框后，可以利用"格式"功能区中的"文本"组的"文字方向"命令，更改文本框中的文字方向。利用"对齐文本"功能设置文本框中文字的对齐方式。

技巧：快速绘制分隔线

① 输入三个"-"，按【Enter】键后就可以得到一条直线。

② 输入三个"*"，按【Enter】键后就可以得到一条虚线。

③ 输入三个"～"，按【Enter】键后就可以得到一条波浪线。

④ 输入三个"="，按【Enter】键后就可以得到双直线。

⑤ 输入三个"#"，按【Enter】键后就可以得到中间加粗的三条直线。

2.5.3　完成任务

① 录入标题文字，绘制长矩形。在"插入"功能区中单击"形状"按钮，在下拉列表中选择"矩形"，如图 2.110 所示。参照图 2.101 所示在文档的合适位置绘制一个长矩形。在"格式"功能区的"形状样式"组中单击"形状样式"的其他按钮，如图 2.111 所示。在样式中选择"彩色轮廓-黑色，深色 1"。在矩形上右击，在弹出的快捷菜单中选择"添加文字"命令，此时光标在矩形内闪动，输入文字"工程建设"，字体为"宋体、五号"。

图 2.110　插入矩形

图 2.111　选择形状样式

② 绘制虚线。在"插入"功能区中单击"形状"按钮，在下拉列表中选择"直线"，在长矩形下方合适位置绘制一条直线。在"格式"功能区中，将"形状样式"设置为"细线-深色 1"。在组中单击"形状轮廓"按钮，在下拉列表中的"虚线"类中选择"短画线"，如图 2.112 所示。这样，虚线绘制完毕。选定虚线，按住【Ctrl】键，拖动虚线进行复制。复制 4 次，并将其调整到合适位置。

③ 按住【Ctrl】键，同时选定 5 条虚线，在"格式"功能区的"排列"组中，单击"对齐"按钮，在下拉列表中选择"纵向分布"命令，如图 2.113 所示。这样 5 条虚线就平均分布了。

④ 参照样图在合适位置绘制 8 个小矩形，矩形内文字设置为"小五号、宋体"。小矩形的样式与长矩形一致。

⑤ 绘制箭头。在"插入"功能区中单击"形状"按钮，在下拉列表中选择"箭头"，绘制在合适位置，将矩形连接在一起。在"格式"功能区中，将"形状样式"设置为"细线–深色 1"，在组中单击"形状轮廓"按钮，在下拉列表的"箭头"类中选择"箭头样式 5"。

⑥ 添加说明文字。在两条虚线之间，图形左侧，添加工程各阶段的相关部门。在"插入"功能区中单击"文本框"按钮，在下拉列表中选择"绘制文本框"命令，并在文本框中添加文字。在"格式"功能区中，单击"形状轮廓"按钮，在下拉列表中选择"无轮廓"命令。

⑦ 调整整体位置，使流程图在页面居中，美观规范。

图 2.112　设置虚线线性　　　　　　　图 2.113　线条的纵向分布

2.5.4　总结与提高

通过本节的学习，应该能够掌握绘制流程图的方法，但想要绘制出规范美观的图形，还需要不断地练习和提高。下面介绍几个在绘制流程图时的小技巧。

① 按住【Ctrl】键并拖动形状可以复制形状；

② 同时按住【Ctrl+Shift】组合键并同时拖动形状可以平移复制形状；

③ 箭头可以将 Word 形状上的锚点自动连接；

④ 按住【Shift】键可以连续选择多个形状。

2.5.5　思考与实践

绘制如图 2.114 所示的流程图。

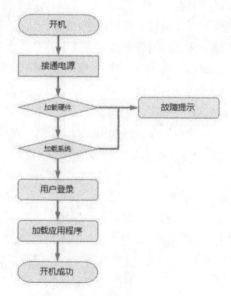

图 2.114　流程图示例

2.6　设计综合宣传栏

图文混排是 Word 中的高级排版应用，其中包含文字、段落、图片、艺术字及页面设置等，涵盖了文字处理的各方面知识。准确熟练地掌握图文混排知识，进而熟悉文字处理的高级应用技巧。

2.6.1　任务的提出

单位的"主题教育活动周"，小林要出一期关于"建设美丽中国，铁路人在行动"的宣传栏，如图 2.115 所示。

🖰 我们的任务

使用图文混排的编辑方法和技巧，帮助小林完成本期宣传栏的设计。

图 2.115　宣传栏示例

2.6.2　分析任务与知识准备

1．分析任务

制作这样一期宣传栏，首先要明确主题，收集素材，输入文本内容，然后进行版式的设置，在合适的位置插入艺术字、图片、形状等。为图形和线条设置颜色，使文本效果看起来美观整洁。

2．知识准备

在 Word 文档中，除了可以输入文字外，还可以插入图片、图表、公式等对象，以使 Word 文档更加多姿多彩。Word 的图文混排功能非常强大，它可以插入多种格式的图片文件，使文档更加生动活泼，大大增强了文档的吸引力。

1）图片

（1）插入剪贴画

剪贴画是 Office 系列软件中的内部图片，一部分是直接安装到本机系统中，另一部分则需要通过网上下载。剪贴画一般都是矢量图，包括人物、科技、商业和动植物等类型。

要在文档中插入剪贴画，可按如下步骤操作：

将光标移到文档要插入剪贴画的位置。单击"插入"功能区中"插图"组中的"剪贴画"按钮，在窗口右侧打开"剪贴画"任务窗格。单击"搜索"按钮，在下方就会出现所有的剪贴画。单击所需的剪贴画，即可插入 Word 文档。如果想搜索某一类图片，可以在任务窗格的搜索文字中输入，单击"搜索"按钮即可。

（2）插入文件图片

将光标移到要插入图片的位置。单击"插入"功能区中"插图"组中的"图片"按钮，弹出图 2.116 所示的对话框。在对话框中选择图片所在的文件夹，选中要插入的图片，单击"插入"按钮即可。

（3）插入屏幕截图

将光标定位到需要放置截图的位置，单击"插入"功能区中"插图"组中的"屏幕截图"按钮，在下拉列表中选择要截图的程序窗口，如图 2.117 所示。

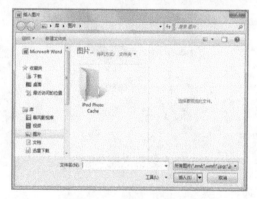

图 2.116 "插入图片"对话框

图 2.117 屏幕截图

（4）图片的设置与编辑

在文档中插入图片和剪贴画后，还可以根据需要对图片进行编辑与修改，如调整图片的大小、位置、样式等。

① 设置图片大小。

a．鼠标拖动法。单击要缩放的图片，使其周围出现一个包含 8 个控点的边框。把鼠标指针移到图片 4 个角的控点时，鼠标指针变成斜向的双向箭头。按住鼠标左键拖动时，会出现一个虚线框，表明拖动后新图片的大小，这样可以同时缩小图片的宽度和高度。

如果只是想改变图片的宽度或高度，可以把鼠标指针移到图片左右两边的中间，或者上下两边的中间的控点上，此时鼠标指针变成水平或者垂直的双向箭头，只需按住鼠标左键后拖动鼠标即可改变图片的宽度或高度，如图 2.118 所示。

如果在拖动鼠标的同时按住【Ctrl】键，将从图片的中心向外垂直、水平或对角线缩放。

b．精确设置图片大小。单击需要调整的图片，单击"格式"功能区中"大小"组的 按钮，弹出"布局"对话框，如图 2.119 所示。在"高度"和"宽度"的"绝对值"右侧调整数值设置图片大小，单击"确定"按钮。

另外，还可以在"格式"功能区中"大小"组的"高度"和"宽度"文本框中输入具体的值。

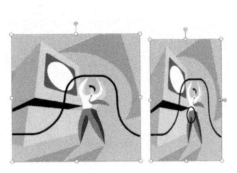

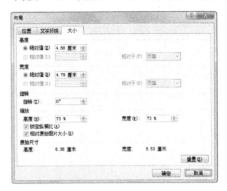

图 2.118 调整图片大小 　　　　　　　　　　图 2.119 "布局"对话框

● 注意

要使图片的高度与宽度保持相同的尺寸比例，请选中"锁定纵横比"复选框。如果不选中该选项，则可以设置不相等的纵向、横向缩放比例。

▷ 提示

在 Word 文档中对点阵图对象进行缩小一般不会失真，但如果进行放大，就容易失真。而由于 Word 自带的剪贴画是矢量图，所以对其进行放大或者缩小都不会失真。

c. 裁剪图片。如果想对插入文档中的图片进行裁剪，或想隐藏图片中不想显示的部分。具体步骤如下：

选中要裁剪的图片，单击"格式"功能区中"大小"组的"裁剪"按钮，把鼠标指针移到图片的控点上，如图 2.120 所示。当向图片内部拖动时，可以隐藏图片的部分区域；当向图片外部拖动时，可以增大图片周围的空白区域。松开鼠标左键，即可实现对图片的裁剪。

如果要精确地裁剪图片，可以选中图片并打开"设置图片格式"对话框，在"裁剪"选项卡中设置图片位置和裁剪位置，如图 2.121 所示。

图 2.120 裁剪组 　　　　　　　　　　图 2.121 "裁剪"选项卡

● 注意

被裁剪的图片部分并不是真正被删除，而是被隐藏起来。如果要恢复被裁剪的部分，可以用与裁剪图片同样的方法，向图片外部拖动控点即可将裁剪的部分重新显示出来。

② 调整图片效果包括调整图片的亮度、对比度，更改图片、压缩图片等。

a. 更正图片效果指调整图片的亮度和对比度，以及锐化和柔化效果。亮度是指图片整体的明暗程度，对比度是指图片中最亮的部分和最暗部分的差别。锐化和柔化是使图片达到某种特殊效果。

选中图片，单击"格式"功能区中"调整"组中的"更正"按钮，在下拉列表中选择更正后的图片效果，如"亮度-40% 对比度-20%"，如图 2.122 所示。另外，也可以在下拉列表中选择"图片更正选项"命令，在对话框中进行设置。

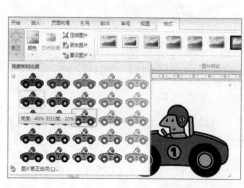

图 2.122　更正图片效果

b. 设置图片颜色。在 Word 2010 中，可以对插入的图片进行重新着色，重新设置图片的整体颜色。

选中图片，单击"格式"功能区中"调整"组中的"颜色"按钮，在下拉列表中选择重新着色后的图片效果，如"红色 强调文字颜色2 浅色"。

c. 设置图片的艺术效果。它可以使图片具有特殊的艺术效果，使用户不用 Photoshop 等图像处理软件也能制作出艺术图片。

选中图片，单击"格式"功能区中"调整"组中的"艺术效果"按钮，在下拉列表中选择需要的图片效果，如"玻璃"，如图 2.123 所示效果。

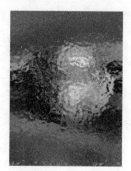

图 2.123　设置图片的艺术效果

③ 图片的排列。

a. 图片的版式指图片与文档中的文字的关系。Word 提供了嵌入型、四周型、紧密型、衬于文字下方、浮于文字上方、上下型、穿越型 7 种环绕方式。默认情况下，图片是"嵌入型"。图 2.124 给出了其中 4 种环绕方式的效果。

　　设置图片的版式，首先选中图片，单击"格式"功能区中"排列"组的"自动换行"按钮，在下拉列表中选择环绕方式。或者单击"其他布局选项"按钮，在"布局"对话框中设置具体的环绕方式和图片与正文的距离，如图 2.125 所示。

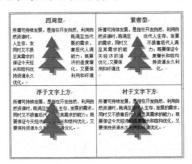

图 2.124　四种环绕方式效果

图 2.125　设置图片版式

　　另外，还可以设定图片周围文字环绕的顶点位置，以便文字可以根据图片的顶点来排版。具体步骤如下：

　　选中图片，单击"格式"功能区中"排列"组的"自动换行"按钮，在下拉列表中选择"编辑环绕顶点"命令，如图 2.126 所示。此时图片的边框变成红色的虚线框，把鼠标指针移到边框线上，指针会变成一个"+"字形状，按住并拖动鼠标，即可改变图片顶点的形状。这样文字就随着顶点而环绕，如图 2.127 所示。

图 2.126　编辑环绕顶点

图 2.127　编辑环绕顶点示例

　　b. 图片的排列顺序。如果一篇文档中插入多张图片，就需要设置图片的排列顺序。选中将被改变顺序的图片，单击"格式"功能区中"排列"组的"上移一层"或"下移一层"按钮，或在下拉列表中选择"置于顶层""浮于文字上方""置于底层""衬于文字下方"命令。

　　c. 图片在文档中的位置。选中图片，单击"格式"功能区中"排列"组的"位置"按钮，在下拉列表中选择图片的位置，如"中间居中，四周型文字环绕"，如图 2.128 所示。

　　如果想要精确设置图片的位置，可以在"位置"下拉列表中选择"其他布局选项"命令，在弹出的"布局"对话框中设置图片水平和垂直的绝对位置，使图片在文档中的位置更精确。

　　d. 旋转图片。选中图片，单击"格式"功能区中"排列"组的"旋转"按钮，在下拉列表中选择图片的旋转方向，如"垂直旋转"，如图 2.129 所示。

　　如果想让图片进行任意角度的旋转，可以在旋转下拉列表中选择"其他旋转选项"命令，在"布局"对话框中设置旋转的度数。

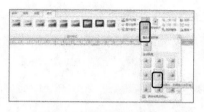

图 2.128　设置图片位置

图 2.129　旋转图片

④ 设置图片样式。插入图片后，可以根据需要为图片添加边框、设置图片效果及图片版式。

a. 使用预设的图片样式。在 Word 2010 的"图片样式"组中，提供了一组非常美观的图片样式。

选中图片，在"格式"功能区中"图片样式"组中选择喜欢的图片样式，效果如图 2.130 所示。

b. 设置图片边框样式。选中图片，单击"格式"功能区中"图片样式"组的"图片边框"按钮，在下拉列表中选择图片边框的颜色、粗细、虚线样式，如图 2.131 所示。

图 2.130　使用预设的图片样式

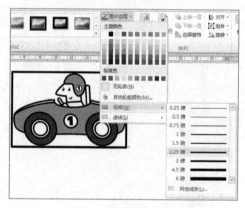

图 2.131　设置图片边框样式

c. 设置图片效果。在设置图片格式时，可以为图片添加特殊效果，如阴影、发光、映像等。

选中图片，单击"格式"功能区中"图片样式"组的"图片效果"按钮，在下拉列表中选择喜欢的图片效果。

d. 设置图片版式。选中图片，单击"格式"功能区中"图片样式"组的"图片版式"按钮，在下拉列表中选择喜欢的图片版式。

2）艺术字

使用 Word 中的艺术字功能，可以给文字增加特殊效果。可创建带阴影的、斜体的、旋转的和延伸的文字，还可创建符合预定形状的文字。

（1）插入艺术字

① 将光标定位在要插入艺术字的位置，单击"插入"功能区中"文本"组中的"艺术字"按钮，在下拉列表中选择需要的艺术字样式，如图 2.132 所示。

② 显示"请在此放置您的文字"提示框，单击提示框，即可输入艺术字文字。选中艺术字，可以利用"开始"功能区中"字体"组为艺术字设置字体、字号等。

（2）设置艺术字格式

添加艺术字后，也可以像其他图形一样进行编辑，以达到更美观的效果。

① 文本填充效果。选中艺术字，单击"格式"功能区中"艺术字样式"组中的"文本填充"按钮，在下拉列表中选择文本的填充颜色和填充渐变效果，如图 2.133 所示。

图 2.132　插入艺术字

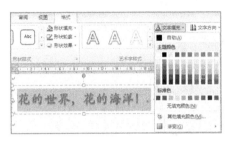

图 2.133　艺术字的文本填充

② 文本轮廓样式。选中艺术字，单击"格式"功能区中"艺术字样式"组中的"文本轮廓"按钮，在下拉列表中选择文本轮廓的颜色、粗细、虚线样式，如图 2.134 所示。

③ 文本效果。选中艺术字，单击"格式"功能区中"艺术字样式"组中的"文本效果"按钮，在下拉列表中选择文本的特殊效果，如阴影、发光等。还可以通过"转换"命令来更改艺术字形状，如图 2.135 所示。

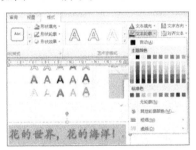

图 2.134　艺术字文本轮廓

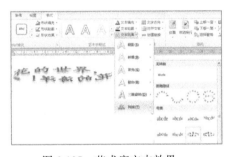

图 2.135　艺术字文本效果

3）插入 SmartArt 图形

SmartArt 图形是信息和观点的视觉表示形式。可以由文档中的图片直接创建为图示。使用程序中预设的 SmartArt 图形，可制作出专业的流程、循环、关系等不同布局的图形，从而方便、快捷地制作出美观、专业的图形。

Word 2010 中预设了列表、流程、循环、层次结构、关系、矩阵、棱锥图、图片 8 种类别的图形，每种类型的图形有各自的作用。

插入 SmartArt 图形的方法与插入图片的方法类似，先插入 SmartArt 图形样式，然后在图形中输入文字即可。

具体方法为：将光标定位在插入点处，单击"插入"功能区中"插图"组中的"SmartArt"按钮，弹出"选择 SmartArt 图形"对话框。在左侧选择类型，如"循环"，在中间的样式列表中选择需要的样式，单击"确定"按钮。这样就创建了 SmartArt 初始图形。在图形中的形状里，直接输入文字即可。在设计和格式工作区，可以对插入的图形进行进一步的设置。

2.6.3　完成任务

在制作宣传栏之前，要根据"建设美丽中国，铁路人在行动"这个主题，做好素材资料的收集工作，如文字、图片等。

首先要对版面的整体设计有一个构思。为使作品看起来更美观，要充分利用有限空间装饰，使图片、图形与文字结合得更美观，使之融为一体。

① 设置页面布局。在"页面布局"功能区中，将"纸张大小"设置为"A4"，"纸张方向"设置为"横向"，页边距为"上、下 1.27 厘米，左、右 2 厘米"。

② 录入文本内容，将文字设置为"宋体、四号"。参照图 2.115 将大标题文字加粗。

③ 分栏。选定全文，在"页面布局"功能区中选择分栏，将文本分为等宽的三栏。

④ 插入艺术字。将光标放在文章最前面，使用"插入"功能区中的"艺术字"，选择"填充-红色，强调文字颜色 2，粗糙棱台"，如图 2.136 所示。输入文字"建设美丽中国，铁路人在行动"。在"格式"功能区的"艺术字样式"中，单击"艺术效果"按钮，选择"转换"→"弯曲"→"两端近"选项，如图 2.137 所示。在"排列"组的"自动换行"中选择"四周型环绕"，然后调整艺术字位置。

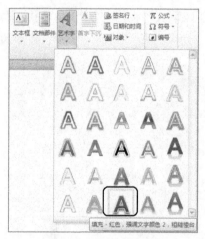

图 2.136　插入艺术字

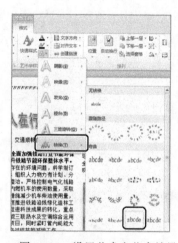

图 2.137　设置艺术字艺术效果

⑤ 在艺术字右侧，绘制一个文本框，输入"主题教育宣传栏"，将字体设置为"隶书、小一号"，颜色为"深蓝色"。选定文本框，在"格式"功能区的"形状轮廓"中设置为"无轮廓"。在文字的下方和右侧绘制三条直线，在"格式"功能区将"形状轮廓"的"粗细"修改为"3 磅"，"形状效果"设置为"发光"→"橄榄色，18pt 发光，强调文字颜色 3"，如图 2.138 所示。

⑥ 绘制圆角矩形。使用"插入"功能区中的"形状"，绘制一个"圆角矩形"，在"格式"功能区选择"形状填充"→"渐变"→"其他渐变"，在"设置形状格式"对话框中，选择"渐变填充"，在"预设颜色"中选择"心如止水"，方向为"线性对角，从左上到右下"，如图 2.139 所示。在"形状轮廓"的虚线中选择"短画线"。圆角矩形中的文字为"四号、宋体"。选定圆角矩形，在"格式"功能区的"自动换行"中选择"紧密型环绕"，然后将矩形调整到文档的左下角。

⑦ 插入图片。使用"插入"功能区中的"图片"，在对话框中选择指定的图片文件。选定图片，在"格式"功能区的"图片样式"中选择"映像圆角矩形"。在"格式"功能区的"自动换行"

中选择"紧密型环绕"，然后将矩形调整到文档的右下角。

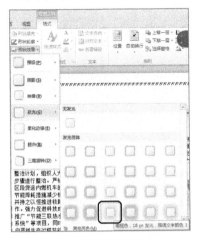

图 2.138　设置线条效果

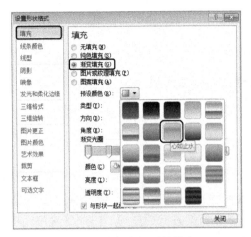

图 2.139　圆角矩形的填充

⑧ 设置页面边框。在"页面布局"功能区中选择"页面边框"，在对话框中设置为"方框"，在艺术型中选择"  "，单击"确认"按钮，如图 2.140 所示。

2.6.4　总结与提高

通过制作这个宣传栏，掌握了图文混排的基本要领。在进行有主题的排版时请注意以下要点：

① 版式合理，标题醒目。将适合的图片放到合理的位置，使图片充分发挥其衬托说明文字的作用。

② 随着作品中图片数量的增多，必然会产生叠加现象，注意合理设计层次关系，才能让作品迸发出美丽的光彩。

图 2.140　设置页面边框

③ 文本框可以实现多个文本的混排，对于制作名片、贺卡、书签等非常方便，能够简化排版工作。如果版式过于复杂，可以先手工绘制表格作为版面的分块，内容填充后，再将表格框线设置为"无"。

④ 如果在文本框中插入图片，该图片是无法进行环绕方法设置的。可以转换其他方式编辑文字和图片。

2.6.5　思考与实践

① 以"您是伯乐，我是千里马"为主题，为你的个人简历设计一个封面。要求表达清楚学校、专业、姓名，有图片、艺术字作为修饰。个性鲜明，简洁大方。

② 结合图文混排的知识，以"我心中的大学"为主题，设计一个板报。

第 3 章

电子表格

电子表格可以用来帮助用户制作各种复杂的表格文档，进行烦琐的数据计算，并能对输入的数据进行各种统计,同时它还能形象地将大量枯燥的数据变为多种漂亮的彩色商业图表显示出来，极大地增强了数据的可视性。另外，电子表格还可以制作各种统计报告和统计图。Excel 是目前最为流行的一款优秀的电子表格处理软件，是微软公司 Office 办公软件中的一员。它是提高办公效率的得力工具，被广泛应用于财务、统计、行政管理和办公自动化等领域。除此以外常用的电子表格软件还有国产的 CCED、金山 WPS 中的电子表格等。

学习目标

木章主要介绍 Excel 2010 的基本知识和基本操作技能，帮助用户掌握 Excel 2010 软件的使用方法，熟练制作各种应用表格。通过学习，应掌握以下内容：

- 掌握工作簿和工作表的基本操作；
- 掌握工作表数据的输入、编辑和修改，工作表的格式化操作；
- 掌握工作表中函数和公式的使用；
- 学会 Excel 图表的建立、编辑和修饰；
- 掌握有关数据清单的基本概念，以及排序、筛选和分类汇总、数据透视表等数据分析管理操作。

3.1 创建员工档案表

员工档案管理和员工工资管理是单位人力资源管理的两大重要工作，是管理人才、吸引稳定人才、激励员工的重要条件。在实际生活中，很多单位都是用 Excel 进行人事管理，不仅方便快捷，还能运用函数图表等工具进行统计和数据分析。

3.1.1 任务的提出

小李是德发公司的人事管理人员，负责公司所有员工的人事档案工作。为了便于人事管理，小李决定用 Excel 建立员工档案表。那么，她应该怎么做呢？

我们的任务

帮助小李设计和制作图 3.1 所示的员工档案表,学习使用 Excel 建立工作表、在表中输入数据、对工作表进行格式化等常用功能的操作方法。

编号	姓名	性别	民族	身份证号码	籍贯	参加工作时间	学历	联系方式	所属部门	职称
\multicolumn{11}{c}{德发公司员工档案表}
DF001	韦明	男	汉	350***19750123****	福建省	1998/2/2	本科	1304019****	2	会计师
DF002	李小芳	女	汉	610***19750507****	陕西省	1998/5/20	本科	1326943****	1	工程师
DF003	梁小良	男	回	641***19750106****	宁夏回族自治区	1998/6/12	本科	1329520****	1	工程师
DF004	罗秀	女	汉	430***19750510****	湖南省	1999/8/23	本科	1323519****	1	工程师
DF005	莫莉	女	汉	111***19750528****	北京市	1999/1/10	本科	1368444****	7	工程师
DF006	申兆宽	男	汉	421***19750720****	湖北省	1999/6/30	专科	1349547****	4	助工
DF007	韦巧媛	女	汉	362***19750224****	江西省	1995/8/17	本科	1361987****	4	工程师
DF008	周子馨	女	汉	463***19750311****	海南省	1996/9/12	本科	1395020****	6	工程师
DF009	馨福	男	维吾尔	655***19790615****	新疆维吾尔自治区	2003/9/13	本科	1394757****	3	助工
DF010	钟慧	女	满	140***19760711****	山西省	1996/10/16	本科	1367850****	4	技术员
DF011	李丽	女	汉	210***19810216****	辽宁省	2004/10/18	专科	1320336****	4	会计师
DF012	张桂琴	男	汉	363***19750107****	江西省	1996/10/28	本科	1306705****	2	会计师
DF013	蒙玲玲	女	壮	458***19760507****	广西壮族自治区	1996/11/8	本科	1375981****	7	工程师
DF014	潘启财	男	汉	210***19750615****	辽宁省	1996/9/12	本科	1349548****	7	工程师
DF015	陈芳玲	女	汉	141***19760711****	山西省	1996/9/13	本科	1361988****	7	工程师
DF016	唐剑	男	汉	210***19700216****	辽宁省	1994/10/16	研究生	1395020****	6	高工
DF017	梁耀中	男	汉	120***19690107****	天津市	1993/10/14	本科	1394758****	7	高工
DF018	吕敏毅	女	汉	210***19760507****	辽宁省	1996/10/28	本科	1367950****	4	工程师
DF019	黄艳	女	壮	450***19760216****	广西壮族自治区	1996/11/8	本科	1320337****	7	技术员
DF020	陈慧萍	女	汉	130***19820107****	河北省	2005/11/9	本科	1306706****	7	工程师
DF021	梁辉宏	男	汉	220***19760507****	吉林省	1996/11/10	本科	1375980****	7	工程师
\multicolumn{11}{l}{部门编号说明: 　1-总经办　2-财务部　3-绩效管理部　4-营销中心　5-客服部　6-技术开发与品管部　7-生产部}

图 3.1　员工档案表

3.1.2　分析任务与知识准备

1. 分析任务

要用 Excel 完成员工档案表的制作，首先启动中文版 Excel 2010，在工作表中输入基本数据，熟练掌握数据快速录入技巧，其次需要对数据进行检查即编辑修改数据，最后通过套用表格格式来设置格式，一个完整漂亮的员工档案表就完成了。

2. 知识准备

（1）认识 Excel 2010

要用 Excel 2010 来制作员工档案表，首先来了解一下 Excel 2010。Excel 2010 与 Excel 2007 相比有很多的改进，但总体来说改变不大，下面简单介绍一下新功能。

① 增强的 Ribbon 工具条。单从界面上来看与 Excel 2007 并没有特别大的变化，界面的主题颜色和风格有所改变。在 Excel 2010 中，Ribbon 的功能更加增强了，用户可以设置的东西更多，使用更加方便。

② xlsx 格式文件的兼容性。xlsx 格式文件伴随着 Excel 2007 被引入 Office 产品中，它是一种压缩包格式的文件。默认情况下，Excel 文件被保存成 xlsx 格式的文件（当然也可以保存成 2007 以前版本的兼容格式，带 VBA 宏代码的文件可以保存成 xlsm 格式），相比 Excel 2007，Excel 2010 改进了文件格式对前一版本的兼容性，并且较前一版本更加安全。

③ Excel 2010 对 Web 的支持。较前一版本而言，Excel 2010 中一个最重要的改进就是对 Web 功能的支持，用户可以通过浏览器直接创建、编辑和保存 Excel 文件，以及通过浏览器共享这些文件。

④ 在图表方面的亮点。在 Excel 2010 中，一个非常方便好用的功能被加入到"插入"选项卡，这个被称为 Sparklines 的功能可以根据用户选择的一组单元格数据描绘出波形趋势图，同时用户可以选择几种不同类型的图形。

这种小的图表可以嵌入 Excel 的单元格内，让用户获得快速可视化的数据表示，对于股票信息而言，这种数据表示形式将会非常适用。

⑤ 其他改进。Excel 2010 提供的网络功能也允许了 Excel 可以和其他人同时分享数据，包括

多人同时处理一个文档等。另外,对于商业用户而言,Microsoft 推荐为 Excel 2010 安装 ProjectGemini 加载宏,可以处理极大量的数据,甚至包括亿万行的工作表。

（2）Excel 2010 工作界面

单击"开始"按钮 ![icon]，在"开始"菜单上选择"所有程序"→"Microsoft Office"→"Microsoft Excel 2010"命令，这样就打开了 Excel 2010 的工作窗口，如图 3.2 所示。Excel 2010 的工作窗口由位于窗口上部呈带状区域的功能区和下部的工作表窗口组成。功能区包括所操作文档的工作簿标题、一组选项卡及相应命令；选项卡中集中了相应的操作命令，根据命令功能的不同每个选项卡内又划分了不同的组。工作表窗口包括名称框、数据编辑区、状态栏和工作表区等。

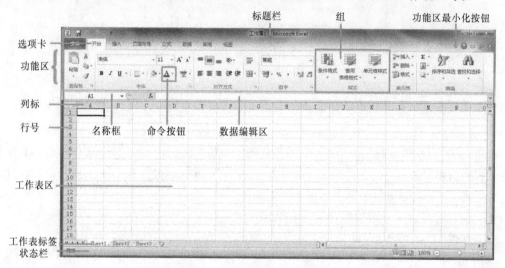

图 3.2　Excel 2010 工作窗口

① 标题栏。工作簿标题位于顶部中央，用于显示当前编辑的文件名和程序名等信息。如果是刚打开的新工作簿文件，用户所看到的文件名是"工作簿 1"，这是 Excel 2010 默认建立的文件名。顶部左端是窗口控制图标 ![icon]，单击该图标会弹出 Excel 窗口控制菜单（利用该控制菜单可以进行还原窗口、移动窗口、最小化窗口、最大化窗口、关闭打开的 Excel 文件并退出 Excel 程序等操作，见图 3.3），还包括保存 ![icon]、撤销 ![icon]、恢复 ![icon]、自定义快速访问工具栏 ![icon] 等按钮。顶部右上端有 ![icon] 按钮，可以最小化、最大化（还原）或关闭整个工作簿窗口，标题右下方有 ![icon] 按钮，可以最小化功能区、进入 Excel 帮助、最小化、最大化（还原）或关闭工作表窗口。

图 3.3　控制菜单

② 选项卡和功能区。功能区包括编辑工作表时需要使用的一组选项卡。开启 Excel 时预设会显示"开始"选项卡下的选项按钮，当单击其他的功能选项卡，便会改为显示该选项卡所包含的按钮。Excel 中默认显示的功能操作选项卡有 8 个，包括文件、开始、插入、页面布局、公式、数据、审阅和视图。各选项卡中收录相关的命令，方便用户切换、选用。例如，"开始"选项卡中包括剪贴板、字体、对齐方式、数字、样式、单元格和编辑 7 个组，该功能区主要用于帮助用户对 Excel 2010 表格进行文字编辑和单元格的格式设置，是用户最常用的功能区，如图 3.4 所示。

图 3.4　"开始"选项卡

③ 名称框。名称框（或称名称栏）用于显示当前的单元格、图表或绘图对象的名称。例如，如果当前单元格为 A5，则在名称框内显示 A5；如果在名称框中输入单元格的行号、列标，然后按【Enter】键，则此单元格变为活动单元格。在编辑公式时会显示函数的名称。

④ 数据编辑区。数据编辑区用于显示当前单元格中的常数或公式。如果用户要向单元格输入、编辑数据或公式，可以先选中单元格，然后直接在数据编辑区中输入数据，再按【Enter】键确认即可。

⑤ 工作表区。在工作窗口中由多个单元格组成的区域就是工作表区，其中还包括行号、列标和工作表标签（见图 3.1）。

⑥ 状态栏。状态栏位于 Excel 窗口底部，用来显示当前工作表区的状态。在大多数情况下，状态栏的左端显示"就绪"字样，表明工作表正在准备接收新的数据；在单元格中输入数据时，则显示"输入"字样，如图 3.5 所示。

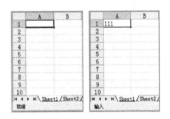

图 3.5　状态栏变化

（3）Excel 2010 的基本操作

① 新建工作簿。每当启动 Excel 之后，程序会自动创建一个新的空白工作簿，默认状态下，自动命名为"工作簿 1"。在未关闭"工作簿 1"之前，再新建工作簿时，系统会自动命名为"工作簿 2""工作簿 3"……

工作簿是 Excel 2010 的普通文档或文件类型，工作簿文件的扩展名是.xlsx。新建工作簿有如下几种方法。

a. 启动 Excel 时自动新建空白工作簿"工作簿 1.xlsx"。

b. 选择"文件"→"新建"命令，在"可用模板"下双击"空白工作簿"。

c. 按【Ctrl+N】组合键可快速新建空白工作簿。

② 保存工作簿。保存工作簿的方法如下：

a. 选择"文件"→"保存"命令或"另存为"命令，若是第一次保存的文件，将弹出"另存为"对话框，在该对话框中可选择保存位置，输入文件名，如图 3.6 所示。若是已保存过的文件，选择"保存"命令不会弹出对话框，但会将文件以原文件名再次保存到原位置。而"另存为"命令则会弹出对话框，对已保存过的文件再保存一个副本。

b. 单击功能区顶部的"保存"按钮，作用与"文件"→"保存"命令相同。

📖 知识点：工作表基本概念

● 工作簿即一个 Excel 文件，最多可含 255 张互相独立的工作表（默认打开 3 张工作表）。

图 3.6　"另存为"对话框 1

默认状态下，工作表命名为 Sheet1、Sheet2、Sheet3……

- Excel 工作主窗口的表格称为工作表。每张工作表有 16 384 列（列编号 A～Z，AA～AZ，BA～BZ，…，XFA～XFD）和 1 048 576 行（行编号 1～1 048 576）。
- 工作表中每个行、列交叉点处的小格称为单元格。它以行、列编号作为标识，即单元格地址，如 A1，B12 等。当前被选中的单元格称为活动单元格，其地址显示在名称框中。

③ 保护工作簿与工作表。中文版 Excel 2010 是一个功能非常强大的电子表格数据处理软件，被广泛应用于财务、统计、预算等领域，因此，防止其重要数据的泄露和被非授权修改就变得非常重要。中文版 Excel 2010 提供了多种保护工作簿的措施，可以对用户查看或修改工作簿中的数据进行限制。

a. 设置工作簿密码。用户对工作簿设置密码，不仅可以防止其中的重要数据被他人修改、复制，还可以保护工作簿中有价值的部分或保密的公式不被他人看到。

对于重要的工作簿，可以在保存时为其设置打开权限密码和修改权限密码，具体操作步骤如下：
- 打开需要保护的工作簿。
- 选择"文件"→"另存为"命令，将弹出"另存为"对话框，单击下部的"工具"按钮，在弹出的下拉菜单中选择"常规选项"命令，如图 3.7 所示。

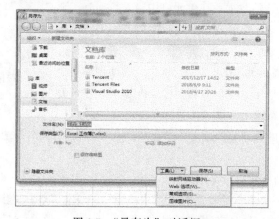

图 3.7 "另存为"对话框 2

- 弹出的"常规选项"对话框，如图 3.8（a）所示。在其中选择需要的保护级别，分别是：打开权限密码、修改权限密码和建议只读[①]，在"打开权限密码"文本框中输入一个密码，单击"确定"按钮，会弹出"确认密码"对话框，要求重复输入刚刚设置的密码，如图 3.8（b）所示。
- 重复输入密码后，单击"确定"按钮，返回"另存为"对话框，单击"保存"按钮完成操作。

打开被保护的工作簿的具体操作步骤如下：
- 在 Excel 工作窗口中选择"文件"→"打开"命令，弹出"打开"对话框。
- 在"文件名"文本框中输入文件的名字或者在文件列表框内选择要打开的文件，单击"打开"按钮。

———————

① 3 种保护级别可同时设置，也可选择其中的一个或两个。

● 系统会根据不同的设置，弹出不同的"密码"对话框，图 3.9（a）所示为打开一个设置了"打开权限密码"的文件时弹出的对话框，在其中输入正确的密码后，单击"确定"按钮，即可打开该文件。对于设置了"修改权限密码"的文件，需要输入"修改权限密码"才能以可读/写方式打开，如图 3.9（b）所示。

对于设置了"只读"方式的文件，在打开时弹出的对话框中单击"是"按钮作为只读文件打开，单击"否"按钮作为可读/写的文件打开，如图 3.10 所示。

（a）"常规选项"对话框	（b）"确认密码"对话框	（a）"密码"对话框 1	（b）"密码"对话框 2

图 3.8　设置打开权限密码　　　　　　图 3.9　"密码"对话框

b. 对工作簿工作表窗口的保护。如果不允许对工作簿中的工作表进行移动、删除、插入、隐藏、取消隐藏、重命名或禁止工作簿的窗口移动、缩放、隐藏/取消隐藏或关闭，可做如下设置：

依次选择"审阅"→"更改"→"保护工作簿"命令，将弹出"保护结构和窗口"对话框，如图 3.11 所示。

图 3.10　只读文件打开时弹出的对话框　　　图 3.11　"保护结构和窗口"对话框

选中"保护工作簿"选项区中的"结构"复选框，可以保护工作簿的结构，从而禁止对工作表进行删除、移动、隐藏/取消隐藏或重命名等操作，而且禁止插入新的工作表。

选中"保护工作簿"选项区中的"窗口"复选框，可以保护工作簿的窗口不被移动、缩放、隐藏/取消隐藏或关闭。

如果要防止他人取消工作簿保护，则在"密码"文本框中输入密码，单击"确定"按钮，在弹出的"确认密码"对话框中再次输入同一密码即可。

（4）在工作表中输入数据

① 输入数据的方法。在单元格中输入数据，首先需要选中单元格，然后再向其中输入数据，所输入的数据将会显示在数据编辑区和单元格中。在单元格中可以输入的内容包括文本、数字、日期和公式等，用户可以用以下 3 种方法在单元格中输入数据：

a. 选中单元格，直接在其中输入数据，按【Enter】键确认。

b. 选中单元格，然后在数据编辑区中单击，并在其中输入数据，然后单击数据编辑区左侧的 ✔ 按钮确认输入或按【Enter】键。

c. 双击单元格，单元格内显示了插入点光标，移动插入点光标，在特定的位置输入数据，此方法主要用于修改工作。

● 注意

如果要在按【Enter】键之前撤销输入，可按【Esc】键；如果要撤销已完成的输入，可单击功能区左上端的"撤销"按钮 ↻ 。

✕ ✓ ƒ 数据编辑区左侧的 3 个编辑按钮分别为 ✕：放弃所做的输入；✓：确认输入；fx：插入函数。

② 允许输入的数据类型。在中文版 Excel 2010 中可以在工作表中输入两类数据：一类是常量，即可以直接输入到单元格中的数据，它可以是数值（包括日期、时间、货币值、百分比、分数、科学记数）或文本，除非用户选中单元格并对该值进行编辑修改，否则其值不会改变；另一类是公式，公式总是以"="（等号）开头，由常数、单元格引用、函数和运算符组成①。当工作表中相关的单元格的值改变时，由公式生成的值也相应改变。先介绍输入常量的方法，公式的输入在后续的章节讲述。

a. 输入文本。在 Excel 2010 中，输入到单元格内的任何字符集，只要不被 Excel 解释成数字、公式、日期、时间、逻辑值，则一律被视为文本。默认状态下，单元格中文本的对齐方式为左对齐。

b. 输入数字。在中文版 Excel 2010 中输入的有效数字可以是数字符号（0～9）或特殊字符（+、–、$、¥、%等），默认情况下，Excel 将数字沿单元格右对齐。

- 输入普通数字：默认形式为常规表示法，如 38、112.67 等。
- 数字长度超过单元格宽度：自动转换成科学计数法，<整数或实数>E±<整数>，如输入 1234567891234，则显示为 1.23457E+12。
- 输入百分比数据：可以直接在数值后输入百分号"%"，如 50%。
- 输入负数：必须在数字前加一个负号"–"，或给数字加上圆括号，如–67、–（23.4）。
- 输入分数：分数的格式通常为"分子/分母"。如果要在单元格中输入分数，应先输入"0"和一个空格，然后输入分数值。如在单元格中要输入"2/5"，应在单元格内输入"0 2/5"，按【Enter】键确认后会得到"2/5"。

c. 输入日期和时间。在中文版 Excel 2010 中，当在单元格中输入系统可识别的时间和日期型数据时，会自动采取右对齐的方式，如果系统不能识别输入的日期或时间格式，则输入的内容将被视为文本，并在单元格中左对齐。

- 输入日期：用斜杠"/"或者"–"来分隔日期中的年、月、日部分。首先输入年份，然后输入数字 1～12 作为月，再输入数字 1～31 作为日，如"2018-07-01"。
- 输入时间：在 Excel 中输入时间时，可用冒号"："分开时间的时、分、秒。系统默认输入的时间是按 24 小时制的方式输入的，如"12:00:00"。

● 注意

- 在 Excel 中对于全部由数字组成的字符串，如邮政编码、电话号码、学号等，为了避免被认为是数字型数据，Excel 2010 要求在这些输入项前添加'（单引号），来区分是"数字字符串"，而非"数字"数据。
- 在 Excel 中，默认的单元格宽度是 8 个字符，如果输入的文字超过 8 个字符，且右边

---

① 例如，C1 单元格中公式为"=A1+B1"，如果 A1、B1 单元格中数值发生变化，则 C1 单元格中由公式得来的结果也会发生变化。

相邻的单元格为空时，则 Excel 将该内容延伸到右边单元格中并全部显示出来，如果右边相邻单元格已有内容，则超出列宽的内容被隐藏①，如图 3.12 所示。

- 当输入的数字长度超出单元格时，以"###……#"显示，只要将单元格加宽即可正常显示。Excel 中只保留 15 位有效数字，当数字长度超过 15 位时，多余的数字将被记为 0。

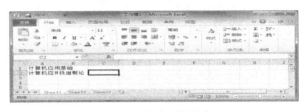

图 3.12　超出列宽隐藏

③ 输入数据序列。当要输入的某一行或某一列的数据为有规律的数据（如 1, 2, 3……或一、二、三……）或重复数据时，可以使用填充或自动填充功能快速输入数据。

a. 使用填充句柄自动填充。选中一个单元格，仔细观察后，会发现在单元格右下方有一个小黑方块，这就是填充柄，用鼠标拖动它可以进行自动填充。如果输入一组重复数据，则先在起始单元格中输入数据并选中该单元格，将鼠标指针指向填充柄（选中区域右下角的黑色小方块），指针变成黑色十字形状，按下鼠标左键向欲填充的方向（在列中为上下，在行中为左右）拖动，至满足需要的区域为止。

如果输入数据为有规律的序列，先选中要填充数据序列的区域中的第一个单元格并输入数据序列的初始值，然后选中该区域中的下一个单元格并输入数据序列的第二个数值，这两个值的差将决定数据序列的步长值。例如，依次在单元格 A1，A2 中输入 1 和 3 以确定初始值和步长值。将鼠标指针移到选中单元格区域右下角的填充柄上，待鼠标指针变成黑色十字形状 ＋ 时，按住鼠标左键并向下拖动，如图 3.13（a）所示。释放鼠标左键后 Excel 将在这个区域自动完成填充操作，结果如图 3.13（b）所示。

b. 使用对话框填充。选择"开始"→"编辑"→"填充"命令，弹出图 3.13（c）所示的下拉菜单。

在欲进行自动填充的起始单元格输入数据，并选中包括起始单元格在内的单元格区域（行或列）。如果输入一组重复数据，在菜单里选择"向下""向右""向上""向左"选项，则会将起始单元格的内容复制到"下面""右面""上面""左面"的单元格中。如果输入数据为序列，则选择菜单中的"序列"命令，弹出图 3.13（d）所示的"序列"对话框。在"序列"对话框里设置序列类型、步长、终值等。

（a）填充步骤 1　（b）填充步骤 2　（c）"填充"下拉菜单　（d）"序列"对话框

图 3.13　自动填充

---

① 如果不想内容被隐藏，可以双击列号间的分隔线，Excel 将会自动调整列宽，使该列中内容最多的文字都能显示。

📂 **提示**

因为在表格中填入数据时，常有如连续的月份、星期几、第几季度，或"甲、乙、丙、丁……"等形式，这些数据按一定的顺序排列得十分规则，故而 Excel 中已把它们定义成了一些序列，在"自动填充"时，这些序列会自动地填充到指定的单元格区域中。

除"星期"序列之外 Excel 还定义了哪些序列呢？选择"文件"选项卡下的"选项"命令，弹出"Excel 选项"对话框，如图 3.14 所示。单击左侧的"高级"选项，在"常规"栏目下单击"编辑自定义序列"按钮，弹出"自定义序列"对话框，如图 3.15 所示。

其实，也可以根据自己的需要，建立自己的"自定义序列"，如"部门 A、部门 B、部门 C、部门 D……"，方法如下：

① 打开"自定义序列"对话框。

② 在"自定义序列"列表框中单击"新序列"，再在"输入序列"列表框中输入新的序列，如"部门 A、部门 B、部门 C、部门 D……"。每输完序列中的一项，都要按一次【Enter】键。

③ 单击"添加"按钮，新序列就出现在"自定义序列"列表框中了。

④ 单击"确定"按钮。或者单击右下方的折叠按钮🔲，选中工作表中已定义的数据序列，单击"导入"按钮即可。

之后，只要在单元格输入序列中的某一项，如"部门 A"，则"部门 B、部门 C、部门 D……"等其他项目就可以用自动填充来输入。

图 3.14 "Excel 选项"对话框

图 3.15 "自定义序列"对话框

（5）编辑工作表

数据内容很多，输入过程中很容易出错，需要对工作表进行编辑修改。编辑修改中常用的操作如下：

① 区域选择。

a. 选单个单元格：单击单元格。

b. 连续选择：

● 单击所选区域一角单元格并拖动覆盖所选区域。

● 单击所选区域一角、按【F8】键（进入扩展选择）、单击所选区域另一对角（再按【F8】键结束扩展选择状态）。

● 单击工作表左上角的"全选"按钮，选择整个工作表。

● 单击行标或列标，选中某行或某列（在行标或列标上拖动可选连续多行或多列）。

c. 跳选（选择不连续的）单元格：【Ctrl】键+单击其他单元格。

② 修改、插入、删除数据。

a. 修改：双击单元格、移动光标至修改点，修改数据；或单击单元格，单击数据编辑区修改数据。

b. 插入行（列、单元格）：选择单元格，依次单击"开始"选项卡"单元格"组"插入"按钮，选择其下的"插入工作表行（列、单元格）"命令可进行行（列、单元格）的插入，选择单元格的行数或列数即是插入的行数或列数。

c. 删除行（列）、单元格内容：

● 选中行（列），依次单击"开始"选项卡"单元格"组"删除"按钮，选择其下的"删除工作表行（列）"命令，即可删除。

● 删除单元格：选中单元格，依次单击"开始"选项卡"单元格"组"删除"按钮，选择其下的"删除单元格…"命令，在"删除"对话框选择单元格删除（替补）方式。

d. 清除单元格内容：

● 选中单元格，依次单击"开始"选项卡下"编辑"组"清除"按钮，选择其下的"清除内容"命令，即可清除内容，保留单元格。

● 选中单元格，按【Del】键。

以上操作还可以通过右击所选内容，用弹出的快捷菜单实现。

③ 移动、复制数据。

a. 移动：选中单元格（区域），鼠标移至单元格（区域）的边框，指针由空心十字✛变成空心箭头✛，拖动到新位置。

b. 复制：选中单元格（区域），鼠标移至单元格（区域）的边框，指针由空心十字✛变成空心箭头✛，按住【Ctrl】键，拖动到新位置。

也可通过"复制（剪切）""粘贴"的方式完成不同单元格的数据复制（移动）。

（6）查找和替换

查找与替换是编辑表格过程中经常要执行的操作。使用"查找"命令，可以在工作表中迅速找到那些含有指定字符、文本、公式或批注的单元格；使用"替换"命令，可以在查找的同时自动进行替换，不仅可以用新的内容替换查找到的内容，还可以将查找到的内容替换为新的格式，从而大大提高了工作效率。

① 查找数据。按【Ctrl＋F】组合键，或在"开始"功能区的"编辑"组中单击"查找和选择"按钮，在弹出的列表中选择"查找"命令，系统弹出"查找和替换"对话框，如图 3.16 所示。在其中通过相应设置进行查找操作。

图 3.16　"查找和替换"对话框

"查找"选项卡包括以下选项和命令按钮：

- 选项：该按钮是开关按钮，单击它，对话框在简单查找与高级查找之间切换界面。在高级查找环境下，显示更多的查找控制项目。
- 格式：单击该按钮，弹出"设置单元格格式"对话框，用户可在其中设置查找内容的格式。
- 范围：有工作表和工作簿两种选择。工作表是指在当前的工作表中查找指定的数据；工作簿是指在当前工作簿的所有工作表中查找指定的数据。
- 查找范围：有公式、值和批注三种选择。公式是指对在公式编辑栏中显示的数据进行搜索，其与单元格中显示的数据不一定一致；值是指在单元格中显示的数据中进行搜索操作；批注是指在各个单元格的批注内容中进行搜索操作。
- 查找全部：按设定的条件查找满足条件的全部数据。若没有找到条件匹配项，则弹出相应的提示信息；若查找出满足条件的数据后，将其以链接的形式显示在窗口下部，在其中可以单击其他项选择其所指单元格为活动单元格。
- 查找下一个：按设定的条件查找满足条件的下一个单元格，查找到的数据单元格被自动选择为活动单元格状态；若没有满足条件的单元格，则提示"找不到正在搜索的数据"。

② 替换数据。替换是指用户用指定的数据替换原有的指定数据，既可以对想找的内容设置格式，也可以对替换的数据设置格式。打开"查找和替换"对话框，切换到"替换"选项卡，然后在"查找内容"编辑框中输入要查找的内容，在"替换为"编辑框中输入要替换为的内容。此时，若单击"替换"按钮，将逐一对查找到的内容进行替换；单击"全部替换"按钮，将替换所有符合条件的内容；单击"查找下一个"按钮，将跳过查找到的内容（不替换）。

（7）设置工作表格式

① 设置数据的字体、字号和字形。默认情况下，在单元格中输入数据时，字体为"宋体"、字号为"11"、颜色为黑色，字形为常规。为了使工作表中的某些数据醒目和突出，也为了使整个版面更为丰富，通常需要对不同的单元格设置不同的字体和字号。操作步骤为：首先选择单元格右击，在弹出的快捷菜单中选择"设置单元格格式"命令，在"字体"选项卡中设置字体、字号、字形、添加下画线等，也可以使用"字体"组中的"字体""字号"和"加粗""倾斜"等命令按钮设置。

② 设置报表标题居中。将报表标题放在整个表格上方的正中间，使表格看起来很规范，主要有两种方法：

a. 选中要合并的单元格区域，单击"开始"选项卡下的"对齐方式"组中的"合并后居中"按钮。

b. 使用"设置单元格格式"对话框。选中要合并的单元格区域，打开"设置单元格格式"对话框"对齐"选项卡，在"文本对齐方式"选项区中选择水平对齐为"居中"，选中"文本控制"中的"合并单元格"复选框，再单击"确定"按钮，就可以合并选中的单元格并且文字居中。

③ 套用表格格式。中文版 Excel 2010 内置了大量的工作表格式，这些格式组合了数字、字体、对齐方式、边框、图案、列宽和行高等属性，套用这些格式，既可以美化工作表，又可以大大提高用户的工作效率。

套用表格格式时，先选中需要套用格式的单元格区域，然后选择"开始"→"样式"→"套用表格格式"命令，在弹出的"套用表格格式"列表中单击所需格式图标（见图 3.17），所选格式就作用在选中区域上。

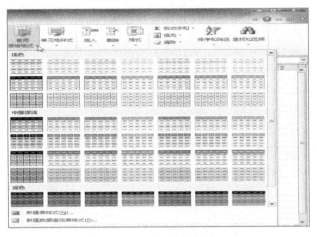

图 3.17　套用表格格式

3.1.3　完成任务

① 启动中文版 Excel 2010，建立新的空白工作簿，在工作表 Sheet1 中输入图 3.1 所示的数据。标题在 A1 单元格输入，编号数据只要输入第一个数据，其余使用填充柄向下拖动快速录入。

② 编辑修改数据，使之准确无误。

☞ **注意**

建表的过程中注意保存文件。使用"文件"选项卡下的"保存"或"另存为"命令将工作簿以"员工档案表"命名，保存在磁盘上。

③ 工作表的格式化。

a. 设置工作表标题格式为隶书、加粗、16 号。

● 选中标题所在单元格 A1。

● 打开"设置单元格格式"对话框，选择"字体"选项卡，如图 3.18 所示。

● 设置"字体"为隶书、"字形"为加粗、"字号"为 16，单击"确定"按钮，完成设置。

b. 设置报表标题居中。选中要合并的单元格区域 A1:K1，单击"开始"选项卡中的"合并后居中"按钮。

c. 套用表格格式。选中单元格区域 A2:K23，单击"开始"选项卡下"样式"组中"套用表格格式"按钮，在弹出的"套用表格格式"列表中

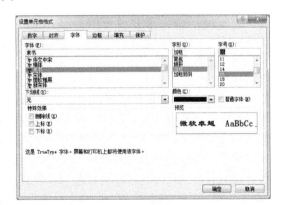

图 3.18　"字体"选项卡

选择"表样式中等深浅 6"表格格式，在弹出的对话框中单击"确定"按钮，最终效果如图 3.1 所示。

3.1.4 总结与提高

通过完成以上任务，学习了如何在 Excel 2010 中制作一个较为完善的工作表。

① 输入数据：在单元格中输入数据，首先需要选中单元格，然后再向其中输入数据，所输入的数据将会显示在数据编辑区和单元格中。在单元格中可以输入的内容包括文本、数字、日期和公式等。

② 编辑修改数据：在编辑工作表的过程中，常常需要进行删除和更改单元格中的内容，移动和复制单元格数据，插入和删除单元格、行和列等编辑操作，可以使用"开始"选项卡中的相应命令来完成，也可以用快捷菜单来完成。

③ 格式编排：单击"开始"选项卡中的"套用表格格式"按钮来快速设置格式，也可以用"设置单元格格式"对话框中的相关命令来设置。

3.1.5 思考与实践

① 简述 Excel 2010 窗口的主要组成部分。

② 简述保护工作簿的方法。

③ 调整"员工档案表"的结构，在"联系方式"右侧插入新列"家庭住址"，删除表中最后一行的员工信息，查找姓名为"潘启财"的员工，将其改为"潘启才"。为工作簿设置密码进行保护。

3.2 合同报表的编辑与美化

在财务的日常管理中，合同报表是一项重要的日常工作，应该美观易读。中文版 Excel 2010 为用户提供了丰富的格式编排功能，使用这些功能既可以使工作表的内容正确显示，便于阅读，又可以美化工作表，使其更加赏心悦目。

3.2.1 任务的提出

光明车站的小王负责统计工作，在 2017 年底对车站的各类合同进行了统计，部分原始报表看起来非常烦琐凌乱，如图 3.19 所示。对其进行编辑与美化，使其数据完整，形式美观，易于阅读，就是小王下一步的工作。美化后效果如图 3.20 所示。

图 3.19　合同报表的部分原始报表

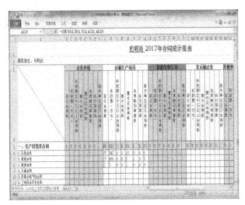

图 3.20　美化后的部分合同报表

我们的任务

帮助小王编辑美化图 3.19 所示的合同报表，要求如下：

① 使用公式计算合计、总计。

② 使用"设置单元格格式"对话框为表格设计格式，包括字体格式、对齐方式、边框和底纹等。

③ 调整行高和列宽，使表中内容都能正常显示。

1．分析任务

合同报表涉及公式的运算，那么首先要进行简单的公式运算，求出合计、总计数值；其次为让制作的工作表更加美观，应调整单元格字符的字体格式、对齐方式、数字格式，添加边框和底纹等，表格格式的设计应使用"设置单元格格式"对话框。

2．知识准备

（1）公式计算

在日常工作中，除了要在单元格中输入数据外，通常还需要在单元格中对数据进行统计计算，如求和、求平均值等。中文版 Excel 2010 提供了强大的数据计算功能，用户可以使用运算符和函数创建公式，Excel 将按公式自动进行计算，从而大大提高工作效率。

Excel 中的公式以"="号开头，由常数、单元格引用、函数和运算符组成。公式可以直接在单元格内输入，也可以在数据编辑区中输入。单元格引用可以是同一工作表中的其他单元格、同一工作簿不同工作表中的单元格或者其他工作簿的工作表中的单元格。在工作表中输入公式确认后，单元格中显示的是公式计算的结果，而在数据编辑区中显示输入的公式。

例如，选中需要输入公式的单元格，在 A1 单元格中输入公式=1+2，按【Enter】键或单击数据编辑区中的 ✓ 按钮，便在选中单元格中得出了计算结果，如图 3.21 所示。

图 3.21　公式计算

知识点：何谓引用

单元格的引用要用到标识单元格的编号（地址），单元格的引用依其地址（编码）随公式被复制到其他单元格时是否改变，分为相对引用、绝对引用或混合引用 3 种。

注意：公式内容的改变与否也同时决定关联的单元格内容是否变化。

相对引用：把公式复制或填充到新区域时，所引用的单元格（地址）随公式所在位置的改变而改变。单元格地址直接以行、列编号作为标识，如 A1、B12。

绝对引用：把公式复制或输入到新区域时，公式中的单元格地址保持不变。使用绝对引用，需在行号和列标前加"$"符号。例如，$A$1、$B$3。

混合引用：同时对行或列采用不同的引用方式（相对引用或绝对引用，如 A$1、$B3）。

引用同一工作簿不同工作表的数据，应在引用单元格地址前加工作表名和!，如 Sheet1!A1。

引用不同工作簿中的数据在前面加[工作簿名]工作表名!，如[成绩表]Sheet1!A1。

📖 **知识点：Excel 中可以使用的运算符**（见表 3.1）

表 3.1　Excel 中可以使用的运算符

优 先 次 序	类　　别	运　算　符
高 ↓ 低	引用运算	:　,　空格　—（负号）
	算术运算	+　—　*　/　%　^（幂）
	字符运算	&（连接）
	比较运算	=　<　>　<=　>=　<>

说明：

":"区域运算符，对两个引用之间包括两个引用在内的所有单元格进行引用，如 SUM(A1:A5)求的是 A1～A5 连续 5 个单元格的和。

","联合运算符，将多个引用合并为一个引用，如 SUM(A2,A5,A7)求的是 A2、A5、A7 这 3个单元格的和。

" "（空格）交叉运算符，表示几个单元格区域所重叠的那些单元格，如 SUM(B2:D3 C1:C3)求的是交叉部分 C2、C3 的和。

最常用的公式运算为"求和"运算，以对单元格 A1～A5 中的数字求和为例，在单元格 A1～A5 输入数据 1、2、3、4、5，使用公式计算的操作方法主要有三种：

① "自动求和"命令按钮。首先选中存放数据及求和结果的单元格 A1～A6，然后单击"开始"①或"公式"选项卡下的"自动求和"命令按钮 ，单元格 A6 中就会自动出现求和的公式，按【Enter】键确认后单元格中出现求和的结果，如图 3.22 所示。

 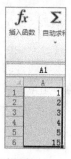

图 3.22　"求和"例题

----

① "自动求和"命令按钮在"开始"选项卡的"编辑"组中也有。

📖 **知识点："自动求和"命令按钮**

中文版 Excel 2010 中"自动求和"命令按钮除了自动求和，还可计算一组数据的平均值、统计个数、求最大值和最小值等，单击按钮下边的箭头即可选择其他功能，如图 3.23 所示。"自动求和"命令按钮既可以计算相邻的区域，也可以计算不相邻的数据区域；既可以一次进行一个公式计算，也可以一次进行多个公式计算。

多个公式自动计算：选中图 3.24（a）所示的 A1:D6 区域，单击"自动求和"命令按钮，结果如图 3.24（b）所示。

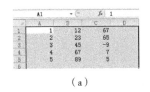

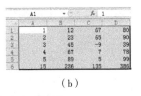

（a）　　　　　　　　　　　　（b）

图 3.23　"自动求和"命令列表　　　　　图 3.24　多个公式自动计算

② 插入函数。中文版 Excel 2010 中包含了各种各样的函数，如常用函数、财务函数、日期与时间函数、数学与三角函数、统计函数、查找与引用函数、数据库函数、文本函数、逻辑函数和信息函数等。用户可用这些函数对单元格区域进行计算，从而提高工作效率。函数作为预定义的内置公式，具有一定的语法格式。

中文版 Excel 2010 提供了大量的函数，同时也提供了"插入函数"按钮 _fx_ 来帮助用户创建或编辑函数。

插入函数，首先需要选中欲输入公式的单元格，然后单击数据编辑区中的"插入函数"按钮[①] _fx_，将弹出"插入函数"对话框，在"或选择类别"下拉列表中选择函数类型，在"选择函数"列表框中选择要使用的函数，如图 3.25（a）所示。也可以在上方的"搜索函数"栏中输入函数名称，单击"转到"按钮来搜索函数，在搜索到的列表框中选择所需函数。

单击"确定"按钮后，将弹出"函数参数"对话框，如图 3.25（b）所示。其中显示了函数的名称、函数功能、参数、参数的描述、函数的当前结果等。

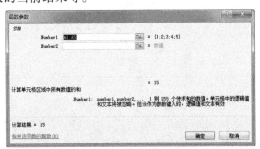

（a）"插入函数"对话框　　　　　　　　　（b）"函数参数"对话框

图 3.25　插入函数

---

① 插入函数还可以单击"公式"选项卡下的"插入函数"命令，弹出"插入函数"对话框。

可在参数文本框中直接输入单元格引用，或者用鼠标在工作表中选择数据区域①，单击"确定"按钮后，在选中单元格中显示出函数的计算结果。

📖 **知识点：常用函数**

SUM

语法：SUM（number1,number2,…）

功能：返回某一数据区域中所有数值之和。其中，number1，number2等参数可以是数值或含有数值的单元格引用，最多可含255个不同参数项目。

AVERAGE

语法：AVERAGE （number1,number2,…）

功能：计算参数的算术平均值。其中，number1、number2等参数可以是数值或含有数值的单元格引用。

MAX

语法：MAX（number1,number2,…）

功能：返回一组参数的最大值。

MIN

语法：MIN（number1,number2,…）

功能：返回一组参数的最小值。

③ 在单元格中直接输入公式。单击需输入公式的单元格 A6，输入公式内容"=A1+A2+A3+A4+A5"或者输入函数公式"=SUM(A1:A5)"，公式输入完毕，按【Enter】键确定，则 A6 中会出现运算结果"15"。

📖 **知识点：公式的移动与复制**

在 Excel 2010 中还可以移动和复制公式，当移动公式时，公式内的单元格引用不会更改；而当复制公式时，单元格引用将根据所引用类型而变化。

复制公式时，首先选中要复制公式的单元格，用鼠标指向单元格右下角的填充柄，拖动将公式复制到相邻单元格中，如图 3.26 所示。

 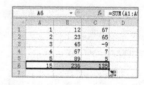

图 3.26 公式复制

（2）单元格格式设置

在 Excel 2010 中输入内容之后，往往要对它进行美化操作，如更改字体、字号、字符的颜色，添加边框和底纹，设置对齐方式等。要完成这些操作，可以利用功能区中相应的工具按钮，或在"设置单元格格式"对话框中进行设置。按【Ctrl+1】组合键，或在"开始"功能区的"字体"、

---

① 首先用鼠标单击参数文本框后的 按钮，进入工作表编辑区，用鼠标拖动选中函数所需的单元格区域，再单击"函数参数"对话框中的 按钮。

"对齐方式"或"数字"组中单击扩展按钮 ，或在活动单元格上右击，在弹出的快捷菜单中选择"设置单元格格式"命令，均可打开"设置单元格格式"对话框。该对话框包含以下 6 个选项卡：

- "数字"选项卡：设置单元格中数据的类型。
- "对齐"选项卡：可以对选中单元格或单元格区域中的文本和数字进行定位、更改方向并指定文本控制功能。
- "字体"选项卡：可以设置选中单元格或单元格区域中文字的字符格式，包括字体、字号、字形、下画线、颜色和特殊效果等选项。
- "边框"选项卡：可以为选定单元格或单元格区域添加边框，还可以设置边框的线条样式、线条粗细和线条颜色。
- "填充"选项卡：为选定的单元格或单元格区域设置背景色，其中使用"图案颜色"和"图案样式"选项可以对单元格背景应用双色图案或底纹，使用"填充效果"选项可以对单元格的背景应用渐变填充。
- "保护"选项卡：用来保护工作表数据和公式的设置。

① 设置字体格式。字体格式的设置在第 3.1 节已经有详细介绍，这里不再赘述。

② 设置数字格式。在中文版 Excel 2010 中，数字的格式包括常规格式、货币格式、日期格式、百分比格式、文本格式及会计专用格式等。用户通过"设置单元格格式"对话框中的"数字"选项卡进行各类数字格式的相关设置，如图 3.27（a）所示。用户还可以通过"数字"组中的按钮设置数字格式命令快速格式化数字，如图 3.27（b）所示。

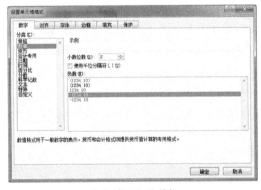

（a）"数字"选项卡　　　　（b）"数字"组

图 3.27　数字格式

"数字"组中的按钮的数字格式功能如下：

- "货币样式"按钮 ：单击该按钮，可在选中区域的数字前加上货币符号"￥""£"等。例如，使 1234.56 显示为￥1,234.56，如图 3.28 所示。

图 3.28　"数字格式"例题

- "百分比样式"按钮 ：单击该按钮，可将数字转换为百分数格式，即把原数乘以 100，然后在结尾处加上百分号。例如，使 1234.56 显示为 123456%
- "千位分隔样式"按钮 ：单击该按钮，可使数字从小数点向左每 3 位之间用逗号分隔。

例如，使 1234.56 显示为 l,234.56。

- "增加小数位数"按钮 ⁺.₀₈：每单击一次该按钮，可使选中区域中的数字的小数位数增加一位。例如，使 1234.56 显示为 1234.560。
- "减少小数位数"按钮 ₀₈⁻：每单击一次该按钮，可使选中区域中的数字的小数位数减少一位。例如，使 1234.56 显示为 1234.6。

③ 设置对齐方式。在输入数据过程中可以看到，文本型数据自动靠左对齐，数值型数据自动靠右对齐。要改变这种自动对齐方式，可使用"设置单元格格式"对话框，通过"对齐"选项卡设置，也可以使用"开始"选项卡下的"对齐方式"组中的对齐命令，如 ≣（左对齐）、≣（居中）、≣（右对齐）。

在"设置单元格格式"对话框的"对齐"选项卡中有如下选项：

a．水平对齐方式。单元格的水平对齐方式有常规、靠左、居中、靠右、填充、两端对齐、跨列居中和分散对齐 8 种样式。

b．垂直对齐方式.单元格的垂直对齐方式有靠上、居中、靠下、两端对齐和分散对齐 5 种。

c．文本控制。单元格的文本控制有自动换行、缩小字体填充和合并单元格 3 种方式。

- 自动换行：当输入的数据超过单元格的宽度时自动将超过部分换到下一行显示，不需人为控制。
- 缩小字体填充：当输入的数据超过单元格的宽度时，Excel 系统自动缩小数据的大小，将数据全部显示在单元格之中。
- 合并单元格：将选中的相邻单元格区域进行合并或对合并的单元格区域取消合并。

d．方向。用以控制所选单元格中的文本方向。通过单击对话框中的"方向"栏目左侧的"竖排文本"预览框设置竖排方向；拖动方向指针或在角度编辑框中输入角度值改变文本的水平方向，如图 3.29 所示。默认情况下，文本水平显示（即倾斜角度为"0 度"）。

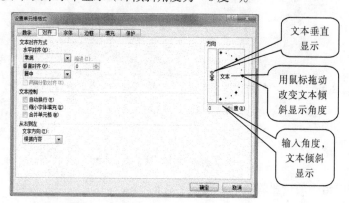

图 3.29　控制文字方向

④ 设置表格边框。工作表上的单元格之间的浅色线称为网格线，默认情况下是不打印网格线的，并且网格线是作用于工作表整体，不能单对某一块区域设置。为了使表格更美观，可以给表格加上自定义边框线。在中文版 Excel 2010 中，可以使用"开始"选项卡下"字体"组中的"边框"按钮或者打开"设置单元格格式"对话框，选择"边框"选项卡来设置单元格的边框。

a. 使用"设置单元格格式"对话框添加边框，步骤如下：

● 选中要添加边框的单元格区域。

● 打开"设置单元格格式"对话框，选择"边框"选项卡，如图 3.30（a）所示。

在"边框"选项卡中，在"线条"选项区的"样式"列表中选择线条形状，"颜色"列表中选择线条颜色，单击"预置"选项区中的"外边框"或"内部"按钮，边框将应用于单元格的外边界或内部。要添加或删除某边框，可单击"边框"选项区中相应的边框按钮，然后在预览框中查看边框应用效果。要删除所选单元格的边框，可单击"预置"选项区中的"无"选项。若要在选中单元格中添加一条斜线，则在"边框"选项区中单击图 3.30（a）所示的对角线或按钮。

● 单击"确定"按钮。

b. 使用"边框"按钮添加边框，步骤如下：

● 选中要添加边框的单元格区域。

● 单击"边框"右侧的下拉按钮，在下拉列表中选择所需框线，如图 3.30（b）所示。

（a）"边框"选项卡　　　　　　　　　（b）"边框"下拉列表

图 3.30　边框设置

⑤ 设置底纹。用户不仅可以改变文字的颜色，还可以改变单元格的颜色，给单元格添加底纹效果，以突出显示或美化部分单元格。给单元格添加底纹，既可以使用"开始"选项卡下的"字体"组中的"填充颜色"按钮来进行设置，也可以使用"设置单元格格式"对话框中的"填充"选项卡给单元格加上不同颜色或图案的底纹。

a. 使用"填充颜色"按钮设置单元格底纹，步骤如下：

● 选中要添加底纹的单元格区域。

● 单击右侧的下拉按钮，在弹出的调色板中选择合适的颜色，如图 3.31（a）所示。

使用这种方法设置单元格底纹，操作简单方便，但也有其不足之处，即只能为单元格填充单一的颜色，而不能进行填充图案等更丰富的设置。若要进行更多的设置，可使用对话框来给单元格添加底纹。

b.使用"设置单元格格式"对话框为单元格添加底纹，步骤如下：

● 选中要添加底纹的单元格区域。

● 打开"设置单元格格式"对话框，单击"填充"选项卡，在"背景色"列表中选择一种颜色可以为单元格填充单一的颜色，在"图案颜色"及"图案样式"下拉列表中选择合适的图案样式及颜色，可以为单元格填充图案底纹①，在"示例"选项区中可以预览所选底纹的效果，单击"确定"按钮，如图3.31（b）所示。

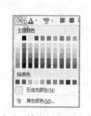

（a）"填充颜色"命令　　　　　（b）"填充"选项卡

图3.31　添加底纹

（3）调整行高、列宽

Excel设置了默认的行高和列宽，但有时默认值并不能满足实际工作的需要，因此就需要对行高和列宽进行适当的调整。

① 使用鼠标改变行高。若要改变一行的高度，则可将鼠标指针指向行号间的分隔线，按住鼠标左键并拖动。例如，要改变第2行的高度，可将鼠标指针指向行号2和行号3之间的分隔线，这时鼠标指针变成了双向箭头形状 ╪，按住鼠标左键并向上或向下拖动，在屏幕提示框中将显示出行的高度，将行高调整到适合的高度后，释放鼠标左键即可。

🖰 技巧

双击行号间的分隔线，Excel将会自动调整行高以适应该行中最大的字体。

② 精确改变行高。

a.选中要改变行高的行。

b.选择"开始"选项卡下"单元格"组中的"格式"按钮，在下拉列表中选择"行高"或右击从弹出的快捷菜单中选择"行高"命令，在弹出的"行高"对话框中输入一个数值，如图3.32所示。

图3.32　"行高"对话框

c.单击"确定"按钮。

改变列宽与改变行高的操作方法类似：拖动列标间的分隔线即可。例如，要改变H列的宽度，可用鼠标拖动H列和I列之间的列标分隔线，拖动鼠标时，在屏幕提示框中将显示出列的宽度值，将列宽调整至合适的宽度后，释放鼠标左键即可。

用户也可以使用"列宽"对话框来调整列宽，其方法同调整行高的方法类似，此处不再赘述。

---

① 还可添加"填充效果"底纹。

3.2.3　完成任务

（1）打开工作簿

启动中文版 Excel 2010，打开"合同报表"工作簿，如图 3.19 所示。

（2）设置工作表格式

① 文字方向及对齐方式。先将单元格 A1:AW1 合并后居中，副标题 A2:AW2 合并后居中；将第 4 行的文字均调整为竖排方向；第 3、4 行均为水平居中、垂直居中；其余单元格水平左对齐、垂直居中。

② 调整行高和列宽。第 1 行行高设置为 36，第 2 行、第 22 行行高设置为 22，其余行高、列宽设为自动调整。

③ 公式计算及数据格式。第 46 行合计求出各类合同数的总和，如 B46=SUM(B5,B15,B22,B28,B32,B38,B44,B45)。

AP 到 AW 列用来求各类单位不同类别合同数的总和，如 AP6=SUM(B6,J6,R6,Z6,AH6)，AP5=SUM(AP6:AP14)。

求和后的单元格数据设置为"数值型，保留小数位后 1 位"。

④ 字体格式。标题行字体设置为"华文中宋"、字号 18，其中"光明站"加单下画线；小标题单元格设置为字体"宋体"、字号 12、加粗（第 3 行、A5、A15、A22、A28、A32、A38、A44、A45、A46、47 行～54 行等单元格）；A56 设置为字体"黑体"、字号 16；其余单元格为宋体，字号 10。

⑤ 设置底纹。选中"企业本级""控股合资公司""其他单位（建设指挥部）"列的单元格，单击 🖌 右侧下拉按钮，选择"其他颜色"命令，弹出"颜色"对话框，为选中单元格填充自定义颜色（255，204，153），第 5、15、22、28、32、38、46 行与上述单元格背景色相同；选中单元格 R3，设置底纹颜色为"橙色，强调文字颜色 6，深色 25%"；选中单元格 A57，在"设置单元格格式"对话框的"填充"选项卡中，在"图案颜色"及"图案样式"下拉列表中选择"红色""6.25%灰色"，为单元格填充图案底纹。

⑥ 设置边框。选中单元格区域 A3:AW46，单击"边框"右侧下拉按钮，在下拉列表中选择"所有框线"命令；"设置单元格格式"对话框的"边框"选项卡，设置单元格 A57 外边框线条样式为粗实线，颜色为"深蓝，文字 2"；在单元格 A3 中画一条斜线。最终效果如图 3.20 所示。

3.2.4　总结与提高

本节首先介绍了简单求和公式的 3 种计算方法："自动求和"按钮、插入函数、直接输入公式；其次，学习了设置工作表格式的多种方法。除了用"自动套用格式"来设置格式，本节还学习了用"设置单元格格式"对话框设计表格格式，包括"字体"选项卡中设置字体、字形、字号、颜色，"数字"选项卡中设置数据类型及其格式，"对齐"选项卡中设置水平对齐方式及垂直对齐方式、改变文字方向，在"边框"及"填充"选项卡中设置边框及底纹等；对于简单格式的设置，还可以使用"开始"选项卡中"字体"组、"对齐"组、"数字"组中相应的命令按钮来完成。

3.2.5 思考与实践

① 建立图 3.33 所示的工作表，将 A1:E1 单元格合并为一个单元格，内容水平居中；计算"全年平均值"行、"月最高值"列的内容（数值型，保留小数点后两位）。

② 建立图 3.34 所示的工作表，设置 A2:E6 区域"对齐"为水平居中和垂直居中，背景设置为黄色（255，255，102），所有边框设置为双线样式、颜色为蓝色，将"单价"和"总销售额"列的数据设置为数值型，1 位小数。

图 3.33 ①工作表

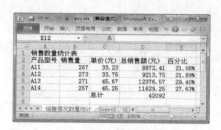

图 3.34 ②工作表

3.3 编制工作量台账

编制工作量统计台账，可以对单位员工的工作量进行统计和查看，从而为员工工资的计算提供良好的依据。使用 Excel 这个制作电子表格的好帮手，编制工作量台账事半功倍。

3.3.1 任务的提出

车站领导又给小王分配了一个任务，统计车站流动调车组每月的工作量，编制工作量台账。他应用 Excel 做出了图 3.35 所示的工作量台账。将各班组的日常工作量记载得一清二楚，既便于日常查阅分析数据，又为月底、年底的汇总统计准备了基础材料。

📖 我们的任务

下面来学习设计图 3.35 所示的工作量台账。要求如下：

① 套用内置的"标题 1"单元格样式，用于表格标题单元格 A1、G1、M1。

② 定义新样式"小标题"，包括"对齐"为水平居中和垂直居中，"字体"为宋体 12、加粗，"边框"为左右上下边框，设置单元格 B3:E3、H3:K3、N3:Q3 为"小标题"样式。

③ 在"办理车站""钩数""辆数"列分别使用"突出显示单元格规则""数据条""色阶"设置条件格式。

④ 添加批注，说明一班、二班、三班的组成人员。

⑤ 插入新工作表，记录 2 月～12 月的工作量台账。

⑥ 对 1 月的工作表进行页面设置，打印 1 月工作量台账。

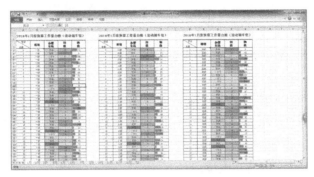

图 3.35　工作量台账报表

3.3.2　分析任务与知识准备

1. 分析任务

在工作表"工作量台账"里，具有多个格式类似的工作量报表，如一班、二班、三班的表格内容差不多，格式上也不应有太大差别，可以考虑创建一种样式应用于三个表格上，提高格式设置的效率；为了直观地查看和分析数据、发现关键问题，为单元格区域添加条件格式；需要重点说明的单元格添加批注；最后对工作表进行页面设置，打印预览查看打印效果。

2. 知识准备

（1）样式

单元格样式是一组格式选项的集合，如字体和字号格式、数字格式、单元格边框和单元格底纹格式。如果需要经常使用相同的格式选项设置工作表中的单元格，可以使用单元格样式来设置，提高格式设置的效率。Excel 为用户预定义了一些内置的单元格样式，共有 5 种类型：好、差和适中，数据和模型，标题，主题单元格样式和数字格式。单击"开始"选项卡上"样式"组中的"单元格样式"按钮，在展开的单元格样式列表中即可看到这 5 种类型，如图 3.36 所示。

用户还可以自定义样式，它可与工作簿一起保存。在创建新的格式样式或修改现有格式样式后，就可以在工作簿的任意工作表中使用该样式，也可以将该样式复制到其他打开的工作簿中。

① 自定义单元格样式。

a. 选择"开始"选项卡下"样式"命令组，单击"单元格样式"命令，选择"新建单元格样式"，弹出"样式"对话框，如图 3.37 所示。

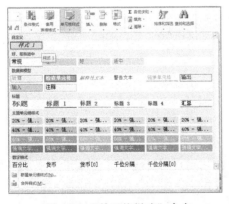

图 3.36　"单元格样式"命令

图 3.37　"样式"对话框

b. 在"样式名"文本框内输入新建样式的名称。

c. 单击"格式"按钮，弹出"设置单元格格式"对话框。

d. 利用"设置单元格格式"对话框中的数字、对齐、字体、边框、填充、保护等选项卡对该种样式的各项具体格式进行适当调整。

e. 连续单击两次"确定"按钮，关闭所有对话框。这样就完成了新增指定样式具体内容的步骤，此后就可以利用这些新增样式快速定义 Excel 工作簿的格式。

② 应用已有样式快速定义单元格格式。

a. 选中需要定义格式的单元格区域。

b. 选择"开始"选项卡下"样式"命令组，单击"单元格样式"命令（见图 3.36）。从中选择合适的"样式"种类，可以是内置的系统样式，也可以是用户自定义样式。

c. 选中区域的格式就会按照用户指定的样式发生变化，从而满足了用户快速、大批定义格式的要求。

📋 **拓展：从其他工作簿中复制样式**

除可对已有的样式进行修改及自定义所需的样式之外，Excel 还允许用户将某个工作簿所包含的样式拷贝到其他工作簿中使用，以进一步扩大样式的使用范围，具体步骤如下：

打开包含需要复制样式的源工作簿及目标工作簿。在目标工作簿中选择"开始"选项卡下"样式"命令组，单击"单元格样式"命令，选择"合并样式"命令，弹出图 3.38 所示的"合并样式"对话框。

在"合并样式来源"框中选择包含的要复制样式的源工作簿并单击"确定"按钮，源工作簿中所包含的一切样式就会拷贝到目标工作簿中（对于同名的样式，系统将会在"合并样式"对话框要求用户选择是否覆盖），然后就可以在目标工作簿中直接加以使用，从而免去了重复定义之苦。

从上面的介绍中可以看出，利用 Excel 的样式功能快速定义工作簿的格式是非常方便的，用户应充分加以利用。

图 3.38 "合并样式"对话框

（2）条件格式

条件格式是指如果选中的单元格满足了特定的条件，那么 Excel 将底纹、字体、颜色等格式应用到该单元格中。一般在需要突出显示公式的计算结果或者要监视单元格的值时应用条件格式。使用条件格式可以帮助用户直观地查看和分析数据、发现关键问题，以及识别模式和趋势。若想为单元格或单元格区域添加条件格式，首先选定要添加条件格式的单元格或单元格区域，然后单击"开始"选项卡上"样式"组中的"条件格式"按钮，在展开的列表中列出了 5 种条件规则，选择某个规则，在打开的对话框中进行相应的设置并确定，即可快速对所选区域格式化。

① 突出显示单元格规则。突出显示所选单元格区域中符合特定条件的单元格。该规则可以对包含文本、数字或日期/时间值的单元格设置格式，或者为重复（唯一）值的数值设置格式。

下面以工作簿"成绩表"为例来说明如何设置突出显示单元格规则的条件格式：设置"物理"成绩在 70～80 之间用红色，并倾斜显示；超过 90 的分数用蓝色，并加粗显示，具体操作步骤如下：

a. 选中要设置条件格式的单元格区域 G3:G23，如图 3.39（a）所示。

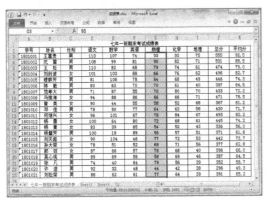
（a）选择数据

（b）"条件格式"下拉列表

图 3.39　条件格式设置 1

b. 单击"开始"选项卡下"样式"组中"条件格式"按钮，将弹出"条件格式"下拉列表，如图 3.39（b）所示。在"突出显示单元格规则"选项区中选择"介于"选项，在两个文本框中依次输入 70、80，如图 3.40 所示。

c. 在"设置为"下拉列表中选择"自定义格式"，将弹出"设置单元格格式"对话框，在"字形"列表框中选择"倾斜"选项，在"颜色"调色板中选择红色，如图 3.41 所示。

d. 单击"确定"按钮，若要再加入一个条件，再次单击"开始"选项卡"样式"组中"条件格式"按钮，设置"条件 2"为"大于""90"，如图 3.42 所示。

图 3.40　"介于"对话框

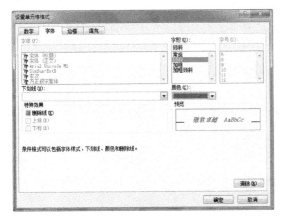

图 3.41　条件格式设置 2

图 3.42　"大于"对话框

e. 在"设置为"列表框中选择"自定义格式"，在弹出的"设置单元格格式"对话框中"字形"列表框中选择"加粗"选项，在"颜色"调色板中选择蓝色。

f. 依次单击"确定"按钮，返回工作表，效果如图 3.43 所示。

② 项目选取规则。该规则可以帮助用户识别所选单元格区域中最大或最小的百分数或数字所指定的单元格，或者指定大于或小于平均值的单元格。

仍以成绩表为例，为"平均分"列设置条件格式，将平均分为前 5 名的单元格设置为"红色文本"。选定要设置规则的单元格区域，在"条件格式"列表中选择"项目选取规则"中的"值最大的 10 项"，在弹出的对话框中进行设置（见图 3.44），确定即可。

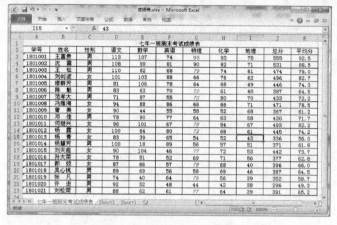

图 3.43　条件格式设置后效果　　　　　　图 3.44　项目选取规则的设置

③ 数据条。使用数据条来标识各单元格中相对其他单元格的数据值的大小。数据条的长度代表单元格中值的大小。数据条越长，表示值越高，数据条越短，表示值越低。在观察大量数据中的较高值和较低值时，数据条尤其有用。

④ 色阶。色阶是用颜色的深浅或刻度来表示值的高低。其中，双色色阶使用两种颜色的渐变来帮助比较单元格区域。三色色阶使用 3 种颜色的深浅程度来比较某个区域的单元格。颜色的深浅表示值的高、中、低。例如，在绿色、黄色和红色的三色色阶中，可以指定较高值单元格的颜色为绿色，中间值单元格的颜色为黄色，而较低值单元格的颜色为红色。

⑤ 图标集。使用图标集可以对数据进行注释，并可以按阈值将数据分为三到五个类别，每个图标代表一个值的范围。

仍以成绩表为例，设置"语文"列以"红色数据条"显示分数的大小，"数学"列以"红-白色阶"显示分数的高低，"英语"列以"四色交通灯"显示分数的范围，效果如图 3.45 所示。

图 3.45　设置数据条、色阶、图标集后的效果

⑥ 更改、删除条件格式。对于已经存在的条件格式，可以对其进行修改或删除。选中要更改或删除条件格式的单元格区域。选择"开始"选项卡下"样式"组中的"条件格式"按钮，选择下方的"管理规则"命令，将弹出"条件格式规则管理器"对话框，在要删除的条件后选中"如果为真则停止"复选框，单击"删除规则"按钮，如图 3.46 所示。单击"确定"按钮，返回工作表，则选中条件被删除[①]；要修改条件格式，则单击"编辑规则"按钮修改条件格式。

（3）插入"批注"

在中文版 Excel 2010 中，用户还可以为工作表中某些单元格添加批注，用以说明该单元格中数据的含义或强调某些信息。当单元格附有批注时，该单元格的右上角将出现红色标记。当将鼠标指针停留在该单元格上时，将显示批注。

在工作表中插入批注，首先选中需要添加批注的单元格，然后单击"审阅"选项卡，选择"插入批注"命令，或者在此单元格右击，在弹出的快捷菜单中选择"插入批注"命令，此时在该单元格的旁边弹出一个批注框，在其中输入批注内容，如图 3.47 所示。输入完成后，单击批注框外的任意工作表区域，此时批注框自动隐藏。

图 3.46　条件格式规则管理器

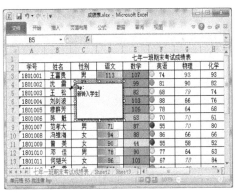

图 3.47　插入批注

右击带有批注的单元格，可以从弹出的快捷菜单中选择"编辑批注""删除批注""显示（隐藏）批注"等命令。

（4）插入、删除、重命名工作表

工作表是由多个单元格构成的，在利用 Excel 进行数据处理的过程中，对于单元格的操作是最常使用的，但是很多情况下也需要对工作表进行操作，如工作表的插入、删除、重命名、隐藏和显示等。

① 插入新工作表。在首次创建一个新工作簿时，默认情况下，该工作簿包括 3 个工作表，但是在实际应用中，所需的工作表数目可能各不相同，有时需要向工作簿中添加工作表，首先选中当前工作表（新的工作表将插入在该工作表的前面），将鼠标指向该工作表标签并右击，在弹出的快捷菜单中选择"插入"命令，如图 3.48（a）所示。在弹出的"插入"对话框中选择需要的模板，如图 3.48（b）所示。单击"确定"按钮，即可根据所选模板新建一个工作表。

---

① 在"条件格式"下拉列表中选择"清除规则"命令，选择"清除所选单元格的规则"命令，可清除选定单元格或单元格区域内的条件格式；选择"清除整个工作表的规则"命令，则可以清除整个工作表的条件格式。

（a）工作表快捷菜单

（b）"插入"对话框

图 3.48　插入工作表

另外，还可以在选中当前工作表后，选择"开始"选项卡中的"单元格"组，选择"插入"下拉列表中的"插入工作表"命令，即可在选中工作表的前面插入新的工作表；或者利用最后一个工作表标签右侧的"插入工作表"按钮 　　，在工作表的末尾插入工作表。

② 删除工作表。有时需要从工作簿中删除不需要的工作表，删除工作表与插入工作表的方法一样，只不过选择的命令不同而已。

删除工作表时，首先单击工作表标签，使要删除的工作表成为当前工作表，接着选择"开始"选项卡下的"单元格"组，选择"删除"下拉列表中的"删除工作表"命令，此时当前工作表被删除，同时和它相邻的后面的工作表成为当前工作表。

另外，用户也可以在要删除的工作表的标签上右击，在弹出的快捷菜单中选择"删除"命令，来删除工作表。

在用户删除有数据的工作表前，系统会询问用户是否确定要删除，并告知用户一旦删除将不能恢复，如图 3.49 所示。如果确认删除，则单击"删除"按钮；如果不想删除，则单击"取消"按钮。

③ 重命名工作表。中文版 Excel 2010 在创建一个新的工作簿时，它所有的工作表都是以Sheet1、Sheet2……来命名的，很不方便记忆和进行有效的管理。用户可以根据需要更改这些工作表的名称。例如，将七年级 4 个班级的学生成绩表工作表分别命名为"七年一班""七年二班""七年三班""七年四班"以符合一般的工作习惯。要更改工作表的名称，只需双击要更改名称的工作表标签，这时可以看到工作表标签以高亮度显示，在其中输入新的名称并按【Enter】键即可。也可以使用菜单命令重命名工作表，单击要更改名称的工作表的标签，使其成为当前工作表。选择"开始"选项卡下的"单元格"组，选择"格式"下拉列表中的"重命名工作表"命令，此时选中的工作表标签呈高亮度显示，即处于编辑状态，在其中输入新的工作表名称。在该标签以外的任何位置单击或者按【Enter】键结束重命名工作表的操作，重命名后的工作表标签如图 3.50所示。

图 3.49　删除工作表的提示

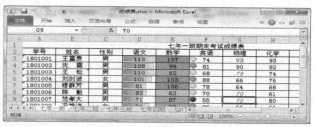

图 3.50　重命名工作表

（5）工作表的页面设置和超链接

通常在完成对工作表数据的输入和编辑后，就可以将其打印输出了，还可以在工作表中建立超链接。为了使打印出的工作表准确和清晰，往往要在打印之前做一些准备工作，如页面设置、页眉和页脚的设置等。下面分别进行介绍。

① 页面布局。对工作表进行页面布局，可以控制打印出的工作表的版面。页面布局是利用"页面布局"选项卡内的组完成的，包括设置页面、页边距、页眉/页脚和工作表。

a. 设置页面。单击"页面布局"选项卡下"页面设置"组右下角的小按钮，在弹出的"页面设置"对话框中可以进行页面的打印方向、缩放比例、纸张大小及打印质量的设置，如图 3.51 所示。也可以用"页面布局"选项卡下的"页面设置"组中的相应命令。

☛ 注意

"纵向"和"横向"是相对纸张而言，并不是对打印内容的设置。

b. 设置页边距。在"页面设置"对话框中单击"页边距"选项卡，即可进行页边距的设置，如图 3.52 所示。页边距包括上、下、左、右、页眉、页脚边距，其中页眉、页脚边距必须小于上、下页边距。另外，在该选项卡中还可以设置打印表格的居中方式。

　　　　图 3.51　"页面设置"对话框 1

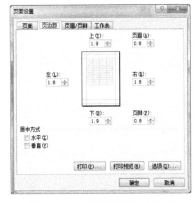
　　　　图 3.52　"页面设置"对话框 2

② 设置页眉和页脚。页眉就是在文档上端添加的附加信息，页脚就是在文档底端添加的附加信息。

添加页眉和页脚时，既可以添加系统默认的页眉和页脚，也可以添加用户自定义的页眉和页脚。

a. 添加系统默认的页眉和页脚。在"页面设置"对话框中单击"页眉/页脚"选项卡，分别在"页眉"和"页脚"下拉列表中选择所需的页眉和页脚，如图 3.53 所示。然后单击"打印预览"按钮，效果如图 3.54 所示。

b. 添加自定义页眉和页脚。若对系统默认的页眉和页脚不满意，用户可以自定义页眉和页脚。

● 选择要添加页眉和页脚的工作表。

● 打开"页面设置"对话框，在"页眉/页脚"选项卡中单击"自定义页眉"按钮。

● 在弹出的"页眉"对话框的左、中、右文本区中单击上方"日期"🖼、"页码"🖼或"时间"🖼等按钮输入页眉内容[①]，如图 3.55 所示。

────────────

① 也可自行输入所需内容。

- 单击"确定"按钮,返回"页面设置"对话框,这时在"页眉"下拉列表框中会出现自定义的页眉,如图 3.56 所示。

图 3.53 "页眉/页脚"选项卡

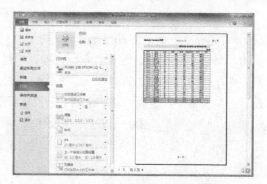

图 3.54 打印及打印预览

图 3.55 自定义页眉

图 3.56 自定义格式的页眉

- 用同样的方法添加自定义的页脚。
- 单击"页面设置"对话框中的"打印预览"按钮,查看效果。

c. 设置文字格式。添加自定义页眉和页脚时,用户还可以设置页眉和页脚的文字格式,包括字体、字形、大小、下画线和特殊效果等。

设置页眉和页脚文字格式,在"页眉"对话框或"页脚"对话框的文本区中输入页眉内容后,单击"字体"按钮[A]。在弹出的"字体"对话框的"字体"列表框中对字体、字形、字号大小等进行设置,如图 3.57 所示。依次单击"确定"按钮,返回"页面设置"对话框,在"页眉"下拉列表框中会显示自定义格式的页眉。

③ 工作表的超链接。工作表中的超链接包括超链接和数据链接两种:超链接可以是从一个工作簿快速跳转到另一个工作簿或文件,超链接可以建立在单元格的文本或图形上;数据链接是使得数据发生关联,当一个数据发生变化,与之相关联的数据也会发生改变。

a. 建立超链接。

- 在"成绩表"中选中要建立超链接的单元格 B3。
- 右击,选择"超链接"命令,弹出"插入超链接"对话框,如图 3.58 所示。
- 在"链接到"栏内,选择"本文档中的位置"(选择"现有文件或网页"可链接到其他工作簿或网页内),在右侧的"请键入单元格引用"文本框中输入要引用的单元格地址(如 A1),在"或在此文档中选择一个位置"框中选择"七年三班"。这样 B1 单元格就建立了超链接,鼠标指向 B1 时,会变成手形图标,单击跳转到"七年三班"A1 单元格。

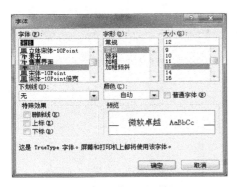

图 3.57　"字体"对话框

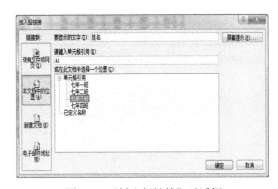

图 3.58　"插入超链接"对话框

b．建立数据链接。

● 在"成绩表"中选中单元格 H3。

● 在"开始"选项卡中的"剪贴板"组中单击"复制"按钮。

● 在 M3 单元格中粘贴数据：选中 M3 右击，在弹出的快捷菜单的"粘贴"选项中选择 "粘贴链接"命令，则当原单元格 H3 发生变化后，粘贴后的单元格 M3 也会相应变化。

（6）打印工作簿

① 打印预览。通过打印预览，用户可以预览所设置的打印选项的实际打印效果，对打印选项进行最后的修改和调整。图 3.54 所示为中文版 Excel 2010 的打印预览窗口。

实现打印预览，可以用"页面设置"对话框中的"打印预览"按钮或"文件"选项卡的"打印"命令来实现。

② 打印工作簿。确认工作表的内容和格式正确无误，以及各项设置都满意，就可以开始打印工作表了。首先在图 3.54 所示的打印预览界面中，在"份数"编辑框中输入要打印的份数，在"打印机"下拉列表中选择要使用的打印机，在"设置"下拉列表中选择要打印的内容，在"页数"编辑框中输入打印范围，然后单击"打印"按钮就可以打印了。

3.3.3　完成任务

① 打开工作簿"工作量台账"。

② 套用内置单元格样式。选中单元格 A1、G1、M1，单击"开始"选项卡上"样式"组中的"单元格样式"按钮，在下拉列表中选择"标题 1"样式。

③ 定义新样式并应用。

a．单击"开始"选项卡"样式"组中的"单元格样式"按钮，在下拉列表中选择"新建单元格样式"命令，在弹出的对话框里输入新样式名称："小标题"，如图 3.59 所示。单击"格式"按钮。

b．在弹出的"设置单元格格式"对话框中，设置"对齐"为水平居中和垂直居中，"字体"为宋体 12、加粗，"边框"为左右上下边框，如图 3.60 所示。

c．选择单元格 B3:E3，在单元格样式列表中单击"小标题"样式，使其作用于该单元格区域中，同样设置 H3:K3、N3:Q3 为"小标题"样式。

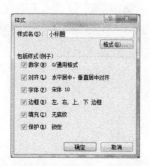

图 3.59 "样式"对话框

图 3.60 设置样式中的格式

④ 设置条件格式。

a. 选中"办理车站"列的单元格区域（C4:C54），单击"开始"选项卡上"样式"组中的"条件格式"按钮，选择"突出显示单元格规则"中的"等于"规则，在"等于"对话框中输入"东海"，"设置为"选择"浅红填充色深红色文本"，单击"确定"按钮，如图 3.61 所示。

图 3.61 设置条件格式

b. 为"办理车站"列继续添加条件格式，等于"小李庄"，设置为"黄填充色深黄色文本"；等于"新开"，设置为"绿填充色深绿色文本"；等于"牛庄"，设置为"浅蓝填充色深蓝色文本"。操作步骤与前面类似，不再赘述。

c. 设置"钩数"列为"绿–黄–红色阶"显示，"辆数"列为"蓝色数据条"实心填充。

📂 提示：

使用"格式刷"命令

在"开始"选项卡"剪贴板"组有一个"格式刷"按钮，可用来将所选区域的格式复制到目标区域，可以提高编制报表的效率。

例如，将 A24 单元格的格式（字体、底纹、对齐格式等）复制到 A2～K2 单元格，操作步骤如下：

● 单击 A24 单元格，然后单击按钮。

● 拖动鼠标选中 A2～K2 单元格，完成复制格式的操作。

⑤ 工作表的页面设置及打印。

a. 单击"页面布局"选项卡下"页面设置"组的扩展按钮，在弹出的"页面设置"对话框中，设置"页面方向"为"横向"，"纸张大小"为"A3"，左右页边距为"1"，设置页眉左侧为"日期"，右侧为"总页数"，页脚内容中部为"工作量台账"。

b. 单击"页面设置"对话框中的"打印预览"命令按钮进入"打印"对话框，发现表格内容较多，一页打印不下，在"打印"对话框中的"设置"选项中选择"将工作表调整为一页"，显示的效果满意后就可进行打印输出了，连接好打印机，选择"文件"选项卡下"打印"命令进行打印。

3.3.4 总结与提高

通过完成以上任务，主要学习了 Excel 的如下功能：

① 样式：Excel 为用户预定义了一些内置单元格样式，用户也可以根据需要创建新样式，样

式的使用有利于提高格式设置的效率。

② 条件格式：使用条件格式可以帮助用户直观地查看和分析数据、发现关键问题，Excel 提供了 5 种规则的条件格式。

③ 报表的页面设置也是非常重要的，通过页面设置，可以选择页边距、页面方向、页眉页脚、纸张大小等，本节最后具体介绍了报表页面设置的方法。

⋔ 技巧

1."撤销"与"恢复"

在编辑工作表时，难免会出现操作错误。出错时最好的方法是"撤销"操作，即单击"功能区"左上端的"撤销"按钮，一次只撤销一项最近的操作，若要一次撤销多项操作，请单击"撤销"按钮旁的下拉按钮，然后从列表中拖动选择。Microsoft Excel 将撤销所选操作及其之前的全部操作。

与之对应的是"恢复"按钮，单击一次，恢复上一次被"撤销"的操作。单击"恢复"按钮旁的下三角按钮，从列表中拖动选择。Microsoft Excel 将恢复所选操作及其之前的全部操作。

2．右键快捷菜单

在编辑工作表时，每选中一个操作对象右击，都有相关联的快捷菜单提供常用操作。使用快捷菜单，可节约时间。

3.3.5　思考与实践

① 使用第 3.2.5 节思考与实践的第①题建立的工作表，利用条件格式将 B3:D14 区域内大于或等于 100.00 的单元格字体颜色设置为绿色，小于 50.00 的单元格设置为"橙色，强调文字颜色 6，淡色 40%"底纹。

② 使用第 3.2.5 节思考与实践的第②题建立的工作表，利用"样式"对话框自定义"表标题"样式，包括"数字"为通用格式，"对齐"为水平居中和垂直居中，"字体"为华文彩云 11，"边框"为左右上下边框，"图案"为绿色底纹，设置 A1 单元格为"表标题"样式，利用货币样式设置 C3:D7 单元格区域的数值。

3.4　核算员工工资表

在实际生活中，很多单位都是用 Excel 进行人事管理和财务管理，在工作表中合理地使用函数和公式，可以完成求和、逻辑判断和财务分析等众多数据处理功能，方便快捷。

3.4.1　任务的提出

随着对 Excel 的逐步熟练，小李不仅负责公司所有员工的人事档案工作，还负责了每月制作工资表的任务，在工资表的制作过程中，公式和函数给她的工作提供了相当的便利，提高了工作效率。

⋔ 我们的任务

通过计算员工工资表的数据，掌握公式和函数的使用方法，按照如下要求，得到图 3.62 所示的工作表。

① 用相应公式计算"奖金"列、"其他补贴"列、"应发合计"列、"实发合计"列。

② 计算员工的应发工资。

③ 按规定计算员工的个人所得税。

④ 计算员工的实发工资，并对实发工资进行排位。

⑤ 统计男职工人数、女职工人数、职工总数，最高工资、最低工资、平均工资。

⑥ 计算男职工基本工资总和、女职工基本工资总和、所有职工基本工资总和及基本工资总数。

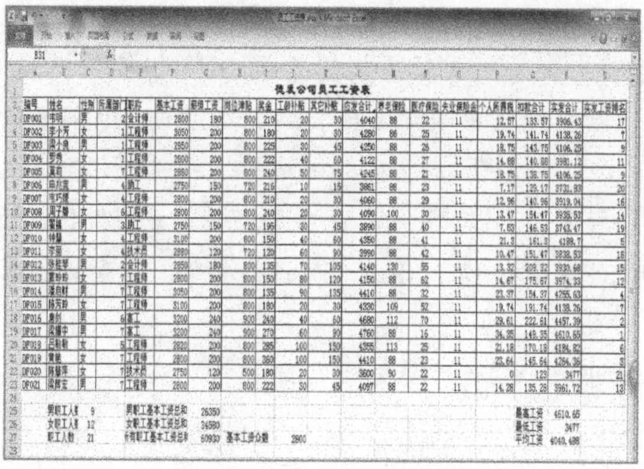

图 3.62　员工工资表

3.4.2　分析任务及知识准备

1. 分析任务

在第 3.2 节中，已经学习了公式的概念，简单公式的使用及几个常用函数，本节课程中，继续学习其他的常用函数的用法，对 Excel 中公式的使用进一步加深理解。

2. 知识准备

（1）认识函数

中文版 Excel 2010 提供了 300 多个功能强大的函数，分为财务、数字与三角、统计、日期与时间、数据库、逻辑、文本等十几个类别。在这些函数中，有些是经常使用的，有些不常用，除了第 3.2 节介绍过的，在这里再介绍几个常用的函数。

① 逻辑函数 AND、OR、NOT。

a. 逻辑与函数 AND。

语法：AND(logical1,logical2,...)

说明：当所有条件都为 TRUE 时，函数值为 TRUE，否则为 FALSE。

b. 逻辑或函数 OR。

语法：OR(logical1,logical2,...)

说明：当有一个条件为 TRUE 时，函数值为 TRUE，否则为 FALSE。

c. 逻辑非函数 NOT。

语法：NOT(logical)

说明：如果逻辑值为 FALSE，函数值为 TRUE；如果逻辑值为 TRUE，函数值为 FALSE。运算对象 logical1，logical2，……表示可以计算出 TRUE 或 FALSE 的逻辑值或逻辑表达式。如果引用参数中包含文本或空白单元格，则这些值将被忽略。

如果指定的单元格区域内包括非逻辑值，则函数将返回错误值 #VALUE!。

② 统计个数函数。

a．COUNT(参数 1,参数 2,...)：求各参数中数值型数据的个数。

b．COUNTA(参数 1,参数 2,...)：求参数中"非空"单元格的个数。

c．COUNTBLANK(参数 1,参数 2,...)：求参数中"空"单元格的个数。

③ 条件函数 IF。

语法：IF（X1,X2,X3）

其中 X1 为逻辑表达式，当 X1 为真时，函数值为 X2 的值；当 X1 为假时，函数为 X3 的值。

以"成绩表"为例，在 L2 单元格输入文字"备注"，在 L3:L23 使用 IF 函数完成下述要求，学生语文、数学成绩有低于 90 的，输入"有待加强"，否则输入"继续努力"。操作步骤如下：

a．单击 L3 单元格，选择"公式"选项卡中的"插入函数"按钮，在"插入函数"对话框中选择"IF"函数。

b．在"函数参数"对话框中，输入 3 个参数 OR（D3<90,E3<90）[①]、"有待加强"、"继续努力"，如图 3.63（a）所示。

c．单击"确定"按钮。鼠标指向填充柄并向下拖动，将公式复制到 L4:L23。结果如图 3.63（b）所示。

（a）IF 函数参数

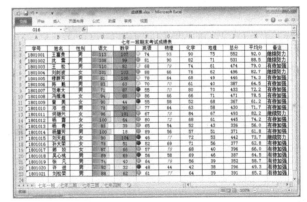

（b）计算结果

图 3.63　IF 函数例题

④ 条件统计函数 COUNTIF。COUNTIF 函数用于计算区域中满足给定条件的单元格的个数。

语法为：COUNTIF（Range,Criteria）

Range：需要计算且满足条件的单元格区域。

Criteria：确定哪些单元格将被计算在内的条件，其形式可以为数字、表达式或文本。

以"成绩表"为例，统计男生人数、女生人数。操作步骤如下：

a．单击 M5 单元格，单击"公式"选项卡中"插入函数"按钮，在"插入函数"对话框中选

① 此为嵌套函数，在某些情况下，可以将某函数作为另一函数的参数。

择"COUNTIF"函数。

b. 在"函数参数"对话框中，输入两个参数 C3:C23、"男"，如图 3.64（a）所示。

c. 女生人数的求解与男生人数类似，在"函数参数"对话框中，输入两个参数 C3:C23、"女"，结果如图 3.64（b）所示。

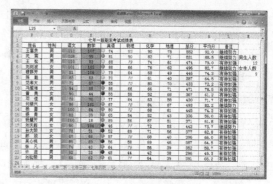

（a）COUNTIF 函数参数　　　　　　　　　（b）计算结果

图 3.64　COUNTIF 函数例题

⑤ 条件求和函数。条件求和就是根据指定条件对若干个单元格求和，其语法如下：

SUMIF（Range,Criteria,Sum_range）

Range：用于条件判断的单元格区域。

Criteria：确定哪些单元格将被作为求和的条件，其形式可以为数字、表达式或文本，如条件可以表示为 32、"32"、>32 等。

Sum_range：需要求和的实际单元格。

以"成绩表"为例，统计男生总分、女生总分。操作步骤如下：

a. 单击 M10 单元格，单击"公式"选项卡中"插入函数"按钮，在"插入函数"对话框中选择"SUMIF"函数。

b. 在"函数参数"对话框中，输入 3 个参数，如图 3.65（a）所示。

c. 单击"确定"按钮。结果如图 3.65（b）所示。

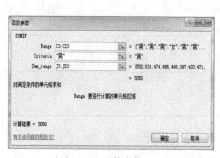

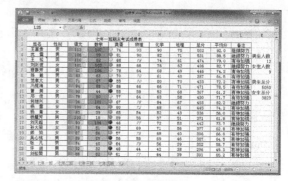

（a）SUMIF 函数参数　　　　　　　　　（b）计算结果

图 3.65　SUMIF 函数例题

⑥ 排名函数 RANK。RANK 函数返回一个数字在数字列表中的排位。数字的排位是其大小与列表中其他值的比值（如果列表已排过序，则数字的排位就是它当前的位置）。

语法：RANK（Number,Ref,Order）

Number：需要排位的数字（单元格）。

Ref：数字列表数组或对数字列表的引用（即排名范围），Ref 中的非数值参数将被忽略。

Order：数字，指明排位的方式。如果 Order 为 0（零）或省略，Excel 对数字的排位是基于 Ref 并按照降序排列。如果 Order 不为零，Excel 对数字的排位是基于 Ref 并按照升序排列的列表。

RANK 函数对重复数的排位相同。例如，在一列按升序排列的整数中，如果 10 出现两次，且其排位为 5，则 11 的排位为 7（没有排位为 6 的数值）。

以"成绩表"为例，根据平均分进行排名。操作步骤如下：

a．在"备注"列后插入新列，输入标题"排名"单击 M3 单元格，单击"公式"选项卡中"插入函数"按钮，在"插入函数"对话框中选择 RANK 函数。

b．在"函数参数"对话框中，输入 3 个参数：K3、$K$3:$K$23、0，如图 3.66 所示。

c．单击"确定"按钮。鼠标指向填充柄向下拖动，将公式复制到 M4:M23，效果如图 3.67 所示。

⑦ 众数函数 MODE。

语法：MODE(number1,number2,...)

number1，number2，……是用于众数计算的多个参数。参数可以是数字，或者是包含数字的引用。返回参数中出现频率最多的数值。

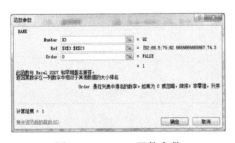

图 3.66　RANK 函数参数

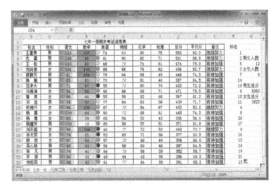

图 3.67　排名结果

3.4.3　完成任务

① 打开工作簿"员工工资表.xlsx"，用公式计算"奖金"列、"其他补贴"列、"应发合计"列、"实发合计"列。

a．计算"其他补贴"：选中 K3 单元格，输入公式"=J3*1.5"，将公式向下填充到 K23 单元格。

b．计算"应发合计"：选中 L3 单元格，输入公式"=SUM(D3:I3)"，鼠标指向填充柄向下拖动，将公式填充到 L23 单元格。

c．计算"扣款合计"：选中 Q3 单元格，输入公式"=SUM(M3:P3)"，鼠标指向填充柄向下拖动，将公式填充到 Q23 单元格。

d．计算"实发合计"：选中 R3 单元格，输入公式"=L3–Q3"，鼠标指向填充柄将公式向下填充到 R23 单元格。

② 计算个人所得税。从 2011 年 9 月起，个人所得税是月收入超过 3 500 元起征。

个人所得税=[(总工资-社保)-免征额]*税率-速算扣除数，税率如表 3.2 所示。

表 3.2   税率表

级　数	应纳税所得额（含税）	税率（%）	速算扣除数
1	不超过 1,500 元的	3	0
2	超过 1,500 元至 4,500 元的部分	10	105
3	超过 4,500 元至 9,000 元的部分	20	555
4	超过 9,000 元至 35,000 元的部分	25	1,005
5	超过 35,000 元至 55,000 元的部分	30	2,755
6	超过 55,000 元至 80,000 元的部分	35	5,505
7	超过 80,000 元的部分	45	13,505

由前面的计算可知，公司员工的应发工资都在 5 000 元以下，应纳税所得额只适用于第一档，即税率 3%，速算扣除数为 0，或者未到个税起征额，也就是说本公司纳税的情况只有两档：总工资-社保-3500<=0 的，不纳税；否则应交个人所得为（总工资-社保-3500）*3%。可以使用 IF 函数来计算个人所得税，步骤如下：

a．选中 F3 单元格，单击"插入函数"按钮，在"插入函数"对话框中选择 IF 函数，打开函数参数对话框。

b．在 IF 函数参数对话框中，输入 3 个参数："(L3-M3-N3-O3-3500)<=0" "0" "(L3-M3-N3-O3-3500)*0.03"。

c．单击"确定"按钮。鼠标指向填充柄向下拖动，将公式填充到 F23 单元格。结果如图 3.62 所示。

图 3.68   计算个人所得税

③ 计算实发工资排名。

a．单击 S3 单元格，单击"公式"选项卡中"插入函数"按钮，在"插入函数"对话框中选择 RANK 函数。

b．在"函数参数"对话框中，输入 3 个参数："R3" "$R$3:$R$23" "0"[①]。

c．单击"确定"按钮。鼠标指向填充柄向下拖动，将公式复制到 S4：S23，结果如图 3.62 所示。

④ 统计男职工人数、女职工人数。

---

① 第三个参数可以省略。

a. 单击 C25 单元格，单击"公式"选项卡中"插入函数"按钮，在"插入函数"对话框中选择 COUNTIF 函数。

b. 在"函数参数"对话框中，输入两个参数："C3:C23""男"。

c. 单击"确定"按钮，得到男职工人数，结果如图 3.62 所示。

d. 单击 C26 单元格，计算女职工人数，过程与计算男职工人数类似，在"函数参数"对话框中，输入两个参数为"C3:C23""女"即可。

⑤ 计算男职工基本工资总和、女职工基本工资总和。

a. 单击 G25 单元格，单击"公式"选项卡中"插入函数"按钮，在"插入函数"对话框中选择 SUMIF 函数。

b. 在"函数参数"对话框中，输入 3 个参数："C3:C23""男""F3:F23"。

c. 单击"确定"按钮，得到男职工基本工资总和，结果如图 3.62 所示。

d. 单击 G26 单元格，计算女职工基本工资总和，过程与计算男职工基本工资总和类似，在"函数参数"对话框中，输入 3 个参数为"C3:C23""女""F3:F23"即可。

⑥ 计算职工总数、最高工资、最低工资、平均工资，基本工资众数，所有职工基本工资总和。

使用常用函数 COUNT、MAX、MIN、AVERAGE、MODE、SUM 来计算职工总数、最高工资、最低工资等项目，过程简单，这里不再赘述。

3.4.4　总结与提高

分析和处理 Excel 工作表中的数据，离不开公式和函数。直接输入公式时应以等号"="开头，然后再输入公式的表达式，表达式由运算符、常量、单元格引用、函数及括号等组成；插入函数时，函数参数要明确其含义，正确给出，常用函数中与条件有关的函数主要有 IF 函数、COUNTIF 函数、SUMIF 函数，这三个函数的条件参数的写法各有不同，使用时应注意区分，不要混淆；还有公式中的单元格引用，大部分都是相对引用，但在 RANK 函数中用到了绝对引用，RANK 函数的第二个参数是第一个参数（排位的数字对象）所在的排位范围，应使用绝对引用，使其在公式填充的过程中保持不变。

3.4.5　思考与实践

打开"图书销售表"，进行如下计算：

① 根据"销售额=销量×单价"构建公式计算出各类图书的销售额。

② 使用 SUMIF 函数统计 1～4 季度的每季度销售总额，结果放在 Sheet2 工作表中，工作表重命名为"按季度统计"，添加适当标题及格式。

③ 使用 RANK 函数对季度销售额进行排名。

3.5　图表的制作

图表是一种体现数据大小和变化趋势的图形表现形式。它可以将数据之间的差异和复杂而抽象的变化趋势形象地展现在用户面前，以帮助用户做出最佳决策。例如，用户不必亲自分析工作表中的多个数据就可以看到各个月份销售额的升降，并能很方便地对实际销售情况与销售计划进行比较。

3.5.1　任务的提出

小李已经可以熟练地使用 Excel 完成各项报表任务，图 3.69 所示的图表就是小李帮助公司的营销中心制作的折线统计图表，用来分析公司 2017 年上半年的销售情况。

📄 我们的任务

为"德发公司销售情况表"创建图 3.69 所示的图表，要求如下：

① 此图表为嵌入式图表，即与工作表在同一页面上。

② 图表类型为"堆积折线图"类型。

③ 数据源为表中 A3:G8 的数据。

④ 图表标题为"德发公司销售统计图"，字号为 22。坐标轴标题为"销售额"和"月份"。

⑤ 插入数据标签，位置"居中"。

⑥ 图例位置在底部。

⑦ 图表区添加纹理图案。

⑦ 将图例、坐标轴、数据标签的字体调整为合适大小，使图表内容显示清晰。

⑧ 为图表区添加"再生纸"纹理图案及红色边框。

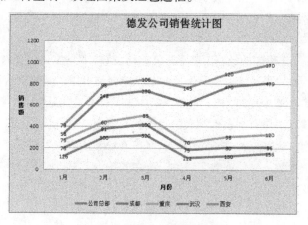

图 3.69　德发公司销售统计图

3.5.2　分析任务及知识准备

1. 分析任务

在中文版 Excel 2010 中，用户可以创建两种形式的图表：一种是嵌入式图表，另一种是图表工作表。如果创建的是嵌入式图表，则创建的图表被插入到当前工作表页面中，即在一个工作表中同时显示图表及相关数据。图表工作表是工作簿中具特定工作表名称的独立工作表。当要独立于工作表数据查看或编辑庞大而复杂的图表，或希望节省工作表上的空间时，可以使用图表工作表。为德发公司的销售情况表制作的是一个嵌入式图表。

创建图表，可以使用"插入"选项卡下的"图表"组中的相应命令完成，也可以单击"图表"组右下角的扩展按钮 ，打开"插入图表"对话框，进行设置就可以了。

2．知识准备

（1）图表类型

Excel 提供了标准图表类型，每一种图表类型又分为多个子类型，可以根据需要选择不同的图表类型表现数据。常用的图表类型有：柱形图、条形图、折线图、饼图、面积图、XY 散点图、圆环形、股价图、曲面图、圆柱图、圆锥图和棱锥图等。

（2）图表的构成

一个图表主要由以下部分构成。

① 图表标题：描述图表的名称，默认在图表顶端。

② 坐标轴与坐标轴标题：坐标轴标题是 X 轴和 Y 轴的名称，通常省略。

③ 图例：包含图表中相应的数据系列的名称及在图中的颜色。

④ 绘图区：以坐标轴为界的区域。

⑤ 数据系列：一个数据系列对应工作表中选中区域的一行或一列数据。

⑥ 网格线：从坐标轴刻度线延伸出来并贯穿整个"绘图区"的线条系列，可有可无。

⑦ 背景墙与基底：三维图表中会出现背景墙与基底，是包围在许多三维图表周围的区域，用于显示图表的维度和边界。

（3）建立图表

创建图表主要利用"插入"选项卡下的"图表"组完成。当生成图表后单击图表，功能区会出现"图表工具"选项卡，其下的"设计""布局""格式"选项卡可以完成图表颜色、图表位置、图表标题、图例位置、图表背景墙等的设计和布局及颜色的填充等格式设计。

以销售情况表为例（见图 3.70）：

① 选中 A2:B12 区域，单击"插入"选项卡中的"柱形图"→"簇状柱形图"命令，在工作表中插入簇状柱形图。

② 选中图表，单击"设计"选项卡下的"图表布局"下拉按钮，单击"布局 3"图表按钮，将其应用到所选图表。

③ 单击"设计"选项卡下的"图表样式"下拉按钮，单击"样式 4"图表按钮，将其应用到所选图表，这样便创建了一个完整的图表，如图 3.71 所示。

图 3.70　销售情况表

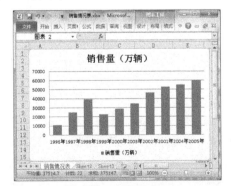

图 3.71　销售情况柱形图

（4）图表编辑修改

图表创建完成后，如果对工作表进行了修改，图表的信息也将随之变化。如果工作表没有变化，也可以对图表的"图表类型""图表源数据""图表选项""图表位置"等进行修改。

当选中了一个图表后，功能区会出现"图表工具"选项卡，其下的"设计""布局""格式"选项卡的命令可编辑和修改图表，也可以选中图表后右击，利用弹出的快捷菜单编辑和修改图表，如图 3.72 所示。

① 修改图表类型：选择图 3.72 所示菜单中的"更改图表类型"命令，修改图表类型为"簇状条形图"，效果如图 3.73 所示。也可以利用"图表工具–设计"选项卡，单击"类型"组中的"更改图表类型"按钮来完成。

图 3.72　图表右键快捷菜单

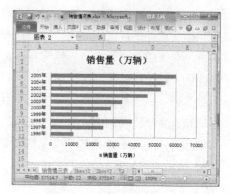

图 3.73　销售情况条形图

② 修改图表源数据：如果将图表中"销售量"的数据改为"所占比例"，操作方法是：单击图表绘图区，选择"图表工具–设计"选项卡"数据"组中的"选择数据"按钮，或右击图表绘图区，选择图 3.72 所示菜单中的"选择数据"命令，在弹出的"选择源数据"对话框中（见图 3.74）重新选择图表所需的数据区域，即可完成图表修改源数据，效果如图 3.75 所示。

图 3.74　"选择数据源"对话框

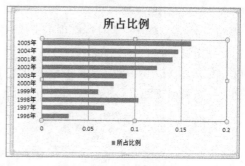

图 3.75　图表修改源数据

③ 删除图表中的数据。如果要同时删除工作表和图表中的数据，只要删除工作表中的数据，图表会自动更新。如果只从图表中删除数据，在图表上单击要删除的图表系列，按【Del】键即可完成。利用"选择源数据"对话框的"图例项（系列）"栏中的"删除"按钮也可以进行图表数据删除。

（5）修饰图表

图表建立完成后，可以对图表进行修饰，以更好地表现工作表。方法是选中所需修饰的图表，利用"图表工具"选项卡下的"布局"和"格式"选项卡下的命令，可以设置图表的颜色、图案、线条、填充效果、边框和图片等。还可以对图表中的图表区、绘图区、坐标轴、背景墙和基底等进行设置。还可以对图表的网格线、数据表、数据标签等进行编辑和设置。

3.5.3　完成任务

（1）创建图表

① 打开工作簿"德发公司销售情况表"，选择 A3:D8 数据，选择"插入"选项卡中的"折线图"→"堆积折线图"命令（见图 3.76），在工作表中插入折线图。

② 选中图表，单击"图表布局"下拉按钮，单击"布局 1"图表按钮，将其应用到所选图表。

③ 单击"图表样式"下拉按钮，单击"样式 10"图表按钮，将其应用到所选图表，这样便创建了一个完整的图表，效果如图 3.77 所示。

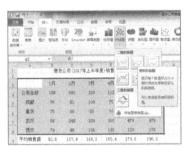

图 3.76　插入折线图

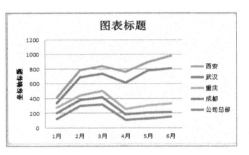

图 3.77　图表完成

（2）美化图表

图表创建完成之后，并不尽如人意，要让图表整齐、美观，需要对其进行编辑修改，如调整图表的大小，还应对图表中的各个组成部分设置合适的颜色、图案或字体大小等。

① 调整图表的大小。选中嵌入工作表中的图表，移动鼠标指针至边框或四角上，当鼠标指针变成双箭头形状时拖动鼠标，将图表调整至合适的大小后释放鼠标即可。

② 插入数据标签。为图表插入数据标签可增加图表的可读性。具体操作步骤如下：

a. 选中图表。

b. 单击"图表工具–布局"选项卡中的"数据标签"按钮，选择"其他数据标签选项"，弹出"设置数据标签格式"对话框。在"标签包括"选项区中选中"值"复选框，"标签位置"选项区中选中"居中"单选按钮，如图 3.78 所示。

c. 单击"确定"按钮，即在图表中添加了数据标签，结果如图 3.79 所示。

图 3.78　设置数据标签格式

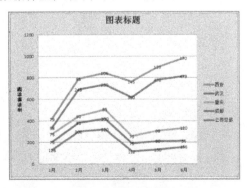

图 3.79　插入数据标签结果

（3）改变图表区的填充图案

改变图表区的填充图案的具体操作步骤如下：

① 在图表区域双击，弹出"设置图表区格式"对话框，从中单击"填充"选项，如图 3.80 所示。

② 在"边框颜色"选项中设置图表区的边框，选择"实线"，颜色为标准色"红色"，在"填充"选项区中选择"图片或纹理填充"，在"纹理"列表中选择"再生纸"图案。

③ 单击"关闭"按钮，结果如图 3.81 所示。

图 3.80 "设置图表区格式"对话框

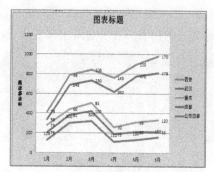

图 3.81 图表区格式设置结果

（4）设置图例及标题

① 修改图例位置：选中图例，右击从弹出的快捷菜单中选择"设置图例格式"命令，弹出"设置图例格式"对话框，在"图例选项"中设置"图例位置"为"底部"，如图 3.82 所示。

② 修改图表标题：选中标题区域，再次单击后可修改标题，将其改为"德发公司销售统计图"。

③ 设置坐标轴标题：单击"图表工具–布局"选项卡中的"坐标轴标题"按钮，选择其中的"主要横坐标轴标题"，单击"坐标轴下方标题"（见图 3.83），设置横轴标题内容为"月份"；设置纵轴标题类似，将其内容设为"销售额"。最终效果如图 3.69 所示。

图 3.82 设置图例格式

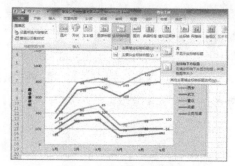

图 3.83 设置坐标轴标题

此外，可以双击图表的各个组成元素[①]（如坐标轴、背景墙、数据系列、图表标题、数据标签等），打开相应的格式设置对话框，对相应的选项（如边框、填充等）进行修改，以达到整体美观的效果；字体可通过右击在弹出的快捷菜单中打开"字体"对话框进行设置。

---

① 也可以单击选中某个元素后，右击从弹出的快捷菜单中选择"设置××格式"命令。

3.5.4　总结与提高

Excel 图表可以将数据图形化，更直观地显示数据，使数据的比较或趋势变得一目了然。利用"插入"选项卡下的"图表"组制作图表，首要的一步是选择生成图表的数据区域，接下来插入基本的图表。然后可以利用"图表工具"选项卡下的"布局"选项卡、"设计"选项卡、"格式"选项卡提供的命令控制图表的细节，或者双击图表的各个组成元素，打开相应的格式设置对话框，充分利用它们可以得到更合乎需求的图表。

3.5.5　思考与实践

① 如何修改图表的数据源、图表类型？

② 选中图 3.84 所示工作表中的 A2:B6、D2:D6 单元格区域数据建立"簇状圆柱图"，图表标题为"师资情况统计图"，图例靠上，设置图表背景墙填充颜色为白色，将图插入表的 A8:E23 单元格区域内。

③ 选中图 3.85 所示工作表中的 A2:L5 区域建立"带数据标记的折线图"，图表标题为"经济增长指数对比图"，设置 Y 轴刻度最小值为 50，最大值为 210，主要刻度单位为 20，分类轴交叉于 50，将图插入表的 A8:L20 单元格区域内。

图 3.84　②工作表

图 3.85　③工作表

3.6　数据的综合分析

Excel 2010 为用户提供了强大的数据筛选、排序和汇总等功能，利用这些功能可以方便地从数据清单中取得有用的数据，并重新整理数据，让用户按自己的意愿从不同的角度去观察和分析数据，管理好自己的工作簿。图 3.86 所示为对德发公司 1 月的员工工资表进行的数据分析之一：高级筛选，从表中筛选出职称为"高工"、实发合计大于或等于 4200 的员工。

3.6.1　任务的提出

⚑ 我们的任务

利用数据管理工具对员工工资进行多种统计和分析。要求如下：

① 按"实发合计"升序排序。

② 按"职称"降序和"基本工资"降序排序。

③ 用自动筛选，筛选出基本工资大于"2800"的人员。

④ 用高级筛选，筛选出职称为"工程师"、实发合计大于等于"4200"的人员。

⑤ 在所有人员中，以"职称"为分类字段，对"实发合计"的平均值进行分类汇总。

⑥ 根据部门、职称、实发合计建立数据透视表。

⑦ 在工作表 Sheet2、Sheet3 中建立员工 2 月、3 月的工资表。

⑧ 对公司员工 1 月～3 月的"实发合计"工资进行合并计算。

（a）员工工资表

（b）高级筛选

图 3.86　员工工资表分析

3.6.2　分析任务及知识准备

1. 分析任务

任务要求利用数据管理的工具对员工工资进行统计和分析，包括排序、筛选、分类汇总等，主要使用"数据"选项卡下的排序、筛选、高级筛选、合并计算、分类汇总等功能，以及"插入"选项卡下的"数据透视表"命令。

2. 知识准备

（1）了解数据清单

在中文版 Excel 2010 中，数据清单是指包含一组相关数据的一系列工作表数据行。Excel 在对数据清单进行管理时，把数据清单看作是一个数据库。数据清单中的行相当于数据库中的记录，数据清单中的列相当于数据库中的字段，列标题相当于数据库中的字段名。

数据清单提供了一系列功能，可以很方便地管理和分析数据清单中的数据，在运用这些功能时，要根据下述准则在数据清单中输入数据。

① 每张工作表使用一个数据清单：避免在一张工作表中建立多个数据清单，某些清单管理功能，如"筛选"功能，一次只能在一个数据清单中使用。

② 将相似项置于同一列：在设计数据清单时，应使同一列中的各行具有相似的数据项。

③ 使清单独立：工作表的数据清单与其他数据之间至少要留出一个空列和一个空行，这样在进行排序、筛选或者插入自动汇总等操作时，将有利于 Excel 检测和选中数据清单。

④ 将关键数据置于清单的顶部或底部：避免将关键数据放到数据清单的左右两侧，因为在筛选数据清单时，这些数据可能会被隐藏。

⑤ 避免空行和空列：避免在数据清单中放置空行和空列，这有利于 Excel 检测和选中数据清单。

⑥ 扩展清单格式和公式：当向清单末尾添加新的数据行时，Excel 将扩展一致的格式和公式。

（2）创建数据清单

在 Excel 2010 中，用户可以通过创建数据清单来管理数据。创建数据清单与输入数据并无太大区别，具体操作步骤如下：

选中当前工作簿中的某个工作表来存放要建立的数据清单，并输入标题、各列的标题及记录内容，如图 3.87 所示。

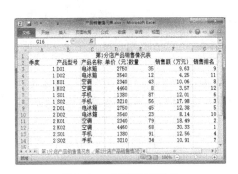

图 3.87　创建数据清单

（3）数据筛选

筛选是从数据清单中查找和分析符合特定条件的记录数据的快捷方法，经过筛选的数据清单只显示满足条件的行，该条件由用户针对某列指定。中文版 Excel 2010 提供了两种筛选命令：自动筛选和高级筛选。

① 自动筛选。

自动筛选适用于简单条件，通常是在一个数据清单的一个列中，查找满足条件的值。利用"自动筛选"功能，用户可在具有大量记录的数据清单中快速查找出符合多重条件的记录。

用户一次只能对工作表中的一个数据清单使用筛选命令，如果要在其他数据清单中使用该命令，则需清除本次筛选[①]。

下面以图 3.87 中的数据清单为例介绍"自动筛选"功能的使用方法，在清单中筛选出销售数量大于 50 的记录，具体操作步骤如下：

a. 选中数据清单中的任意一个单元格。

b. 依次单击"数据"选项卡下"排序和筛选"组中的"筛选"按钮，可以看到数据清单的列标题全部变成了下拉列表，在"数量"下拉列表中选择"数字筛选"下的"大于"或"自定义筛选"命令，如图 3.88 所示。

图 3.88　自动筛选步骤 1

c. 弹出"自定义自动筛选方式"对话框，在"数量"下拉列表中选择"大于"选项，在右面的列表框内输入"50"，如图 3.89 所示。

d. 单击"确定"按钮，结果如图 3.90 所示。

图 3.90　自动筛选结果

图 3.89　自动筛选步骤 2

[①] 清除自动筛选可再次单击"筛选"命令；清除高级筛选可选择"数据"选项卡下"清除"按钮。

② 高级筛选。如果数据清单中的字段比较多，筛选的条件也比较复杂，则可以使用"高级筛选"功能来筛选数据。

要使用"高级筛选"功能，必须先建立一个条件区域，用来指定筛选的数据需要满足的条件。条件区域的第一行是作为筛选条件的字段名，这些字段名必须与数据清单中的字段名完全相同，条件区域的其他行则用来输入筛选条件。

☛ 注意

① 条件区域和数据清单不能连在一起，至少用一个空行或空列将其隔开。

② 两个条件的逻辑关系有"与"和"或"两种，书写格式不同，筛选结果也不同：

"与"条件：将两个条件放在同一行，如图 3.91（a）所示。

"或"条件：将两个条件放在不同行，如图 3.91（b）所示。

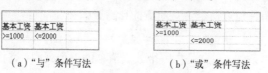

（a）"与"条件写法　　　　（b）"或"条件写法

图 3.91　两个条件的逻辑关系

下面仍以图 3.87 中的数据清单为例，介绍"高级筛选"功能的使用方法，在清单中筛选出数量大于 50 且销售额大于 20 万元的记录（两个条件的关系是"与"），具体操作步骤如下：

a. 在数据清单所在的工作表中选中一个条件区域并输入筛选条件：在 C16 单元格中输入"数量"，在 C17 单元格中输入">50"，在 D16 单元格中输入"销售额（万元）"，在 D17 单元格中输入">20"，如图 3.92 所示。

b. 选中数据清单中的任意一个单元格，单击"数据"选项卡下"排序和筛选"组中的"高级"按钮，弹出"高级筛选"对话框。

对话框中各选项的含义如下：

● 在原有区域显示筛选结果：筛选结果显示在原数据清单位置。

● 将筛选结果复制到其他位置：筛选后的结果将显示在"复制到"文本框中指定的区域，与原工作表并存。

● 列表区域：指定要筛选的数据区域，可以直接在该文本框中输入区域引用，也可以单击██按钮，用鼠标在工作表中选中数据区域。

● 条件区域：指定含有筛选条件的区域，可以直接在该文本框中输入区域引用，也可以单击██按钮，用鼠标在工作表中选中条件区域，如果要筛选不重复的记录，则选中"选择不重复的记录"复选框。

c. 按图 3.93 所示进行相应的设置并单击"确定"按钮，结果如图 3.94 所示。显示的结果为销售数量 50 台以上并且销售额 20 万元以上的记录。

（4）数据排序

数据排序是指按一定规则对数据进行整理、排列，这样可以为进一步处理数据做好准备。

中文版 Excel 2010 提供了多种对数据清单进行排序的方法，如使用升序按钮 ↓、降序按钮 ↓，用户也可以使用"排序"对话框。

图 3.92 输入高级筛选条件

（a）"高级筛选"对话框　（b）"高级筛选"条件区域

图 3.93 "高级筛选"对话框

① 简单排序。如果要针对某一列数据进行排序，可以单击"数据"选项卡"排序和筛选"组中的"升序"命令按钮 ↓↑ 或"降序"命令按钮 ↓↑ 进行操作。在数据清单中选中某一列字段名所在单元格，如要对"销售额"进行排序，则选中"销售额"所在单元格，根据需要，单击"升序"或"降序"按钮。

② 多重排序。可以使用"排序"对话框对工作表中的数据进行排序。选中数据清单，单击"数据"选项卡"排序和筛选"组中的"排序"按钮，将弹出"排序"对话框，如图 3.95 所示。

图 3.94 高级筛选结果

利用"排序"对话框，不但可以对工作表中的某一项数据进行排序，而且还可以对多项数据进行多重排序。例如，用户可以先按"产品名称"降序、再按"单价"升序进行排序，首先将光标定位到数据清单中，打开"排序"对话框。在"主要关键字"下拉列表中选择"产品名称"选项，并在其右侧的"次序"选项中选择"降序"选项；单击"添加条件"按钮，在"次要关键字"下拉列表中选择"单价"选项，并在其右侧的"次序"选项中选择"升序"选项，最后单击"确定"按钮，结果如图 3.96 所示。

图 3.95 "排序"对话框

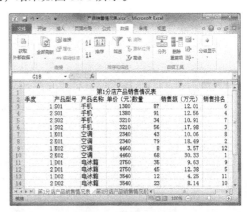

图 3.96 排序结果

（5）数据汇总

当用户对表格数据或原始数据进行分析处理时，往往需要对其进行汇总，还要插入带有汇总信息的行，中文版 Excel 2010 提供的"分类汇总"功能使这项工作变得简单易行，它会自动地插入汇总信息行，不需要人工进行操作。

利用汇总功能并选择合适的汇总函数，用户不仅可以建立清晰、明了的总结报告，还可以在报告中只显示第一层次的信息而隐藏其他层次的信息。

"分类汇总"功能可以自动对所选数据进行汇总，并插入汇总行。汇总方式灵活多样，如求和、平均值、最大值、标准方差等，可以满足用户多方面的需要。

下面以图 3.87 中的工作表为例，按"产品型号"对"销售额""数量"进行分类汇总，统计每类产品的销售总额和数量总和，具体操作步骤如下：

① 单击数据清单中的任一单元格，单击"数据"选项卡下"分级显示"组中的"分类汇总"按钮，将弹出"分类汇总"对话框，在"分类字段"下拉列表中选择"产品型号"选项，在"汇总方式"下拉列表中选择"求和"选项，在"选定汇总项"列表框中选中"数量""销售额"复选框，如图 3.97（a）所示。

② 单击"确定"按钮，结果如图 3.97（b）所示。

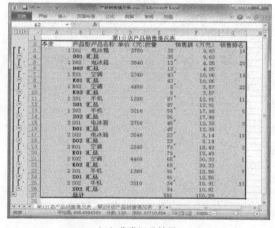

（a）"分类汇总"对话框　　　　　　　　　　（b）分类汇总结果

图 3.97　分类汇总例 1

对数据进行分类汇总后，还可以恢复工作表的原始数据，方法为再次选中数据清单，打开"分类汇总"对话框，单击"全部删除"按钮可将工作表恢复到原始数据状态。

前面已对排序和分类汇总进行了介绍，现在利用这两项功能来建立一个比较完整的报告。上面例子的结果并不理想，一般来说，应该在进行汇总之前按分类字段先进行排序，才可以使汇总信息加入到正确的行中。

下面将先按"产品名称"进行排序，然后对"销售数量"和"销售额"进行求和汇总，具体操作步骤如下：

① 单击数据清单中的任一单元格。

② 打开"排序"对话框，按"产品名称"排序。

③ 单击"确定"按钮。

④ 单击"数据"选项卡下"分类汇总"按钮，将弹出"分类汇总"对话框，在"分类字段"下拉列表中选择"产品名称"选项，在"汇总方式"下拉列表中选择"求和"选项，在"选定汇总项"列表框中选中"销售数量"和"销售额"复选框，如图 3.98（a）所示。

⑤ 单击"确定"按钮，完成对工作表中数据的分类汇总。这时，在按产品名称分类后的一行中加入了分类汇总后求出的和，结果如图 3.98（b）所示。

（a）"分类汇总"对话框

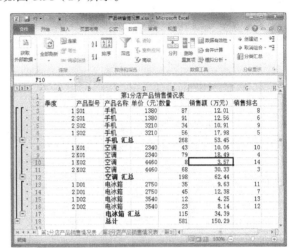

（b）分类汇总结果

图 3.98 分类汇总例 2

（6）数据合并

通过合并计算可以对来自一个或多个源区域的数据进行汇总，并建立合并计算表。这些源区域与合并计算表可以在同一工作表中，也可以在同一个工作簿的不同工作表中，还可以在不同的工作簿中。

① 合并计算的方式。Excel 提供 4 种方式来合并计算数据，最灵活的方法是创建公式，该公式引用的是要进行合并的数据区域中的每个单元格，引用了多张工作表中的单元格的公式被称为三维公式。

合并计算数据的方式有以下 4 种：

- 使用三维公式进行合并计算：这种方式对数据源区域的布局没有限制，当更改源区域中的数据时，合并计算将自动进行更新。
- 按位置进行合并计算：如果所有源数据具有同样的位置顺序，可以按位置进行合并计算。利用这种方式可以合并来自同一模板创建的一系列工作表。
- 按分类进行合并计算：如果要汇总计算一组具有相同的行和列标志但以不同的方式组织数据的工作表，则可按分类进行合并计算。这种方式会对每一张工作表中具有相同标志的数据进行行合并计算。
- 通过生成数据透视表进行合并计算：这种方式可以根据多个合并计算的数据区域创建数据透视表，类似于按分类合并计算，但它可以重新组织分类，从而具有更多的灵活性。

源数据更改时，合并计算将自动更新，但是不能更改合并计算中所包含的单元格和数据区域；如果使用手动更新合并计算，便可更改所包含的单元格和数据区域。

② 建立合并计算。在建立合并计算时，要先检查数据，并确定是根据位置还是根据分类来将其与公式中的三维引用进行合并。下面列出了合并计算方式的使用范围：

公式：对于所有类型的数据，推荐使用公式中的三维引用。

位置：如果要合并几个区域中相同位置的数据，可以根据位置进行合并。

分类：如果包含几个具有不同布局的区域，并且计划合并来自包含匹配标志的行或列中的数据，可以根据分类进行合并。

a. 使用三维引用公式合并计算。使用三维引用公式合并计算时，先选中用于存放合并计算数据的单元格，并输入合并计算公式，公式中的引用应指向每张工作表中待合并数据所在单元格，即可进行合并计算。

如图 3.99 所示，单元格 I5 中的公式将计算位于 3 个不同工作表中不同位置上的数值之和。

图 3.99　三维引用公式合并计算

b. 按位置合并计算数据。按位置合并计算数据是指对每一个源区域中具有相同位置的数据进行合并，适用于按同样的顺序和位置排列的源区域数据的合并。

例如，如果数据来自同一模板创建的一系列工作表，则可按位置合并计算数据，示例如下所示：

- 第 1 分店产品销售情况表和第 2 分店产品销售情况表是要建立合并计算的工作表，如图 3.100 所示。

(a) 第 1 分店产品销售情况表　　　　　(b) 第 2 分店产品销售情况表

图 3.100　数据源工作表

- 插入 Sheet1 工作表，并输入相关内容，再选中 E3:F14 单元格区域，如图 3.101（a）所示。
- 单击"数据"选项卡下"数据工具"组中的"合并计算"按钮，将弹出"合并计算"对话框，在"函数"下拉列表框中选择"求和"选项。
- 在 Sheet1 工作表中选中 E3:F14 单元格区域，"引用位置"文本框中将显示"第 1 分店产品销售情况表! $E$3:$F$14"，单击"添加"按钮，将其添加到"所有引用位置"列表框中，选择第 2 分店产品销售情况表中的相同区域，重复这一步骤。选中"创建指向源数据的链接"①复选框，如图 3.101（b）所示。

（a）合并计算表

（b）"合并计算"对话框

图 3.101　合并计算步骤

● 单击"确定"按钮，结果如图 3.102 所示。

c. 按分类合并计算数据。根据分类进行合并时，在"合并计算"对话框的"标签位置"选项区，请选中指示标志在源区域中位置的复选框：首行、最左列或两者都选。任一个与其他源数据区域中的标志不匹配的标志都会导致合并中出现单独的行或列。

（7）建立数据透视表

Excel 2010 提供了一种简单、形象、实用的数据分析工具——数据透视表，使用数据透视表可以全面地对数据清单进行重新组织和统计数据。

数据透视表是一种对大量数据进行快速汇总和建立交叉列表的交互式表格，它不仅可以转换行和列以显示源数据的不同汇总结果，也可以显示不同页面以筛选数据，还可根据用户的需要显示区域中的细节数据。

使用数据透视表有以下几个优点：

● Excel 提供了向导功能，便于建立数据透视表。

● 真正地按用户设计的格式来完成数据透视表的建立。

● 当原始数据更新后，只需单击"全部刷新"按钮，数据透视表就会自动更新数据。

● 当用户认为已有的数据透视表不理想时，可以方便地修改数据透视表。

下面以图 3.87 所示的工作表为例建立一张数据透视表。具体操作步骤如下：

① 单击"插入"选项卡下"表格"组中的"数据透视表"按钮，将弹出"创建数据透视表"对话框，在该对话框的"请选择要分析的数据"选项区中有两个单选按钮，除选中的单选按钮外，"使用外部数据源"单选按钮的含义是使用存储在 Excel 2010 外部的文件或已建立的数据透视表作为数据源；选中单元格区域 A2:F14 作为建立数据透视表的数据区域，如图 3.103 所示。

② 在"选择放置数据透视表的位置"选项区中选中"现有工作表"单选按钮，如图 3.103 所示。"位置"设为 H1:L14。

③ 单击"确定"按钮，效果如图 3.104 所示。

---

① 选中此项后，当源数据发生变化时，合并计算的结果也会随之变化。

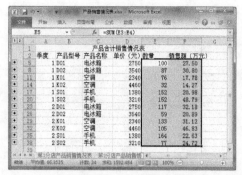

图 3.102　合并计算结果

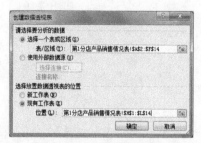

图 3.103　创建数据透视表

④ 从"数据透视表字段列表"对话框中选择"产品名称"拖动到行标签，"季度"拖动到列标签，"数量"拖动到数值[1]，完成结果如图 3.105 所示。

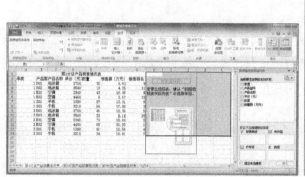

图 3.104　数据透视表初步完成

图 3.105　数据透视表完成

3.6.3　完成任务

① 打开图 3.86（a）所示的工作表。

② 选中数据清单。

③ 单击"数据"选项卡中的"排序"按钮，在"排序"对话框中选择"主要关键字"为"实发合计"，顺序为"升序"。

④ 在"排序"对话框中设置"主要关键字"为"职称"，顺序为"降序"；"次要关键字"为"基本工资"，顺序为"降序"。

⑤ 单击"数据"选项卡中的"筛选"按钮，单击数据清单的"基本工资"下拉列表框，选择"数字筛选"下的"自定义筛选"选项，在对话框中选择"大于"，输入"2800"，结果如图 3.106 所示。

⑥ 取消前面的自动筛选，在 G25:H26 输入筛选条件为职称="工程师"、实发工资>=4200，选定数据清单，单击"数据"选项卡下"排序和筛选"组中的"高级"按钮，选择列表区域为 $A$2:$H$23，选择条件区域为 Sheet1!$G$25:$H$26，结果如图 3.107 所示。

---

① 可以在"数据透视表字段列表"中选择字段名，右击选择添加到相应区域（行标签、列标签、值、报表筛选）。

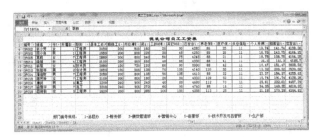

图 3.106　员工工资表"自动筛选"结果

图 3.107　员工工资表"高级筛选"结果

⑦ 单击"数据"选项卡下"排序和筛选"组中的"清除"按钮，取消前面的高级筛选。选中数据清单，单击"数据"选项卡下"分级显示"组中的"分类汇总"按钮，分类字段为"职称"，汇总方式为"平均值"，汇总项为"实发合计"，单击"确定"按钮。按职称对实发工资的平均值进行分类，汇总的结果如图 3.108 所示。

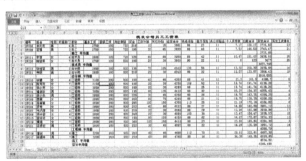

图 3.108　分类汇总结果

⑧ 取消分类汇总，选中数据清单，单击"插入"选项卡中"数据透视表"按钮，建立数据透视表放在新的工作表，初步完成后设置其中报表筛选为"性别"，列标签为"所属部门"，行标签为"职称"，数值为"实发合计"平均值，结果如图 3.109 所示。此表中所显示的是每个性别按职称和所属部门分类后的每一类的平均实发工资。

图 3.109　数据透视表结果

⑨ 在工作表 Sheet2、Sheet3 中建立 2 月、3 月的员工工资表，将工作表重命名为"2 月""3月"，如图 3.110 所示。

 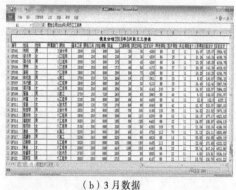

（a）2 月数据　　　　　　　　　　　　　（b）3 月数据

图 3.110　2 月、3 月工资表数据

⑩ 建立新工作表命名为"1 季度合计工资表"，将"1 月"中 A1、A2:R2、A3:E23 内容复制到"1 季度合计工资表"的相应位置，A1 中内容改为"德发公司 2017 年 1 月—3 月员工工资表"，选择 F3:R23 单元格区域，单击"数据"选项卡下"合并计算"按钮，在"合并计算"对话框中把'1 月'!\$F\$3:\$R\$23、'2 月'!\$F\$3:\$R\$23、'3 月'!\$F\$3:\$R\$23 添加到"所有引用位置"，选中"创建指向源数据的链接"复选框，如图 3.111（a）所示。单击"确定"按钮，这样就完成对 1 月～3 月工资表的按位置合并计算，结果如图 3.111（b）所示。

 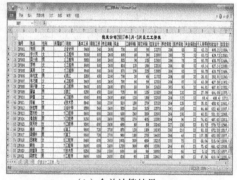

（a）"合并计算"对话框　　　　　　　　（b）合并计算结果

图 3.111　工资表的合并计算

3.6.4　总结与提高

本节主要学习了如何对工作表中的数据进行管理及分析，说明了数据清单的概念，以及对其中的数据进行排序、筛选和分类汇总、建立数据透视表等操作。

如果排序只涉及一个关键字（字段名），可以单击排序按钮进行快速排序，如果涉及多个关键字，应选择"数据"选项卡下"排序"按钮，在"排序"对话框进行相应设置。

自定义筛选适合简单条件的筛选，高级筛选适合复杂条件的筛选。

对分类汇总，首先要对分类的字段先进行排序，然后进行分类汇总，否则结果不正确。其次要弄清楚分类汇总三要素：分类字段、汇总方式、汇总项。

分类汇总适合按一个字段分类并汇总，如果需要对多个字段进行分类并汇总时，就需要建立数据透视表。

对于合并计算来说，较常用的是位置合并。如果数据来自同一模板创建的一系列工作表，则可按位置合并计算数据。

🏳 **常用操作技巧**

1. 横向或纵向拆分工作表

对于一些较大的工作表，用户可以将其按横向或者纵向进行拆分，这样就能够同时观察或编辑同一张工作表的不同部分。在 Excel 工作窗口的两个滚动条上分别有一个拆分框，如图 3.112 所示。拆分后的窗口被称为窗格，每个窗格都有各自的滚动条。

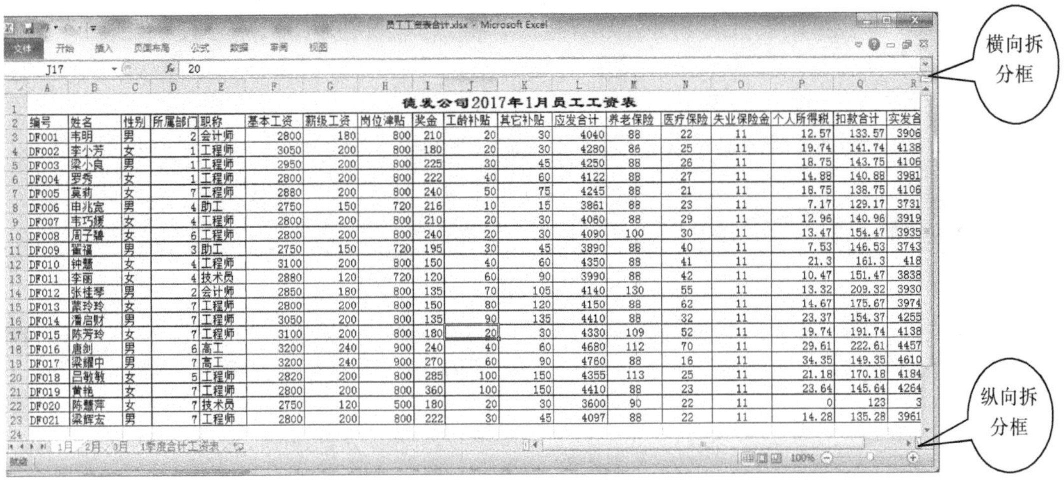

图 3.112　拆分框

（1）横向拆分工作表

先将鼠标指针指向横向拆分框，当鼠标变为拆分指针 ≑ 后，按下鼠标左键将拆分框拖到用户满意的位置后释放鼠标，即可完成对窗口的横向拆分。横向拆分后的工作表如图 3.113（a）所示。

拆分后的工作表还是一张工作表，对拆分后任意一个窗格中的内容的修改都会反映到另一个窗格中。用户也可以通过单击"视图"选项卡下"窗口"组中的"拆分"按钮来达到拆分窗口的目的。

（2）纵向拆分工作表

纵向拆分窗口的方法与横向拆分窗口的方法类似：先将鼠标指针指向纵向拆分框，当鼠标变为拆分指针 ╫ 后，按下鼠标左键将拆分框拖到用户满意的位置后释放鼠标，即可完成对窗口的纵向拆分。纵向拆分后的工作表如图 3.113（b）所示。

若要恢复已拆分为两个可滚动区域的窗口，可双击拆分窗格的分割条的任意部分。

2. 隐藏行和列

有时想把需要修改的行或列集中显示在屏幕上，把那些不需要修改的行或列隐藏起来，以节省屏幕空间，方便修改操作。

隐藏列的具体操作步骤如下：

① 选中要隐藏的列，如图 3.114（a）所示。

② 右击，在弹出的快捷菜单中选择"隐藏"命令，效果如图 3.114（b）所示。

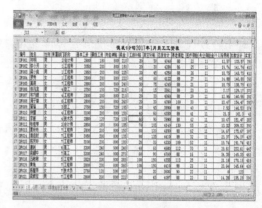

（a）横向拆分工作表　　　　　　　　　　（b）纵向拆分工作表

图 3.113　拆分工作表

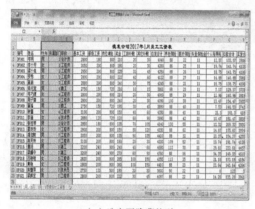
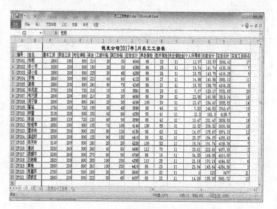

（a）选定要隐藏的列　　　　　　　　　　（b）隐藏结果

图 3.114　隐藏列

如果想重新显示被隐藏的列，则先选中跨越隐藏列的单元格（例如，用户隐藏了 C 列，应选定 B 列和 D 列中的单元格），然后右击，在弹出的快捷菜单中选择"取消隐藏"命令即可。隐藏行的具体操作步骤与隐藏列的步骤类似。

在 Excel 2010 中，用户也可以用鼠标操作来隐藏列或行：将鼠标指针指向想隐藏列的列标右边界或行的行号下边界，当鼠标指针变成双向箭头形状时拖动鼠标，隐藏列时，从右向左拖动；隐藏行时，从下向上拖动，拖动时，屏幕提示框将显示相应的列宽或行高，将列宽或行高调整为 0 时，即可隐藏该列或该行。

3. 冻结窗格

当报表中的数据较多时，对其进行编辑会遇到一些问题。图 3.114（a）中，"实发合计"所在列已部分移出了窗口。由于输入数据时要核对姓名、编号等，以免张冠李戴，这样需要多次使用水平滚动条查看相关数据，很麻烦。冻结窗格可以使用户在选择滚动工作表时始终保持可见的数据，在滚动时保持行和列标志可见。

（1）若要冻结窗格，请执行下列操作之一：

① 选择待冻结单元格区域。

● 水平方向冻结窗格：选择待冻结处的下一行。

● 垂直方向冻结窗格：选择待冻结处的右边一列。

● 同时生成水平和垂直方向冻结窗格：单击待冻结处右下方的单元格。

② 选择"视图"选项卡下"窗口"组，单击"冻结窗格"下拉按钮，选择"冻结拆分窗格"命令，如图 3.115 所示。

（2）撤销窗口冻结

若要取消"冻结"窗格，可选择"冻结窗格"下拉按钮中的"取消冻结窗格"命令。

4．模板

若要创建新工作簿，使其具有用户所希望的格式，则可基于模板来新建工作簿。模板中可包含格式、样式、标准的文本（如页眉和行列标志）、公式、Visual Basic for Applications 宏和自定义工具栏等。下面将图 3.87 中的工作簿文件建成模板并应用其创建一个新的工作簿。

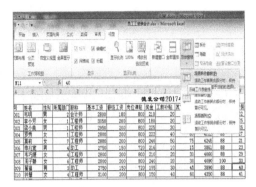

图 3.115　冻结窗格

（1）创建模板

① 打开工作簿，将标题合并居中，字体设为"隶书"、字号 16，其他格式自行设置。将 A3:G14 清除内容，如图 3.116（a）所示。

② 选择"文件"选项卡下"另存为"命令，弹出"另存为"对话框，在"保存类型"下拉列表中选择"Excel 模板"选项，在"文件名"文本框中输入"产品销售情况表"，如图 3.116（b）所示，单击"保存"按钮，则将修改后的文件保存为一个模板文件，关闭该文件。

（a）模板源文件

（b）保存模板

图 3.116　创建模板

（2）应用模板

① 单击"文件"选项卡下"新建"命令，在"可用模板"选项区中单击"我的模板"，在弹出的"新建"对话框的"个人模板"选项卡中选中上一步创建的模板"产品销售情况表"，如图 3.117（a）所示。

② 单击"确定"按钮，即可新建一个基于"产品销售情况表"的新工作簿，在打开的文件中填入相应的数据信息，如图 3.117（b）所示。

（a）"模板"对话框　　　　　　　　　　　　（b）应用模板创建新文件

图 3.117　应用模板

3.6.5　思考与实践

① 什么是数据清单？

② "数据"选项卡中的分类汇总命令的功能是什么？如何操作？举例说明。

③ 自定义筛选时，如何自定义筛选条件？举例说明。

④ 如何建立数据透视表？

⑤ 打开第 3.3 节所建的成绩表，对其进行下列数据分析。

a. 按"总分"进行升序排序。

b. 筛选出"物理""化学""地理"都>=90 分的学生（用自动筛选、高级筛选两种方法做）。

c. 在所有学生中，按"性别"进行分类汇总，汇总项为"总分""平均分"，汇总方式为"平均值"。

d. 在表中增加一个"班级"字段，在清单中继续添加二班和三班的成绩记录，为修改的数据清单建立数据透视表，以"班级"为行标签，"性别"为列标签，数值为"总分""平均分"。

第 4 章　演示文稿

演示文稿是人们用来交流多媒体信息的一种重要工具，将需要表达的主题以文字、图形、图像、动画、声音、视频等形式直观地、形象地、准确地展示给观众，让观众对你要表达的信息很好地理解掌握并且印象深刻。演示文稿在课堂教学、论文答辩、员工培训、工作汇报总结、各种会议演讲、宣传展示、策划提案和资料说明中都发挥重要作用。由于演示文稿应用普及，制作演示文稿的软件种类也越来越多，如 PowerPoint、WPS 演示、斧子演示（Axeslide）、Focusky、Prezi、HTML5 幻灯片演示系统 H5Slides 等，但从应用的广泛程度来看，Microsoft Office 系列的 PowerPoint 用户数最多，其实这些演示文稿软件的制作大同小异，本章以 PowerPoint 2010 为例对演示文稿的制作过程进行讲解。

 学习目标

本章对 PowerPoint 2010 的基本知识和基本操作讲解，使学生具备使用 PowerPoint 2010 制作演示文稿的能力。通过本章学习，应掌握以下内容：

- 了解 PowerPoint 的基本知识，学会演示文稿的创建、打开、关闭和保存等操作；
- 掌握幻灯片的插入、复制、移动、删除和版式设置基本操作；
- 熟练掌握幻灯片的基本制作方法；
- 学会应用演示文稿主题、版式和母版；
- 掌握设置幻灯片的背景；
- 熟练掌握演示文稿动画设计、放映设计、切换效果设置；
- 学会在演示文稿中插入超链接，能够打包和打印演示文稿。

4.1　简单演示文稿制作

PowerPoint 2010 简称 PPT，是 Microsoft Office 2010 系列办公软件的重要组件之一，它是一个功能强大的演示文稿制作软件。利用 PowerPoint 2010 能够方便地制作出集艺术字、图形、图片、音频和视频等多种媒体元素于一体的图文并茂、感染力强的演示文稿。

4.1.1　任务的提出

又到了一年开学季，十年寒窗苦读，莘莘学子带着梦想走进自己理想的大学，作为一所以铁道（轨道）交通类专业为主，涵盖轨道交通各主要工种的高等职业院校，为了更好地让新生了解

学校专业设置、了解铁路的行业大背景，学生处的领导要求刚刚参加工作的小张老师利用 PowerPoint 2010 制作"高铁简介"演示文稿，并通过大屏幕向学生进行生动形象的演示，如图 4.1 所示。

4.1.2 分析任务与知识准备

1. 分析任务

本任务要求制作"高铁简介"简单演示文稿，为了增强学生学习兴趣，使演示文稿条理清晰、专业美观，具体要求如下：

① 熟练掌握 PowerPoint 的启动、保存和关闭；

② 能够进行幻灯片的新建、删除、添加、复制、移动；

③ 根据要展示的内容，确定每一张新建幻灯片的版式；

④ 正确输入幻灯片的文本并设置格式；

⑤ 能够在幻灯片中插入音视频；

⑥ 能够实现幻灯片的自动播放。

图 4.1　高铁简介演示文稿

2. 知识准备

1）PowerPoint 2010 启动

启动 PowerPoint 2010 与其他 Office 应用程序启动一样，主要有以下 3 种方法，用户可根据需要进行选择。

（1）通过"开始"菜单启动

选择"开始"按钮█➡"所有程序"→"Microsoft Office"→"Microsoft PowerPoint 2010"命令，即可启动 PowerPoint 2010。

（2）利用快捷方式启动 PowerPoint 2010

双击桌面上的 PowerPoint 快捷方式图标，即可启动 PowerPoint 2010。

（3）利用已有的演示文稿

双击已建立好的演示文稿文件，也可同时启动 PowerPoint 2010。

2）PowerPoint 2010 的窗口组成

PowerPoint 2010 与其他 Office 组件有着相同或相近的工作界面，同时也有自己独立的部分，其工作窗口由快速访问工具栏、标题栏、功能选项卡、功能区、大纲/幻灯片浏览窗格、编辑区、备注窗格和状态栏等部分组成，如图 4.2 所示。

（1）快速访问工具栏

快速访问工具栏位于演示文稿顶部左侧，默认显示四个按钮即"保存"按钮█、"撤销"按钮█、"恢复"按钮█和"自定义"按钮█，单击对应的按钮可执行相应的操作。如需在快速访问工具栏中添加其他按钮，可单击其后的"自定义快速访问工具栏"按钮█，在弹出的菜单中选择所需的命令即可。

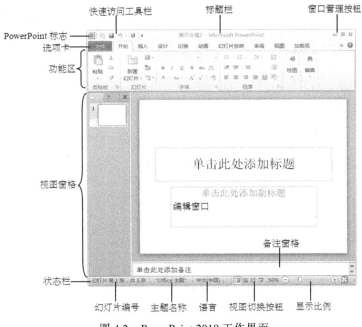

图 4.2　PowerPoint 2010 工作界面

（2）标题栏

标题栏位于快速访问工具栏的右侧，它包括演示文稿名称和软件名称，标题栏最右边有 3 个按钮分别为最小化、最大化/向下还原和关闭。

（3）功能区

PowerPoint 2010 以功能区取代了传统的菜单命令，功能区内包含多个选项卡，各种操作命令依据功能集成在不同的选项卡中，选项卡内再按使用方式进行分组。这种界面与传统的菜单相比更加直观，使用的命令以图标的形式出现在功能区，方便用户。PowerPoint 2010 中主要包括以下常用选项卡：

①"开始"选项卡。单击"开始"选项卡，其中包括剪贴板、幻灯片、字体、段落、绘图和编辑 5 个组，主要用于插入新幻灯片、将对象组合在一起，以及设置幻灯片上的文本的格式。

②"插入"选项卡。使用"插入"选项卡可将表格、形状、图表、页眉或页脚、艺术字、文本框、音频、视频等各种元素插入演示文稿中，让幻灯片更丰富多彩。

③"设计"选项卡。其中包括三个组，单击"页面设置"可启动"页面设置"对话框，在"主题"组中，单击某个内置主题将其应用于演示文稿，单击"背景样式"可为演示文稿选择背景色和设计。

④"切换"选项卡。单击"切换"选项卡，其中包括两个组，使用"切换"选项卡可对当前幻灯片应用、更改或删除切换。在"切换到此幻灯片"组可以设置各种切换效果；在"定时"组单击某切换可将其应用于当前幻灯片；在"声音"列表中可从多种声音中进行选择以在切换过程中播放，默认是"无声音"；在"换片方式"下可选中"单击鼠标时"复选框，以在单击时进行切换也可以自动切换。

⑤"动画"选项卡。其中包括预览、动画、高级动画、计时四个组，主要用于对幻灯片上的对象应用、更改或删除动画，应用时要注意各对象设置动画的先后顺序。

⑥ "幻灯片放映"选项卡。其中包括幻灯片放映、自定义幻灯片放映的设置和隐藏单个幻灯片等功能。

⑦ 上下文选项卡。有的选项卡不用时是不显示的，防止选项卡过多造成混乱，这类选项卡只在特定条件下才显示，被称为上下文选项卡。

若要查看上下文选项卡，首先选择要使用的对象，然后在功能区中查看是否显示上下文选项卡，最后通过上下文选项卡完成对象设置。

例如，在幻灯片中插入某一图片对象时，选中该对象的情况下在功能区显示与其对应的"图片工具"上下文选项卡，如图 4.3 所示。

图 4.3 "图片工具"上下文选项卡

（4）视图窗格

视图窗格位于幻灯片编辑区的左侧，包含"大纲"和"幻灯片"两个选项卡，以缩略图的形式显示演示文稿的幻灯片排列及位置。通过它可直观地看到整个演示文稿的结构。在"幻灯片"选项卡下，将显示整个演示文稿中幻灯片的编号及缩略图；在"大纲"选项卡下列出了当前演示文稿中各张幻灯片中的文本内容。

（5）幻灯片编辑区

幻灯片编辑区是整个工作界面的核心区域，是使用 PowerPoint 2010 制作演示文稿的操作平台，用于创建和编辑幻灯片，在其中可以完成各种元素的插入并根据需要设置格式效果。

（6）备注窗格

备注窗格位于幻灯片编辑区下方，可供幻灯片制作者或幻灯片演讲者查阅该幻灯片信息或在播放演示文稿时对需要的幻灯片添加说明和注释。

（7）状态栏

PowerPoint 2010 状态栏与其他 Office 组件的不同，在状态栏中显示幻灯片当前是第几张、共多少张、演示文稿视图、显示比例及幻灯片放映按钮等。

3）PowerPoint 2010 的退出

与其他 Office 组件相似，PowerPoint 2010 的退出可以选择以下几种方法。

① 直接单击 PowerPoint 2010 窗口中标题栏右侧的"关闭"按钮。

② 按【Alt+F4】组合键可以退出 PowerPoint 2010 应用程序。

③ 打开"文件"选项卡，单击"退出"命令。

④ 单击 PowerPoint 2010 窗口标题栏左上角的控制菜单图标，选择"关闭"命令。

当退出应用程序时，如对演示文稿已做修改，退出时系统会弹出"另存为"对话框，提醒用户是否保存修改的演示文稿，单击"保存"按钮则存盘退出，单击"不保存"按钮则直接退出但不存盘。

4）PowerPoint 2010 的基本操作

（1）新建演示文稿

为了方便使用，PowerPoint 2010 提供了多种创建演示文稿的方法，用户可以根据需要选择合适的方法。

① 创建空白演示文稿。创建空白演示文稿有两种方法：第一种是启动 PowerPoint 2010 以后，系统将自动创建一个默认版式的空白演示文稿；第二种方法是在 PowerPoint 2010 已经启动的情况下，单击"文件"选项卡，选择"新建"命令，在右侧"可用的模板和主题"区选择"空白演示文稿"项，单击"创建"按钮即可，具体步骤如图 4.4 所示。

② 使用主题创建演示文稿。PowerPoint 2010 为用户提供了内置的各种主题，用户可以根据自己的需要选用其中一种接近自己需求的主题，具体操作步骤如下：

启动 PowerPoint 2010，单击"文件"选项卡，选择"新建"命令，在右侧"可用的模板和主题"→"主题"中进行选择，如图 4.5 所示。

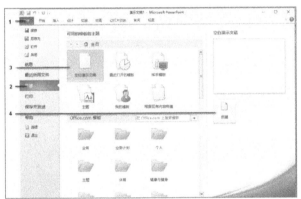

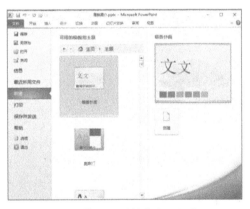

图 4.4　创建空白演示文稿　　　　　　图 4.5　使用主题创建演示文稿

（2）演示文稿的打开

① 单击"文件"选项卡→选择"打开"命令，弹出"打开"对话框，在该对话框中选择待打开的演示文稿，双击或单击"打开"按钮即可。

② 单击"自定义快速访问工具栏"按钮 ，在弹出的菜单中选择"打开"命令或按【Ctrl+O】组合键。

③ 打开"Windows 资源管理器"窗口，查找待打开的演示文稿，双击该文件即可打开。

（3）保存演示文稿

PowerPoint 的保存与使用 Office 2010 其他软件程序保存方法一样，演示文稿创建或修改完成后，最好立即为其命名并加以保存，通过"保存"命令或"另存为"命令实现，具体方法如下：

① 选择"文件"→"另存为"命令，如果是第一次保存，需在"文件名"文本框中输入 PowerPoint 演示文稿的名称，再单击"保存"按钮。

② 单击"快速访问工具栏"中的"保存"按钮或按【Ctrl+S】组合键。

☛ 注意

默认情况下，PowerPoint 2010 将文件保存为 PowerPoint 演示文稿（.pptx）文件格式。若要以非.pptx 格式保存演示文稿，请在"保存类型"列表中选择所需的文件格式。

5）幻灯片的管理

一个演示文稿里包含多张幻灯片，由幻灯片构成演示文稿，默认情况下，新创建的演示文稿中只包含一张幻灯片。可以采用插入、复制、移动或者删除等方式对演示文稿的幻灯片进行管理。

（1）插入幻灯片

插入幻灯片是向演示文稿中增加幻灯片的重要方法，插入幻灯片的方法有以下几种：

① 在视图窗格"幻灯片"选项下，将鼠标光标定位到要插入新幻灯片的位置，单击"开始"选项卡→"幻灯片"组→"新建幻灯片"按钮，选择相应版式的幻灯片即可插入新幻灯片，如图 4.6 所示新建一张"标题幻灯片"。

② 在视图窗格"幻灯片"选项下，将鼠标光标定位到要插入新幻灯片的位置，右击，在弹出的快捷菜单中选择"新建幻灯片"命令。

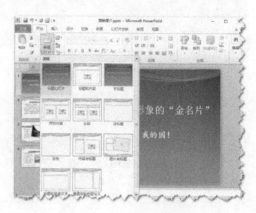

图 4.6 新建标题幻灯片

③ 选中某张幻灯片，按【Enter】键，新建一张与所选幻灯片版式相同的幻灯片。

④ 按【Ctrl+M】组合键。

（2）复制幻灯片

利用复制+粘贴的方式，可以得到选定幻灯片的副本，其常用方法为：选中要复制的幻灯片，右击，在弹出的快捷菜单中选择"复制"命令，选择目标位置，右击并粘贴。或者利用【Ctrl+C】组合键和【Ctrl+V】组合键。

（3）移动幻灯片

在演示文稿的编辑过程中，常常需要调整幻灯片的位置，使演示文稿更符合作者的表现意图，移动幻灯片的方法如下：

① 选中要移动的幻灯片，按住鼠标左键将它拖动到新的位置，在拖动过程中，有一条横线随之移动，横线的位置决定了幻灯片的插入点，移动到目标位置，释放鼠标，幻灯片完成移动。

② 利用右键快捷菜单的"移动"和"粘贴"命令。

③ 利用【Ctrl+X】组合键和【Ctrl+V】组合键。

（4）删除幻灯片

① 选中需删除的幻灯片后，按【Del】键。

② 选中需删除的幻灯片，右击，在弹出的快捷菜单中选择"删除幻灯片"命令。

6）幻灯片中添加文本及格式设置

（1）在占位符中输入文本

占位符是创建新幻灯片时出现的虚线方框，虚框的内部会有"单击此处添加标题""单击此处添加文本"之类的提示语，顾名思义，占位符就是先占据一个固定的位置，等待向其中添加具体内容。在占位符中单击后，提示语将自动消失，可以在闪烁的光标处输入或粘贴文本。

（2）在文本框中输入文本

单击"插入"选项卡→"文本"组→"文本框"按钮，选择"横排文本框"或"垂直文本框"

命令，然后按住鼠标左键在幻灯片中拖动出一个文本框来，将相应的文本内容输入文本框中即可。

（3）直接输入文本

在"普通视图"下，单击左侧视图窗格中的"大纲"选项卡，然后直接输入文本字符即可，每输完一个内容后，按下【Enter】键将切换到下一占位符中输入。如果想输入后面幻灯片中的内容，单击"开始"选项卡→"幻灯片"组→"新建幻灯片"按钮，选择相应版式的幻灯片即可插入新幻灯片，在"大纲"选项卡下继续输入后面的相应内容。

（4）设置文本格式

① 设置字体格式。与 Word 2010 中文本格式设置类似，在演示文稿中选中待设置字体格式的文字，选择"开始"选项卡中的"字体"组里面的命令，可以设置文字的字体、字号、字形及文字颜色等。

② 设置段落格式。为了能够使演示文稿看起来更加整洁、美观，在演示文稿中对段落格式进行设置，包括对齐方式、行距间距、缩进方式、段落分栏，与 Word 2010 中段落格式设置类似，选择"开始"选项卡中的"段落"组里面的相应命令，完成相应设置即可。

③ 更改文字方向。将光标插入需要更改字体方向的占位符或文本框中，单击"开始"选项卡→"段落"组→"文字方向"按钮，在弹出的下拉列表中可以选择多种方向调整样式，如图 4.7 所示。

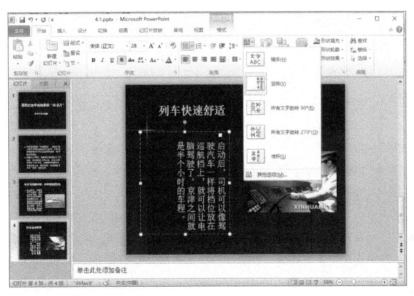

图 4.7　更改文字方向

④ 设置项目符号和编号。

a. 将光标定位在需要设置项目符号编号的段落中。

b. 选择"开始"选项卡→"段落"组，单击"项目符号"或"编号"右侧的下拉按钮，在弹出的下拉列表中可以选择项目符号或编号的样式，即可完成设置。

7）插入音频和视频

制作演示文稿时，音频、视频等多媒体元素的应用越来越广泛。在 PowerPoint 2010 中可以添加声音信息，也可以嵌入格式为 avi、mpg、wmv、asf 视频或链接到视频，制作出声色俱佳的幻灯片，使幻灯片具有更好的演示效果。

（1）插入音频

① 单击要添加音频的幻灯片。

② 单击"插入"选项卡→"媒体"组→"音频"的下拉按钮，在弹出的下拉列表中可以选择"文件中的音频""剪贴画音频""录制音频"命令。

（2）插入视频

① 单击要添加视频的幻灯片。

② 单击"插入"选项卡→"媒体"组→"视频"的下拉按钮，在弹出的下拉列表中可以选择"文件中的视频""来自网站的视频""剪贴画视频"命令，如图4.8所示。

（3）裁剪音频

在每个音频剪辑的开头和末尾处可以对音频进行修剪，从而达到随心所欲地选择需要播放音频片段的目的。以裁剪音频为例进行说明，视频裁剪过程类似，不再赘述。

① 选择音频剪辑，然后单击"播放"按钮。

② 单击"音频工具"选项卡→"播放"选项卡→"编辑"组→"剪裁音频"按钮。

③ 在"剪裁音频"对话框中，拖动开始和结尾的箭头到合适位置，如图4.9所示。

图 4.8　插入视频

图 4.9　"剪裁音频"对话框

☞　**注意**

在PowerPoint 2010中使用Flash存在一些限制，包括不能使用特殊效果（如阴影、反射、发光效果、柔化边缘、棱台和三维旋转）淡出和剪裁功能，以及压缩这些文件。

8）演示文稿的放映设置

制作完演示文稿后，通过放映演示文稿可以观看其制作的效果。对幻灯片放映方式的合理选择，可以使制作的PPT能达到更好的放映效果和演讲效果。在放映演示文稿之前，可以根据放映的场所不同而为演示文稿设置不同的放映方式，并且还可以为演示文稿排练计时及录入旁白，来增强演示文稿的实用性和可操作性。

（1）设置放映方式

在PowerPoint 2010中放映演示文稿时，用户可以根据需要设置不同的放映方式，具体操作为：单击"幻灯片放映"选项卡→"设置"组→"设置幻灯片放映"按钮，弹出"设置放映方式"对话框，如图4.10所示。

① 在"放映类型"选项区：系统提供了"演讲者放映"、"观众自行浏览"和"在展台浏览"3种放映方式供用户选择。

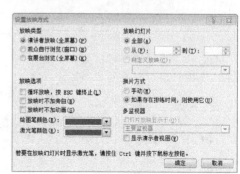

图 4.10　"设置放映方式"对话框

a. 演讲者放映。此选项是默认的放映方式。在这种放映方式下，幻灯片全屏放映，放映者有完全的控制权。例如，可以控制放映停留的时间、暂停演示文稿放映、在放映过程中录旁白，可以选择自动方式或者人工方式放映等。

b. 观众自行浏览。在这种放映方式下，幻灯片以小型窗口放映来播放演示文稿，并提供滚动条和"浏览"菜单，由观众选择要看的幻灯片。在放映时可以使用工具栏或菜单移动、复制、编辑、打印幻灯片。

c. 在展台浏览。在这种放映方式下，幻灯片全屏放映。每次放映完毕后，自动反复，循环放映。观众无法对放映进行干预，也无法修改演示文稿，适合无人管理的展台放映。该方式下除了鼠标指针外，其余菜单和工具栏的功能全部失效，终止放映要按【Esc】键。

② "放映选项"选项区：选择相应的复选框，实现"放映时不加旁白""放映时不加动画"的设置。

③ "放映幻灯片"选项区：可以选择要放映幻灯片范围。

④ "换片方式"选项区：设置幻灯片的"手动"或"如果存在排练时间，则使用它"两种控制方式。

（2）设置"排练计时"

① 选择"幻灯片放映"选项卡→"设置"组，单击"排练计时"按钮，启动排练方式。

② 用"录制"面板中的按钮来依次播放幻灯片或幻灯片中的对象，并可看到它的播放时间和总时间。

③ 当最后一张幻灯片排练完成后，会出现一个 Microsoft PowerPoint 对话框，报告本次预演幻灯片放映的总时间，单击"是"按钮保存排练时间，或单击"否"按钮放弃本次排练时间，如图 4.11 所示。

（3）将演示文稿设置为循环放映效果

① 单击"幻灯片放映"选项卡→"设置"组→"设置幻灯片放映"按钮，选择"在展台浏览"，在"换片方式"中选择"如果存在排练时间，则使用它"。

② 选择"切换"选项卡，在"计时"组件中设置每隔 5 秒自动切换，如图 4.12 所示。

图 4.11 排练计时

图 4.12 设置演示文稿循环放映

（4）设置自定义放映

若用户并不希望将演示文稿的所有部分展现给观众，而是需要根据不同的观众选择不同的放映部分，可以根据需要自定义放映部分。

① 打开演示文稿，选择"幻灯片放映"选项卡。

② 单击"自定义幻灯片放映"按钮，从下拉列表中选择"自定义放映"命令。

③ 弹出"自定义放映"对话框，单击"新建"按钮。

④ 弹出"定义自定义放映"对话框，在"在演示文稿中的幻灯片"列表框中选择合适的幻灯片，单击"添加"按钮，将其添加至"在自定义放映中的幻灯片"列表框中，单击"确定"按

钮，单击"放映"按钮即可开始放映自定义放映的幻灯片。

（5）放映幻灯片

幻灯片放映方式设置完成，即可播放幻灯片，单击"幻灯片放映"选项卡→"开始放映幻灯片"组，单击"从头开始"按钮、"从当前幻灯片开始"按钮、"自定义幻灯片放映"按钮。也可以单击演示文稿窗口右下角的 按钮或按【Shift+F5】组合键，默认从当前幻灯片开始放映。

（6）结束放映演示文稿

当演示文稿放映时，用户可右击，在弹出的快捷菜单中选择"结束放映"命令退出放映，或者按【Esc】键退出幻灯片放映。

4.1.3 完成任务

1. 制作第一张幻灯片

1）启动 PowerPoint 2010

启动 PowerPoint 2010，默认打开一张空白标题幻灯片的演示文稿，单击"文件"选项卡，选择"新建"命令，在右侧"可用的模板和主题"中选择"主题"项，在给定的主题中选择一种主题样式，如选择"流畅"主题，然后单击右侧窗格中"创建"按钮，具体步骤如图 4.13 所示。此时系统自动生成一张带有"流畅"主题样式的标题幻灯片。

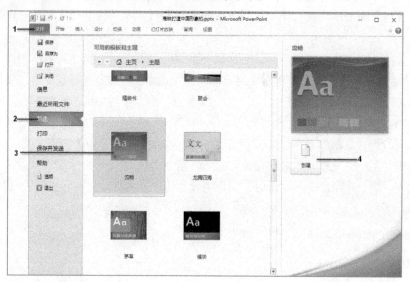

图 4.13　利用"流畅"主题创建幻灯片

2）输入文本

在"标题幻灯片"中"单击此处添加标题"占位符，输入"高铁打造中国形象的'金名片'"，在"单击此处添加副标题"占位符，输入"厉害了我的国！"，如图 4.14 所示。

3）设置文本格式

调整标题文本的字体格式为宋体，字号 48，颜色为"白色，文字 1"，居中对齐；选择副标题文本并设置为楷体，字号 36，颜色为"白色，文字 1"，居中对齐。为了让幻灯片看起来更美观，可以调整占位符边框的位置。

4）插入背景音乐

在第一张幻灯片的右下角插入背景音乐，单击“音频工具”选项卡→“播放”选项卡→“音频选项”组，设置背景音乐“自动”开始和“放映时隐藏”；单击“编辑”组→“裁剪音频”按钮，在“裁剪音频”对话框中调整音频的开始时间和结束时间，其背景音乐设计及第一张幻灯片的效果如图 4.15 所示。

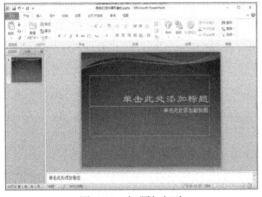

单击此处添加标题

图 4.14　标题幻灯片

高铁打造中国形象的“金名片”
厉害了我的国！
单击此处添加备注

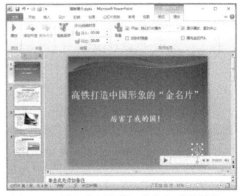

图 4.15　插入音频及第一张幻灯片的效果

2．制作第二张幻灯片

1）新建幻灯片

将光标定位在第一张幻灯片的后面，打开“开始”选项卡，在“幻灯片”组中单击“新建幻灯片”按钮，在弹出的下拉列表中选择“标题和内容”版式，插入一张新幻灯片。

2）输入内容与设置

单击这张幻灯片中的“单击此处添加标题”占位符，输入“世界高铁看中国”内容，选中该行文字，在“开始”选项卡的“字体”工具组中单击对话框启动器按钮，在弹出的“字体”对话框中设置字体格式为宋体，字号 44，下画线线型“双波浪线”，单击“确定”按钮，如图 4.16 所示。在“开始”选项卡的“段落”工具组设置文字对齐方式为“居中”。

在添加文本占位符中输入“中国高铁领跑……完美收官。”两段文本内容。每段文字以换行结束。在“开始”选项卡的“字体”工具组中设置字体格式为宋体，字号 32。第二张幻灯片的效果如图 4.17 所示。

世界高铁看中国

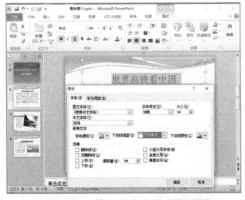

图 4.16　第二张幻灯片的标题设置

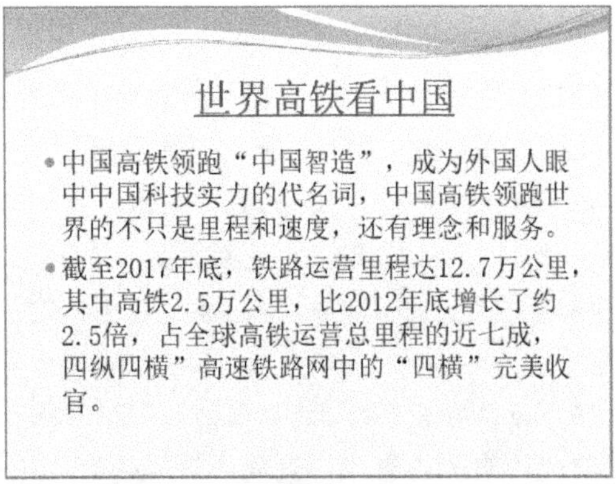

世界高铁看中国
中国高铁领跑“中国智造”，成为外国人眼中中国科技实力的代名词，中国高铁领跑世界的不只是里程和速度，还有理念和服务。
截至2017年底，铁路运营里程达12.7万公里，其中高铁2.5万公里，比2012年底增长了约2.5倍，占全球高铁运营总里程的近七成，四纵四横”高速铁路网中的“四横”完美收官。

图 4.17　第二张幻灯片的效果

3．制作第三张幻灯片

1）新建幻灯片

将光标定位在第二张幻灯片的后面，打开"开始"选项卡，在"幻灯片"组中单击"新建幻灯片"按钮，在弹出的下拉列表中选择"图片与标题"版式，插入一张新幻灯片。

2）内容录入与设置

① 单击这张幻灯片中"单击此处添加标题"占位符，输入"列车快速舒适"，选中该行文字，选择"开始"选项卡→"字体"组，设置标题字体格式为宋体，字号44，下画线线型"双波浪线"。

② 在添加文本占位符中输入"启动后，司机可以像驾驶汽车一样将挡位放在巡航挡上，就可以让电脑驾驶了。"选择"开始"选项卡→"字体"组，设置标题字体格式为宋体，字号32，选择"开始"选项卡→"段落"组→"文字方向"按钮，在"文字方向"下拉列表中选择"竖排"命令。

③ 单击幻灯片右侧"单击图标添加图片"→"插入来自文件中的图片"按钮，导航到图片所在位置，选中待插入的图片，单击"插入"即可，如图4.18所示。

根据需要调整标题和文本占位符的位置，第三张幻灯片的最终效果如图4.19所示。

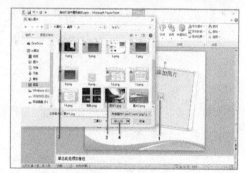
图 4.18　插入图片

图 4.19　第三张幻灯片的效果

4．制作第四张幻灯片

1）新建幻灯片

将光标定位在第三张幻灯片的后面，打开"开始"选项卡，在"幻灯片"组中单击"新建幻灯片"命令，在弹出的下拉列表中选择"两栏内容"选项，创建两栏版式的第四张幻灯片。

2）内容录入与设置

① 单击这张幻灯片中"单击此处添加标题"占位符，输入"中国高铁看青岛"，选中该行文字，选择"开始"选项卡→"字体"组，设置标题字体格式为宋体，字号44，字形加粗，下画线线型"双波浪线"，选择"开始"选项卡→"段落"工具组，设置文字对齐方式为"居中"。

② 单击左侧文本框，输入"坐上青岛高铁列车……列车运行信息。"选择"开始"选项卡→"字体"组，设置标题字体格式为宋体，字号28。

在幻灯片右侧"单击此处添加文本"→"插入媒体剪辑"按钮，导航到"高铁纪录片.wmv"视频所在位置，选中待插入的视频，单击"插入"按钮，第四张幻灯片制作完成，其效果如图4.20所示。

5．设置演示文稿的展台播放

单击"幻灯片放映"选项卡→"设置"组→"排练计时"按钮对每张幻灯片进行计时，效果如图4.21所示。单击"设置幻灯片放映"按钮，在弹出的"设置放映方式"对话框中选择"在展台浏览（全屏幕）"放映类型。

图 4.20 第四章幻灯片效果

图 4.21 幻灯片排列计时效果

6. 保存演示文稿

选择"文件"选项卡→"保存"命令，弹出"另存为"对话框，选择保存位置，并命名为"高铁简介.pptx"，单击"保存"按钮。

4.1.4 总结与提高

通过本节内容学习，应熟练掌握幻灯片的一些基本操作，以及创建演示文稿的方法并对幻灯片中的文字内容、字体格式和段落格式进行简单设置，同时也学会在幻灯片中插入音/视频，并对幻灯片的放映方式进行设置。利用主题样式新建演示文稿能够让演示文稿更加美观，新建幻灯片时选好版式，在对应的占位符位置中输入要添加的文本内容，很多情况下需要根据实际情况调整占位符的位置让整体看起来更协调，音乐背景和放映方式的设计让演示文稿更引人入胜，需要说明的是在插入音频时将音频设置成背景音乐会影响到幻灯片中插入视频的播放效果，因此插入音频文件可在母版中实现，需要插入视频的母版中不需要插入音频文件。

4.1.5 思考与实践

① 了解 PowerPoint 2010 的界面组成和每部分的作用。

② 新建"元素"主题演示文稿，新建"标题幻灯片"，主标题文字输入"太阳系是否存在第十大行星"，其字体为"黑体"，字号为 53，加粗，颜色为红色（自定义标签的红色 250，绿色 0，蓝色 0）。副标题输入"'齐娜'是第十大行星？"其字体为"楷体"，字号为 39，黄色。

4.2 美化竞聘演示文稿

制作演示文稿时需要将文字、图片、图形、表格等各种对象融合在一起，才能使作品具有较强的感染力，为了能够给观众留下更深刻的印象，演示文稿外观的设计具有至关重要的作用。美化演示文稿不仅能美化和统一每张幻灯片风格，还能更好地增强效果，它把原本单一死板的文字、图像等多种媒体信息，以生动的形式展现出来。铁路院校的毕业生小李，在学校期间学习刻苦、成绩优异，在学校的现场实践课中多次被评为"技术能手"，在铁路局某站工作的五年里一直埋头苦干、任劳任怨，履行自己的岗位职责，完成车站的各项工作，是站段的技术骨干，现竞聘站段副站长，利用 PowerPoint 2010 制作简洁生动的竞聘演讲稿，制作效果如图 4.22 所示。

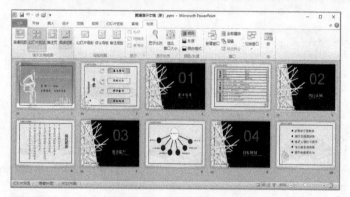

图 4.22　竞聘演示文稿

4.2.1　任务的提出

学习演示文稿的美化过程帮助小李完成竞聘演示文稿的制作过程。

我们的任务

① 网上下载竞聘相关的模板或者应用内置模板，修改模板使其满足制作演示文稿的需要。

② 文本录入并设置文本格式，插入图形、图片、表格对象并设置格式。

③ 给幻灯片设置漂亮的背景。

④ 应用主题、母版统一演示文稿的风格。

⑤ 设置合适的放映方式。

4.2.2　分析任务与知识准备

1．分析任务

下面开始具体制作演示文稿：首先利用前两节所学知识制作竞聘演示文稿每张幻灯片的内容，通过插入文字、图片、表格清晰简明地表达所需要表达的东西；然后为幻灯片设置主题、背景、增加演示文稿的美感，并通过设置母版实现演示文稿中相同内容的设计达到格式统一；最后再为演示文稿设置放映方式，更好地增强演示文稿的播放效果。

2．知识准备

1）插入文件中的图片

① 选中要插入图片的幻灯片位置。

② 单击"插入"选项卡"图像"组中的"图片"按钮，弹出"插入图片"对话框。

③ 在"插入图片"对话框找到要插入的图片，然后双击该图片。若要添加多张不连续图片，按住【Ctrl】键的同时单击要插入的图片，然后单击"插入图片"对话框下面的"插入"按钮，如图 4.23 所示。

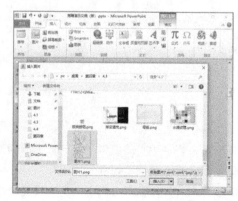

图 4.23　插入文件中的图片

📂 **提示**

插入网页中的图片方法与插入文件中的图片类似，需提前将网页中的图片进行命名保存，然后按照插入文件中图片的步骤进行插入。也可以复制和粘贴网页中的图片，在网页上右击所需的图片，然后在弹出的快捷菜单上选择"复制图像"命令。在演示文稿中，右击要插入图片的位置，然后单击粘贴选项中的"图片"。请确保选择的图片未超链接到其他网页。若选择的图片已超链接到其他网页，则会将该图片作为相应网页的超链接而不是图像插入到文档中。

2）插入图形

演示文稿在制作过程中除了插入图片常会用到插入图形，如制作目录时插入圆角矩形、矩形、椭圆等并在图形上添加相应的文字内容。

PowerPoint 2010 中提供了常用图形的绘制工具，方便用户在演示文稿中绘制一些简单的图形，有的可以直接使用，有的稍加组合即可更有效地表达某种观点和想法，同时也提供了 SmartArt 图形功能，可以用来创建不同样式的图形，结合文字所表达的内容，能够增强所传达的信息的效果。

（1）绘制形状

① 单击"插入"选项卡→"插图"工具组中→"形状"按钮。

② 在弹出的下拉列表中选择所需形状如图 4.24 所示。单击幻灯片中的目标位置，鼠标出现加号样式，按住鼠标左键拖动至合适大小时，松开左键，即可绘制出想要形状。

🏳 **技巧**

多次添加同一形状，右击要添加的形状，选择"锁定绘图模式"命令，即可在幻灯片中多次绘制同一图形，添加完所有需要的形状后，按【Esc】键退出锁定模式。

要创建规范的正方形或圆（或限制其他形状的尺寸），在拖动的同时按住【Shift】键。

（2）编辑形状

① 调整形状的大小、位置。选择绘制好的形状，形状周围出现矩形边框，鼠标放到图形上指针变成四向箭头时，按住鼠标左键拖动，可以移动图形改变其位置。将鼠标放到边框上的 8 个控制点上可以调整图形的大小。

② 旋转形状。选中形状，拖动形状周围出现的绿色的控制圆点来旋转形状，或者单击"绘图工具"选项卡→"格式"选项卡→"排列"工具组中的"旋转"按钮，在弹出的下拉列表中选择"向右旋转 90°""向左旋转 90°""垂直翻转""水平翻转"等命令。

③ 设置形状样式。PowerPoint 2010 提供了许多预设形状样式，只要简单套用就能快速美化形状。

a. 套用形状样式。选中要套用样式的形状，单击"绘图工具-格式"选项卡→"形状样式"组，在左侧形状样式库中选择不同格式选项组合的形状样式进行填充，如图 4.25 所示。

b. 更改形状轮廓和填充。选中要更改轮廓的形状，单击"绘图工具-格式"选项卡→"形状样式"组中的"形状轮廓"按钮，在弹出的下拉列表中可以更改轮廓的线型、粗细和轮廓的颜色。

c. 更改形状填充。选中要更改填充的形状，单击"形状填充"按钮，在弹出的下拉列表中可以设置形状的渐变、纹理、图片等填充效果。

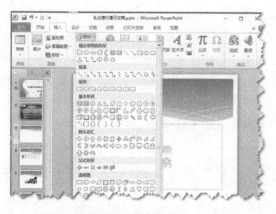
图 4.24 绘制形状

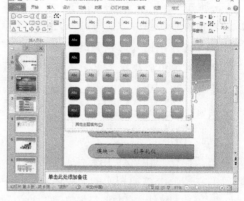
图 4.25 套用形状样式

d. 设置形状的效果。选中要设置效果的形状，单击"绘图工具-格式"选项卡→"形状样式"组中"形状效果"按钮，在下拉列表中选择"预设""阴影""映像""发光"等方面效果进行适当设置，达到满意的效果。

④ 在形状中添加文本。用户添加完形状，有时希望在绘出的封闭形状中增加文字，以表达更清晰的含义，实现图文并茂的效果。单击要向其中添加文字的形状，然后输入文字即可，或者右击要添加文字的图形，在弹出的快捷菜单中选择"编辑文字"命令，光标出现在图形的中间，输入要添加的文字。

☛ **注意**

添加文字之后，可以设置文字的格式，文字也将成为形状的一部分，如果移动、旋转或翻转形状，文字也会随之移动、旋转或翻转。

⑤ 组合形状。组合形状对象是指将多个图形对象组合在一起，以便把它们作为一个整体来处理，方便整体图形的缩放、移动、复制等操作。组合形状的方法有以下两种：

a. 同时选中要组合的多个形状，右击，在弹出的快捷菜单中选择"组合"命令。

b. 选定需要组合的各形状，单击"绘图工具-格式"选项卡→"排列"组中"组合"按钮，在下拉列表中选择"组合"命令即可。

3）插入表格

（1）在 PowerPoint 2010 中创建表格

① 选择要插入表格的幻灯片，利用"插入"选项卡→"表格"下拉列表中的表格窗格，直接拖动鼠标设置插入表格的行列数，如图 4.26 所示。

② 选择要向其添加表格的幻灯片，选择"插入"选项卡→"表格"组→"插入表格"命令，弹出"插入表格"对话框，在"列数"和"行数"微调框中输入相应的数字，如图 4.27 所示。

③ 在 PowerPoint 2010 中插入 Excel 电子表格。选中要插入 Excel 电子表格的幻灯片，选择"插入"选项卡→"表格"组→"Excel 电子表格"命令即可，调整表格大小，等待输入文字。

📂 **提示**

利用表格窗格插入表格的方法仅适用于行数较少的表格插入。

若要在表格的末尾添加一行，请在最后一行的最后一个单元格内单击，然后按【Tab】键。

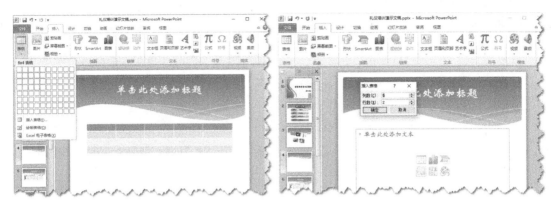

图 4.26　表格窗格　　　　　　　　图 4.27　"插入表格"对话框

（2）从 Word 中复制和粘贴表格

① 在 Word 中选中要复制的表格，右击，在弹出的快捷菜单中选择"复制"命令。

② 在 PowerPoint 2010 演示文稿中，选择要将表格复制到的幻灯片，右击，在弹出的快捷菜单中选择"粘贴选项"命令，在"粘贴选项"中选择一项。

（3）从 Excel 复制并粘贴一组单元格

① 在 Excel 中选中要复制的单元格，右击，在弹出的快捷菜单中选择"复制"命令。

② 在 PowerPoint 2010 演示文稿中，选择要将表格复制到的幻灯片，右击，在弹出的快捷菜单中选择"粘贴选项"命令，在"粘贴选项"中选择一项。

📁 提示

还可以将 PowerPoint 2010 演示文稿中的表格复制并粘贴到 Excel 工作表或 Word 文档中。

（4）美化表格

用户对表格进行美化时，往往需要对表格中的文字、表格行列、单元格等对象进行编辑操作，如设置字体格式、调整表格尺寸、插入删除行列及合并拆分单元格、设置边框底纹及套用表格样式等。选择要进行设置的表格对象，单击"表格工具–布局"选项卡中对应的命令按钮实现，如图 4.28 所示。

图 4.28　编辑表格对象

① 更改表格中的文字格式。

a. 更改文字字体格式。选中表格中要更改格式的文字，单击"开始"选项卡→"字体"组中的各个命令按钮完成设置，如更改字体、字号、字形、字体颜色等。

b. 设置文字对齐方式。选中表格中的文字，单击"表格工具–布局"选项卡→"对齐方式"工具组中的各种对齐方式按钮。

c. 改变文字方向。选中表格中要改变方向的文字，单击"表格工具–布局"选项卡→"对齐方式"工具组中的"文字方向"按钮，在下拉列表中默认选择"横排"命令，也可以选择"竖排"

"所有文字旋转若干角度""堆积"等命令。

② 编辑表格对象。

a. 调整表格大小。将鼠标指向表格的右下角出现双向箭头，按住鼠标左键拖动。

选中整个表格，单击"表格工具–布局"选项卡→"表格尺寸"工具组，输入表格的总高度和宽度的值。自动将高度宽度分布到行列。

选中整个表格，单击"表格工具–布局"选项卡→"单元格大小"工具组，输入单元格的总高度和宽度的值。如果想调整一行一列的高度、宽度，则选中某行或某列所包含的一个单元格，输入单元格的总高度和宽度的值即可。

b. 合并拆分单元格。选中要合并的多个单元格，单击"表格工具–布局"选项卡→"合并"工具组中的"合并单元格"按钮。

选中要拆分的单元格，单击"表格工具–布局"选项卡→"合并"工具组中的"拆分单元格"按钮，在弹出的"拆分单元格"对话框中输入行数和列数。

③ 应用表格样式。表格样式（或快速样式）是不同格式选项的组合，包括从演示文稿的主题颜色中获取的颜色组合，所添加的任意表格均会自动应用一种表格样式，若要应用其他表格样式，需要进行如下设置：选择要对其应用新的表格样式或其他表格样式的表格，单击"表格工具–设计"选项卡→"表格样式"组中所需的表格样式。若要查看更多表格样式，单击"其他"按钮，如图 4.29 所示。

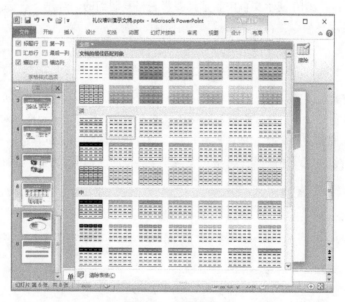

图 4.29　表格样式

④ 设置表格边框和底纹。选择要更改表格边框的单元格，单击"表格工具–设计"选项卡→"绘制边框"组，选择好"笔颜色""粗细"和边框的"线型"，再单击"表格样式"组中的"边框"按钮，可以更改表格的边框的粗细颜色等，如图 4.30 所示。

若要更改表格的底纹或背景色，单击"表格工具–设计"选项卡→"表格样式"组→ "底纹"的下拉按钮，进行表格的填充或背景色选择，如图 4.31 所示。

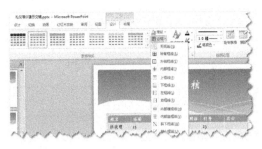

图 4.30　设置表格边框

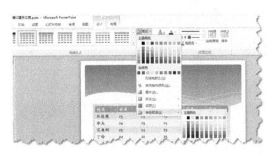

图 4.31　设置表格底纹

4）设计幻灯片主题

主题是由颜色、字体和效果组成的一套独立的外观方案，在 PowerPoint 创建演示文稿，可以使用主题功能快速美化和统一每张幻灯片风格。系统为用户提供了许多内置主题样式，用户除了可以在新建演示文稿时选择要应用的主题外，也可在创建演示文稿后，根据需要选择不同的主题样式设计演示文稿。

（1）使用主题

PowerPoint 2010 提供了多个标准的内置主题，单击"设计"选项卡→"主题"组→"其他"按钮，在出现的"所有主题"列表中选择需要的内置主题。右击主题，在弹出的快捷菜单中有如下选项，如图 4.32 所示。

图 4.32　设置主题

① 应用于所有幻灯片：将指定主题应用于所有幻灯片，选择主题后默认情况下应用于所有幻灯片。

② 应用于选定幻灯片：将指定主题应用于当前所选的幻灯片。

③ 设置为默认主题：将指定主题设置为默认主题，新建幻灯片将会沿用这个主题。

④ 添加到快速访问工具栏：将指定主题添加到快速访问工具栏，便于快速应用此主题。

（2）修改并保存主题效果

查找具有所需外观的标准主题，如果对主题效果的某一部分元素不满意，可以通过更改颜色、字体或者效果来修改它，如果对修改后的主题效果满意，可以将它保存为自己的自定义主题供以后使用。

① 单击"设计"选项卡→"主题"组中的要应用的主题。

② 更改主题颜色。主题颜色包含 4 种文本和背景颜色、6 种强调文字颜色及两种超链接颜色。

a. 单击"设计"选项卡→"主题"组→"颜色"按钮，在弹出的下拉列表中可以选择一种内置的主题颜色，也可以选择"新建主题颜色"命令。

b. 选择"新建主题颜色"命令，弹出"新建主题颜色"对话框，单击要更改的主题颜色元素名称旁边的按钮设置满意的颜色。

c. 在"名称"文本框中，为新主题颜色输入适当的名称，单击"保存"按钮，如图 4.33 所示。

③ 更改主题字体。单击"设计"选项卡→"主题"组→"字体"按钮，在弹出的下拉列表中可以选择一种与主题相匹配的字体样式。

④ 更改主题效果。单击"设计"选项卡→"主题"组→"效果"按钮，完成主题效果的修改。

📂 提示

修改后的主题在本地驱动器上的 Document Themes 文件夹中保存为 .thmx 文件，并将自动添加到"设计"选项卡→"主题"组中的自定义主题列表中。应用自定义的主题也可以通过单击"设计"选项卡→"主题"组右侧的"颜色""字体""效果"按钮，在展开的列表中重新选择主题的颜色、字体效果和一些特殊效果。

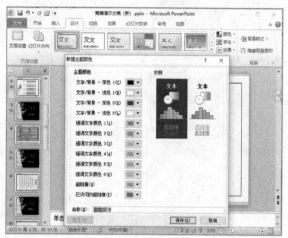

图 4.33 修改主题

⑤ 保存主题。保存对现有主题的颜色、字体或者线条与填充效果做出的更改，以便可以将该主题应用到其他文档或演示文稿。选择"设计"选项卡→"主题"组→"其他"按钮→"保存当前主题"命令，在弹出的"保存当前主题"对话框→"文件名"文本框中，为主题输入适当的名称，单击"保存"按钮，如图 4.34 所示。

5）背景的设置

PowerPoint 要吸引人，不仅需要内容充实、明确，外观的装饰也是很重要的。PPT 背景在使用过程中影响着整体氛围，设置 PPT 背景有利于更贴切 PPT 内容，达到更好地传递信息的效果。如果 PowerPoint 的背景是一个漂亮的清新或淡雅的背景图片，可能让幻灯片更符合意境更美观。

（1）设置背景样式

在选择某一主题后，可对其背景进行修改和设计。单击"设计"选项卡→"背景"

图 4.34 保存主题

组→"背景样式"按钮，系统提供了 12 种样式，以样式 1～样式 12 命名，选择其中一种进行设置，如图 4.35 所示。

（2）设置背景格式

① 在打开的演示文稿中，右击幻灯片页面的空白处，选择"设置背景格式"命令，或者选择"设计"选项卡→"背景样式"中的"设置背景格式"命令。

② 在弹出的"设置背景格式"对话框中，选择左侧的"填充"选项，就可以看到有"纯色

填充""渐变填充""图片或纹理填充""图案填充"4 种填充模式,如图 4.36 所示。在幻灯片中不仅可以插入自己喜爱的图片背景,而且还可以将背景设为纯色或渐变色。

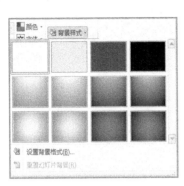

图 4.35 设置背景样式

图 4.36 设置背景格式

a. 设置渐变填充背景。渐变填充常见于 Photoshop 的使用中,是通过对图层色彩渐变的控制,来实现一个比较美观的效果,这个功能其实 PPT 中也经常使用,选中的"设置背景格式"对话框中的"渐变填充"单选按钮,系统提供了 24 种预设颜色并起好了相应名字,如选择一种"预设颜色"如"金乌坠地",再选择"类型"为"射线","角度"为"从右下角",单击"关闭"按钮即可完成当前幻灯片的设置,如图 4.37 所示。

b. 插入背景图片。选中"图片或纹理填充"单选按钮,在"插入自"下有两个按钮:一个是自"文件",可选择来自本机的背景图片;一个是自"剪贴画",可搜索来自系统提供的剪贴画图片。

单击"文件"按钮,弹出"插入图片"对话框,选择图片的存放路径,单击"插入"按钮即可插入事先准备好的背景图片。在 PowerPoint 2010 中,"设置背景格式"对话框有"图片更正""图片效果""艺术效果"三种修改美化背景图片的效果,具体设置步骤如图 4.38 所示。

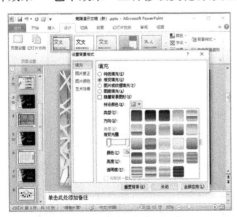

图 4.37 设置渐变填充背景

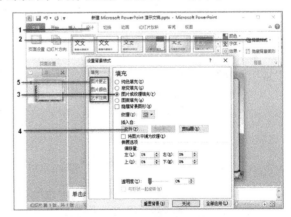

图 4.38 设置背景图片

单击"图片更正"选项,可设置图片的锐化和柔化、亮度和对比度等效果。

单击"图片颜色"选项,可设置图片颜色饱和度、色调、重新着色等效果。

单击"艺术效果"选项,可以设置标记、铅笔素描、线条图、影印、蜡笔平滑等内置的 23

种图片效果。

　　c. 设置背景的纹理填充。在弹出的"设置背景格式"对话框中，选中左侧"填充"中的"图片或纹理填充"单选按钮，系统提供了 24 种纹理并起好了相应名字，如选择一种"水滴"纹理，如图 4.39 所示。

　　d. 填充图案背景。选中左侧"填充"中的"图案填充"单选按钮，选择合适的图案样式填充幻灯片背景即可，如图 4.40 所示。

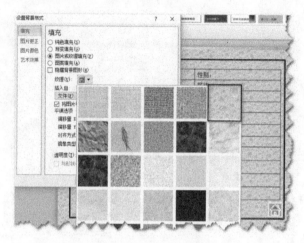

图 4.39　设置水滴纹理背景

图 4.40　设置图案填充背景

　　③ 单击"全部应用"按钮，设置的背景格式将应用到所有幻灯片，单击"关闭"按钮，则背景格式将应用到当前幻灯片。

　　6）幻灯片版式

　　在 PowerPoint 中，所谓版式可以理解为"已经按一定的格式预置好的幻灯片模板"，它主要是由幻灯片的占位符和一些修饰元素构成。PowerPoint 2010 中已经内置了许多常用的幻灯片的版式，如"标题幻灯片"、"图片与标题"幻灯片、"标题和内容"幻灯片、"两栏内容"幻灯片等，如图 4.41 所示。

　　如果系统提供的版式不能满足要求，则可以创建自定义版式。自定义版式可重复使用，并且可以指定占位符的数目、大小和位置、背景内容、主题颜色、字体及效果等。

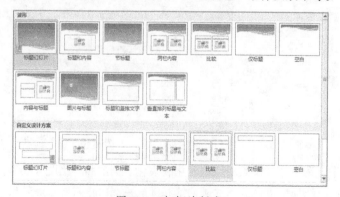

图 4.41　幻灯片版式

①　进入幻灯片的母版视图。单击"视图"选项卡→"幻灯片母版"按钮，进入母版视图后，会在左侧看到一组母版，其中第一个视图大一些，这是基本版式，其他的是各种特殊形式的版式。

②　添加幻灯片自定义版式和命名。单击"幻灯片母版"选项卡→"编辑母版"组→"重命名"按钮。

③　设计和编辑幻灯片自定义版式，在自定义版式中添加内容。单击"幻灯片母版"选项卡→"母版版式"组→"插入占位符"按钮，在下拉列表中选择要添加的"占位符"，如"文本""图片""图表"等。

④　应用幻灯片自定义版式。单击"关闭母版视图"按钮 ，新建幻灯片时，选择合适的版式即可。

7）幻灯片母版

幻灯片母版是用来定义整个演示文稿的幻灯片页面格式的，可以设置统一的幻灯片外观风格。通俗地说就是一种套用格式，通过插入占位符来设置格式。母版分为幻灯片母版、讲义母版和备注母版，分别存储与演示文稿的主题和幻灯片版式相关的所有信息，包括背景、颜色、字体、效果、占位符的大小和位置、标题和文本样式、项目符号设定、日期时间、页脚、数字位置与大小。

修改和使用幻灯片母版的主要优点是便于整体风格的修改，如果希望对幻灯片进行统一修改，使用幻灯片母版时，由于无须在多张幻灯片上输入相同的信息，因此节省了时间。例如，在每张幻灯片中增加徽标、页脚和动作按钮，修改标题样式等，只要修改幻灯片母版就可以了。

（1）启动与退出幻灯片母版

单击"视图"选项卡→"母版视图"组中的"幻灯片母版"按钮，就进入"幻灯片母版"视图，出现"幻灯片母版"选项卡，如图 4.42 所示。要退出"幻灯片母版"视图，可以单击"幻灯片母版"选项卡中的"关闭母版视图"按钮，也可以单击"视图"选项卡→"演示文稿视图"组中的"普通视图"按钮。

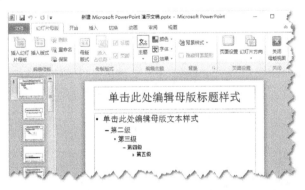

图 4.42　幻灯片母版

（2）设置幻灯片母版

在幻灯片母版视图中可以根据需要设置母版版式，如插入文本框、剪贴画、图片等内容在演示文稿的不同位置，也可以设置文本样式、主题颜色和背景样式，使用日期、编号、页眉、页脚显示必要的信息。

在创建和编辑幻灯片母版或相应版式时，可以在"幻灯片母版"视图下操作。修改幻灯片母版下的一个或多个版式时，实质上是在修改该幻灯片母版，具体方法如下：

①　单击"视图"选项卡→"母版视图"组→"幻灯片母版"按钮。

② 选择准备进行设置的幻灯片母版，单击"幻灯片母版"选项卡。

③ 设置母版的背景样式：单击"背景"组→"背景样式"按钮，选择合适的样式。

a. 设置母版中的文本：单击"编辑主题"组→"字体"按钮，类似方法可以设置主题颜色和效果，如果要分别更改文本的字体等，则单击"开始"选项卡→"字体"组，对母版中的文本设置字体、字号、字形、字体颜色等。

b. 设置页眉页脚、编号、日期：单击"插入"选项卡→"文本"组→"页眉和页脚"按钮，在弹出"页眉和页脚"对话框中的幻灯片选项卡下，选中幻灯片中要包含的内容，如日期和时间、幻灯片的编号、页脚等，如图 4.43 所示。单击"应用"或"全部应用"按钮，完成设置，如图 4.44 所示。

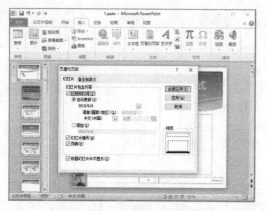

图 4.43　设置页脚时间和编号

图 4.44　页脚设置效果

c. 设置母版项目符号：选择添加项目符号或修改项目符号的文字，单击"开始"选项卡→"段落"组→"项目符号"按钮，选择满意类型的项目符号。

d. 将多个主题应用于演示文稿母版中。每个主题与一组版式相关联，每组版式与一个幻灯片母版相关联。例如，两个幻灯片母版可以各自有一组具有可应用于一个演示文稿的唯一版式的不同主题，图 4.45 所示是将两个主题应用于一个演示文稿中两个不同的幻灯片母版。具体操作如下：

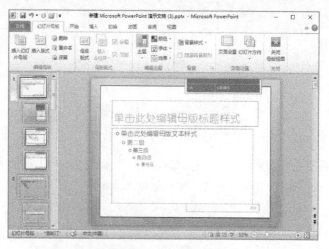

图 4.45　多个主题的母版

第一，执行下列操作，将主题应用于第一个幻灯片母版和一组版式。

- 在"视图"选项卡→"母版视图"组中，单击"幻灯片母版"按钮。
- 在"幻灯片母版"选项卡→"编辑主题"组中，单击"主题"按钮。
- 选择所需的主题。

第二，执行下列操作，将主题应用于第二个幻灯片母版（包括第二组版式）。

- 在"幻灯片母版"视图中，选择缩略图任务窗格中要设置第二个主题的幻灯片母版和版式。
- 在"幻灯片母版"→"编辑主题"组中，单击"主题"按钮，选择一种主题。
- 右击选定的主题，在弹出的快捷菜单中选择"添加为幻灯片母版"命令。
- 关闭幻灯片母版，单击"开始"选项卡→"新建幻灯片"按钮，可以选择带有多个主题的幻灯片版式。

④ 退出"幻灯片母版"视图。

（3）插入多媒体对象

在所有幻灯片中插入相同的多媒体对象，可以利用母版实现。具体步骤如下：

① 单击"视图"选项卡→"母版视图"组→"幻灯片母版"按钮。

② 选择准备进行设置的幻灯片母版，单击"插入"选项卡→"图像"组中的"图片"和"剪贴画"按钮，实现图片、剪贴画的插入，在"图片工具–格式"选项卡中完成图片格式设置，如图 4.46 所示。单击"插入"选项卡→"插图"组中"形状"按钮，在下拉列表中选择形状，鼠标拖动画图，在"绘图工具–格式"选项卡中完成形状格式设置，如图 4.47 所示。相同的方法，单击"插图"组中"文本框"按钮，可以插入"横排文本框"或"垂直文本框"，输入文字内容并进行文字格式设置即可。

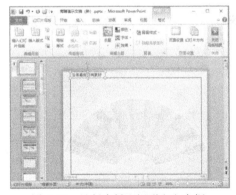

图 4.46　母版中插入图片　　　　图 4.47　母版中插入矩形和文本框

☞ **注意**

最好在开始新建各张幻灯片之前创建幻灯片母版，而不要在新建了幻灯片之后再创建母版。如果先创建了幻灯片母版，则添加到演示文稿中的所有幻灯片都会基于该幻灯片母版和相关联的版式。更改时，一定要在幻灯片母版上进行。对指定版式母版的修改只会应用到采用该版式的幻灯片中；对幻灯片母版所做的任何更改都会传播到各单独的版式母版中，即会影响所有由该幻灯片母版生成的幻灯片；对各版式母版的各种操作不会影响到幻灯片母版。

8）设计模板

PowerPoint 模板是另存为.potx 文件的一个或一组幻灯片的模式或设计图。模板可以包含版式、主题颜色、主题字体、主题效果、背景样式，甚至可以包含内容。一套好的PPT模板可以让一篇PPT文稿的形象迅速提升，大大增加可观赏性。同时PPT模板可以让PPT思路更清晰、逻辑更严谨，更方便处理图表、文字、图片等内容。使用设计模板可简化幻灯片的编辑，特别是让不同的演示文稿共享同一样式，并能统一演示文稿的设计风格。PowerPoint模板又分为动态模板和静态模板。动态模板是通过设置动作和各种动画展示达到表达思想同步的一种时尚式模板。用户可以创建自己的自定义模板，然后存储、重用并与他人共享。还可以在Office.com及其他合作伙伴网站上找到可应用于演示文稿的数百种不同类型的PowerPoint免费模板。

（1）自定义模板

① 打开一个空演示文稿，单击"视图"选项卡→"母版视图"组→"幻灯片母版"按钮。

② 设计主母版：选择幻灯片母版左侧视图窗格中的第一张幻灯片，单击"幻灯片母版"选项卡，将幻灯片的共性内容设计在主母版中，如统一的内容、图片、背景和格式等。

③ 设计标题母版：选择幻灯片母版左侧视图窗格中的第二张幻灯片，单击"幻灯片母版"选项卡，这时就可以根据自己的喜好来设计"标题母版"了，默认情况下，标题母版中给出了标题、副标题及页脚样式，可根据实际需要进行删减，这里最主要的就是为标题母版添加一张与所演示内容匹配的图片作为背景，然后根据需要更改主、副标题的样式等。

④ 设计内容页母版：标题页母版只有一页，而内容页有多页需要更精心的设计，因为所有的内容制作都是在内容页上完成的。在母版视图窗格中选择内容页母版，设计文本的样式、插入占位符、编辑主题、更改背景、设置演示文稿中所有幻灯片的页面方向等。

（2）保存模板

选择"文件"选项卡→"另存为"命令，在"文件名"文本框中，输入文件名，在"保存类型"列表中选择"PowerPoint模板"选项，单击"保存"按钮即可，具体步骤如图4.48所示。

☛ 注意

保存模板时，一定不要修改模板的保存路径。

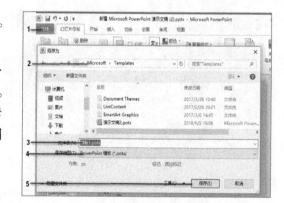

（3）应用模板

① 应用系统模板：选择"文件"选项卡→"新建"→"样本模板"命令，快速创建演示文稿。

② 应用自定义模板：选择"文件"选项卡→"新建"→"我的模板"命令，即可便捷使用已定义好并保存的模板内容。

4.2.3　完成任务

图 4.48　保存模板步骤

1. 创建母版背景

1）插入矩形

单击"视图"选项卡→"母版视图"组→"幻灯片母版"按钮，进入幻灯片母版视图方式，选择第一张母版幻灯片，单击"插入"选项卡"插图"组中的"形状"按钮，选择"矩形"选项，拖动鼠标在幻灯片中绘制一个距边界约1cm的矩形。右击矩形，在弹出的快捷菜单中选择"设置形状格式"命令，弹出"设置形状格式"对话框，设置为"无色填充效果"。

2）插入文本框

单击"插入"选项卡"文本"组中"文本框"按钮,在下拉列表中选择"横排文本框"命令,在矩形的边缘绘制文本框,输入内容"没有最好只有更好",也可以插入单位的 LOGO。母版效果如图 4.49 所示。

2．制作第一张幻灯片

1）启动 PowerPoint2010

单击"开始"选项卡→"幻灯片"组→"新建幻灯片"按钮,选择"标题幻灯片",新建第一张幻灯片。

2）输入文本并设置文本格式

在"单击此处添加标题"占位符中,输入"岗位竞聘述职";选中标题,单击"开始"选项卡→"字体"组中的各按钮,调整标题文本的字体格式为华文彩云,字号 80;选中标题,单击"绘图工具-格式"选项卡→"艺术字样式"组中的"渐变填充-金色,强调文字颜色 6,内部影音"艺术字样式。

在"单击此处添加副标题"占位符中输入"竞聘人:张工"和"竞聘岗位:站段副站长",选择副标题文本并设置为华文楷体,字号 28,颜色为"黑色,文字 1",左对齐。

3）插入图片

上网查找相关题材的模板和一些图片对象并保存。

单击"插入"选项卡→"图像"组中的"图片"按钮,在幻灯片的左侧插入一张和主题相近的图片。

4）设置背景

单击"设计"选项卡→"背景"组→"背景样式"按钮,在其下拉列表中选择"设置背景格式"命令,弹出"设置背景格式"对话框,选中"图片或纹理填充"单选按钮,在"插入自:"下单击"文件"按钮,找到素材库中的名为"li3.jpg"图片插入即可。第一张幻灯片的效果如图 4.50所示。

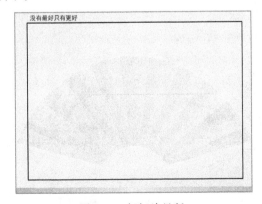

图 4.49　幻灯片母版

图 4.50　第一张幻灯片效果

3．制作第二张幻灯片

1）新建一张空白版式幻灯片

单击"开始"选项卡→"幻灯片"组→"新建幻灯片"下拉列表→"空白"版式,新建第二张幻灯片。

2）插入椭圆形状并设置效果

① 单击"插入"选项卡→"插图"组→"形状"按钮，插入一个"椭圆"形状；

② 选中该形状，单击"绘图工具-格式"选项卡→"形状样式"组中的"细微效果-橄榄色，强调颜色 3"，选择"形状效果"→"棱台"中的"柔圆"设置图形的外观效果；

③ 右击图形，选择"编辑文字"命令，输入"01"，调整文字的字体格式为隶书、字号 24，颜色为"黑色，文字 1"。其他三个"椭圆"形状的设置方法相同。

3）插入圆角矩形形状并设置

① 插入"圆角矩形"形状，设置形状样式"细微效果-蓝灰，强调颜色 5"，右击添加文字"基本情况"，调整文字的字体格式为华文楷体、字号 32，加粗，颜色为"黑色，文字 1"；同样的方法插入其他三个圆角矩形形状并设置不同的形状样式，分别输入"岗位认知""胜任能力""目标规划"。将"圆角矩形"形状与对应的"椭圆"形状组合。

4）插入文本框

单击"插入"选项卡→"文本"组→"文本框"按钮，在幻灯片左侧插入一个"垂直文本框"，输入文本内容"目录 contents"，选择文本并设置为华文新魏，中文字号 60，西文字号 36，颜色为"黑色，文字 1"。第二张幻灯片的效果如图 4.51 所示。

4．制作第三张幻灯片

新建一张空白版式幻灯片，单击"开始"选项卡→"幻灯片"组→"新建幻灯片"下拉列表→"空白"版式，新建第三张幻灯片。

1）设置背景格式

选择"设计"选项卡→"背景"组→"背景样式"下拉列表→"设置幻灯片格式"命令，弹出"设置背景格式"对话框，在"填充"选项中选择纯色填充，填充颜色"白色，背景 1，深色 15%"。

2）插入形状

① 单击"插入"选项卡→"插图"组→"形状"按钮。

② 在下拉列表中选择"矩形"，在幻灯片中绘制一个矩形形状。

③ 再选择"直角三角形"，在幻灯片中绘制一个直角三角形形状，高度与矩形相同，单击"绘图工具-格式"选项卡→"排列"组→"旋转"按钮，在下拉列表中选择"水平翻转"命令，移动三角形形状与矩形紧挨。

④ 选中矩形和直角三角形，右击，在弹出的快捷菜单中选择"组合"命令。

⑤ 选中组合图形，单击"绘图工具-格式"选项卡→"排列"组→"旋转"按钮，选择"垂直翻转"命令。

⑥ 单击"绘图工具-格式"选项卡→"形状样式"组中的"形状填充"和"形状轮廓"按钮，均设为"黑色，背景 1"。

3）输入标题

将幻灯片的版式修改为"标题幻灯片"版式，在标题占位符中输入标题"01"，调整标题文本的字体格式为楷体，字号 180；在副标题占位符中输入"基本信息 ABOUT ME"，调整副标题中文的字体格式为仿宋，字号 44，西文字体为 Times New Roman，字号 20；调整标题与副标题的占位符的位置和大小。使其在幻灯片右半部分。

4）插入图片

插入一张符合意境和主题内容的图片。第三张幻灯片效果如图 4.52 所示。

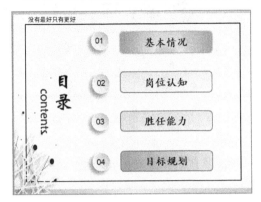

图 4.51 第二张幻灯片效果 　　　　　　图 4.52 第三张幻灯片效果

5．制作第四张幻灯片

单击"开始"选项卡→"幻灯片"组→"新建幻灯片"下拉列表→"空白"版式，创建第四张幻灯片。

选择"插入"选项卡→"表格"组→"表格"下拉按钮→"插入表格"命令，在弹出的"插入表格"对话框中输入 11 行 3 列。输入表格中文字内容、设置单元格合并、文字方向。

选中表格第一列，设置表格内文字的字体格式为黑体，24 号，加粗，文字居中。选中表格的第二、三列，设置表格内文字的字体格式为黑体，18 号，文字左对齐。

选中表格，单击"表格工具–设计"选项卡→"表格样式"组→"边框"按钮，在下拉列表中选择"所有框线"命令。第四张幻灯片的效果如图 4.53 所示。

6．制作第五张幻灯片

1）新建幻灯片

新建一张版式与第三张幻灯片相同的空白幻灯片并设置背景格式，按照第三张幻灯片插入的形状的方法插入形状并设置形状格式。

2）输入标题

将幻灯片的版式修改为"标题幻灯片"版式，在标题占位符中输入标题"02"，调整标题文本的字体格式为楷体，字号 180；在副标题占位符中输入"岗位认知 ABOUT POST"，调整副标题中文的字体格式为仿宋，字号 44，西文字体为 Times New Roman，字号 20；调整标题与副标题的占位符的位置和大小。使其在幻灯片右半部分。

插入图片，第五张幻灯片效果如图 4.54 所示。

7．制作第六张幻灯片

1）新建幻灯片

单击"开始"选项卡→"幻灯片"组→"新建幻灯片"下拉列表→"垂直排列标题与文本"版式，创建第六张幻灯片。

图 4.53　第四张幻灯片效果

图 4.54　第五张幻灯片效果

2）输入标题

在标题占位符中输入标题"岗位职责"，调整标题文本的字体格式为微软雅黑，字号 44，加粗，居中对齐。

3）输入内容

在文本内容占位符中输入"执行路局的有关决定、接受路局站段的业务指导、贯彻各尽所能按劳分配、提高职工的经济收入和生活福利、树立服务大局的观念、组织实施路局下达的各项任务、完成责任目标和年度方针目标"，调整标题文本的字体格式为楷体，字号 30，左对齐。第六张幻灯片效果如图 4.55 所示。

8．制作第七张、第九张幻灯片

第七张和第九张幻灯片的制作方法与第三张幻灯片类似，如图 4.56 和图 4.57 所示。

图 4.55　第六张幻灯片效果

图 4.56　第七张幻灯片效果

图 4.57　第九张幻灯片效果

9．制作第八张幻灯片

1）新建一张空白版式幻灯片

单击"开始"选项卡→"幻灯片"组→"新建幻灯片"下拉列表→"空白"版式。

2）插入椭圆形状并设置效果

① 单击"插入"选项卡→"插图"组→"形状"按钮，插入一个"椭圆"形状；

② 选中该形状，单击"绘图工具–格式"选项卡→"形状样式"组中的"彩色轮廓–橄榄色，强调颜色 3"，选择"形状效果"→"棱台"中的"柔圆"设置图形的外观效果；

③ 右击图形，选择"编辑文字"命令，输入"核心竞争力"，调整文字的字体格式为楷体、字号 16，颜色为"深红"。

④ 插入其他六个椭圆形状，单击"绘图工具–格式"选项卡→"形状填充"按钮，在下拉列表中选择主题颜色"黑色，文字 1，淡色 5%"。

3）插入文本框

在六个椭圆形状旁边绘制文本框，分别输入内容为"领导力、专业技能、协调能力、创新能力、团队能力、执行力"。第八张幻灯片效果如图 4.58 所示。

10．制作第十张幻灯片

新建第十张幻灯片，输入内容为"发奋学习强素质、勇于实践服好务、推开人情拉下面子、专心致志谋发展、勇于创新展作为"，并插入一张事先准备好的图片。第十张幻灯片效果如图 4.59 所示。

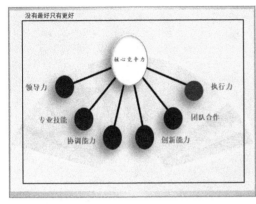

图 4.58　第八张幻灯片效果　　　　　　　图 4.59　第十张幻灯片效果

11．设置幻灯片的放映方式为演讲者放映

单击"幻灯片放映"选项卡→"设置"组→"设置幻灯片放映"按钮，在弹出的"设置放映方式"对话框中选择"演讲者放映（全屏幕）"放映类型。

4.2.4　总结与提高

通过本节竞聘演示文稿的制作内容，应该能够比较熟练地插入图片、表格、图形几种静态多媒体对象并能设置各对象的格式，学会通过母版、主题、背景、模板的设计来达到美化、提高和完善幻灯片的目的，设计过程中查找需要的素材并合理搭配合适的背景体现主题。在实际制作过程中，插入图片对象和设置图片作为背景是完全不同的两个概念，母版的应用在幻灯片制作中非常重要，也是学习起来比较困难的地方，通过丰富幻灯片的内容并应用主题背景母版，尽最大可能使演示文稿美观、清晰、简洁、富有新意，使观众既能了解真正有价值的信息，同时获得视觉上的享受，以达到事半功倍的目的。

4.2.5　思考与实践

学校学生会的换届选举马上要开始了，用 PowerPoint 2010 制作竞聘学生会主席的演讲稿，制作效果如图 4.60 所示。

具体要求如下：

① 为演示文稿添加主题。设置幻灯片主题为内置"奥斯汀"样式。

② 在第一张幻灯片中输入艺术字"竞聘学生会主席"和"修得启智，博学笃信"，分别插入图片作为背景。

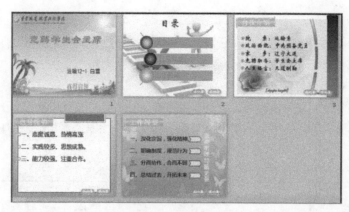

图 4.60 实现样例

③ 新建第二张幻灯片，插入一个圆和矩形形状，分别输入图中给出的文本内容，插入图片背景。

④ 在第三张、第四张、第五张幻灯片中插入"横卷形"形状，分别输入文字"自我介绍、自身优势、工作展望"，调整形状填充和文字大小，输入实现样例中的其他文本，插入图片背景。

⑤ 设置放映类型设置为"演讲者放映"。

4.3 编写培训演示文稿

经过了三年的在校学习实践，同学们从懵懂到收获满满，掌握了必备的专业知识提高了专业技能。但随着我国高速铁路事业的迅猛发展，高铁乘务员礼仪规范的学习和掌握自然不容忽视，同时也对其自身综合素质提出了更高的要求。为了使铁路院校即将走上高铁乘务专业的毕业生能更好地适应岗位需求提高自身的综合素质，运输专业的礼仪老师对高铁服务专业的毕业学生再次进行教学指导，开展高铁乘务员礼仪培训，她最终要制作图 4.61 所示的礼仪培训演示文稿。

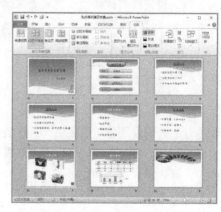

图 4.61 礼仪培训演示文稿

4.3.1 任务的提出

⌕ 我们的任务

① 网上搜索相关图片资料，与文字配合增强演示文稿的效果。

② 文本录入，设置文本格式。

③ 插入剪贴画、图片，设置图片格式使演示文稿多姿多彩。

④ 插入图形对象，并在图形对象上添加文字，设置图形组合。

⑤ 插入 SmartArt 图形并设置格式。

⑥ 插入表格、图表等对象，方便比较。

⑦ 插入超链接和动作按钮，方便导航。

4.3.2 分析任务与知识准备

1．分析任务

本任务要制作高铁乘务员服务礼仪培训演示文稿，为了增强幻灯片的展示效果，给观众留下更深刻的印象，礼仪老师需要在幻灯片中插入一些有吸引力的图片、表格、艺术字等对象，通过观看图片加深学生对所讲授知识的印象，同时通过具体示范方便师生活动，表格和图表对象能够更好地体现自己与其他人对所学内容掌握程度。具体步骤为：第一步要启动 PowerPoint，插入相应版式的幻灯片，设置幻灯片的主题、背景；第二步在幻灯片中录入相应的文本内容并设置文本格式；第三步在幻灯片中插入图片、图表、SmartArt 图形、艺术字、超链接等对象，并进行相应的格式设置，初步完成培训演示文稿。

2．知识准备

在制作演示文稿时，往往希望在内容中配上与主题相关的图片、艺术字等对象，让它丰满起来，使其内容更加有说服力。幻灯片里不但可以插入在网上下载的图片，还可以插入自拍、自制的图片、艺术字、剪贴画和自选图形等静态图片，还可以插入动态图像、表格和图表等。

1）插入图片对象

在幻灯片中可插入的图片种类较多，有图片、剪贴画，还有屏幕截图等。其中剪贴画是 Office软件中自带的一些图片，剪贴画使用的是矢量图形，图片可以无限放大而不失真，是极好的图像素材，如果自带的剪贴画不能满足要求可以去微软官网下载；屏幕截图就是将计算机屏幕上的桌面、窗口、对话框、选项卡等屏幕元素保存为图片，可随机截取屏幕上显示的画面；而文件中的图片则可以是任何被保存在计算机中的各类图片，一般可以在网络中查找想要的图片保存到计算机中。

（1）插入剪贴画

① 普通视图下，打开要插入剪贴画的幻灯片。

② 单击"插入"选项卡"图像"组中"剪贴画"按钮，在编辑区右边打开"剪贴画"任务窗格。

③ 单击"剪贴画"任务窗格中"搜索"文本框右侧的"搜索"按钮，将查找出全部剪贴画，或者在"搜索"文本框输入用于描述所需剪贴画的字词或短语，或输入剪贴画的完整或部分文件名，单击"搜索"按钮，可以查找某一类剪贴画。若要缩小搜索范围，在"结果类型"下拉列表中可以选中"插图"、"照片"、"视频"和"音频"复选框以搜索这些媒体类型。

④ 在结果列表中，单击需要的剪贴画，即将其插入幻灯片。

例如，搜索插入"人物"剪贴画，步骤如下：

在培训演示文稿中插入一张与人物相关的剪贴画，在"剪贴画"任务窗格"搜索文字"框中输入关键字，如"人物"，然后单击文本框右侧的"搜索"按钮，会在下方列出搜索到的剪贴画，可以直接单击搜索到的剪贴画将其插入幻灯片中，如图 4.62 所示。

☞ 注意

若要将剪贴画插入演示文稿的备注页中，请切换到"备注页"视图，然后进行以上步骤。若要将剪贴画插入演示文稿的所有页中，请切换到"母版视图"，然后进行以上步骤，后续课程中会介绍。

（2）插入屏幕截图

选择要插入图片的幻灯片，然后单击"插入"选项卡"图像"组中"屏幕截图"按钮，在打开的列表中可以看到当前所有未最小化的窗口，如图 4.63 所示。单击要截取的窗口，即可将该窗口截图并自动插入截图前活动的演示文稿的当前幻灯片中。

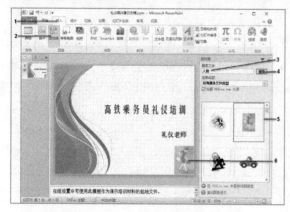

图 4.62　搜索插入剪贴画　　　　　　　　图 4.63　插入屏幕截图

（3）设置图片格式

图片插入之后，可以通过 PowerPoint 提供的"图片工具"选项卡的命令对图片的样式进行设置。

① 调整图片位置。PowerPoint 插入图片后，用鼠标拖动的方法可以调整图片的位置。

a. 单击要改变位置图片，图片出现边框，鼠标指针变成四向箭头时，按住鼠标左键拖动，可以调整图片的位置。

b. 如果需要微调图片的位置，按住【Ctrl】键，再按方向键，可以实现图片的微量移动，达到精确定位图片的目的。

② 调整图片大小。如果 PowerPoint 中插入的图片过大需要缩小，或者插入的图片过小需要放大，可通过以下三种方法完成。

a. 鼠标拖动法。选中图片，图片四周会出现带 8 个控制点的边框，将鼠标放到控制点上，按住鼠标左键拖动控制点可以调整图片的大小。如果鼠标放在边框的对角线上拖动，那么图片按照原来宽度和高度的倍数改变大小；如果鼠标放在边框的横线上垂直拖动，则改变图片的高度；如果鼠标放在边框的纵线上水平拖动，则改变图片的宽度。

b. 精确调整大小。选择要调整大小的图片，单击"图片工具–格式"选项卡，在"大小"组中的高度和宽度的微调框中输入数值即可，如图 4.64 所示。如果图片大小已经"锁定纵横比"了，在高度和宽度中只输入一个数值，另一个会自动跟着改变。

c. 利用裁剪工具改变大小。选择要调整大小的图片，单击"图片工具–格式"选项卡→"大小"组中的"裁剪"按钮，将鼠标放到图片边框的控制点上，向图片内部拖动，可以隐藏图片的部分区域，如图 4.64 所示。

③ 设置图片样式。图片样式是指不同格式设置选项（如图片边框和图片效果）的组合，显示在"图片样式"库中的缩略图中，应用图片样式，可以使图片看起来更有美感。

a. 应用图片预设样式。选择要应用图片样式的图片，单击"图片工具–格式"选项卡→"图片样式"组中的"其他"按钮，弹出图片样式窗口，选择所需的图片样式，如图 4.65 所示。

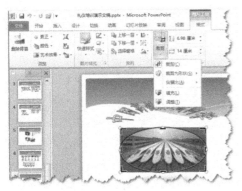
图 4.64　设置图片大小和裁剪

图 4.65　调整图片样式

由于 PowerPoint 自带样式的局限性，用户如果对那些样式不满意，在"图片样式"组的右侧"图片边框"、"图片效果"和"图片版式"中可以对已应用的图片样式的边框和图片效果进行调整。

b. 调整图片预设样式边框。选择图片，单击"图片工具–格式"选项卡→"图片样式"组中的"图片边框"按钮，在弹出的下拉列表中选择边框的颜色、粗细和虚实。

c. 设置图片效果。要添加或更改内置样式的效果组合，单击"图片工具–格式"选项卡→"图片样式"组中的"图片效果"按钮，在弹出的下拉列表中进行如下操作：

要强调图片的层次感，选择"阴影"命令，在弹出的子菜单中包括内部、外部和透视三大类，选择需要的阴影。

要增加图片的生动感，避免过于枯燥，选择"映像"命令，在弹出的子菜单中选择需要的映像变体。

要添加或更改发光，选择"发光"命令，在弹出的子菜单中选择所需的发光变体。

要显示出图片的朦胧效果，选择"柔化边缘"命令，在弹出的子菜单中选择需要的柔化磅数。

要添加或更改边缘，选择"棱台"命令，在弹出的子菜单中选择所需的棱台效果。

若要自定义凹凸，选择"三维旋转"命令，在弹出的子菜单中包括平行、透视、倾斜三大类，选择效果调整所需的选项。

④ 更改图片亮度和对比度、颜色饱和度或对图片重新着色。选择要修改的图片，在"图片工具–格式"选项卡→"调整"组中，单击"更正"按钮，如图 4.66 所示选择合适的亮度和对比度；单击"颜色"按钮，如图 4.67 所示选择其中一个"颜色饱和度"或"重新着色"进行调整。

图 4.66　更改图片亮度和对比度

图 4.67　更改图片颜色

⑤ 设置图片艺术效果。使用系统内置的图片样式可以美化图片，如果想让图片更具有个性化色彩，可以根据情况设置图片的艺术效果。

单击要添加效果的图片，单击"图片工具-格式"选项卡→"图片样式"组→"图片效果"按钮，系统内置了多种艺术效果，根据需要选择相应艺术效果进行设置，如图 4.68 所示。

⑥ 去除图片背景。选择要去除背景的图片，单击"图片工具-格式"选项卡→"调整"选项组中的"删除背景"按钮。PowerPoint 会根据图片处理要删除的背景，如果感觉不理想，还可以在"背景消除"选项卡→"优化"选项组中，通过使用"标记要保留的区域""标记要删除的区域"（类似 PS 中的魔棒工具）进一步细化抠图的范围以达到较满意的效果，单击"背景消除"选项卡→"关闭"选项组中的"保留更改"按钮，完成去除图片背景，如图 4.69 所示。

图 4.68　设置图片艺术效果

图 4.69　去除图片背景

2）插入 SmartArt 图形

PowerPoint 2010 新增了插入 SmartArt 图形的功能。SmartArt 图形是信息和观点的可视表示形式，SmartArt 图形是为文本设计的，结合相关文字所表达的内容，可以使文字信息更具视觉效果。SmartArt 图形是由一组形状、线条和文本占位符组成，常用图形可以分八类：列表型、流程型、循环型、层次结构型、关系型、矩阵型、棱锥形和图片型。

在 PowerPoint 2010 中，可以从八类图形布局中进行选择，从而快速轻松地创建所需形式，以便有效地传达信息或观点。

① 单击"插入"选项卡→"插图"工具组→"SmartArt"按钮。

② 在"选择 SmartArt 图形"对话框中，单击所需的类型和布局，在右侧对应的列表区选择具体的 SmartArt 图形，单击即可插入，如图 4.70 所示。

③ 单击"文本"窗格中的"文本"，然后输入文本等内容。

📂 **提示**

创建 SmartArt 图形时，系统将提示选择一种 SmartArt 图形类型，如列表、流程、循环等，每种类型又包含不同的布局。实际上创建 SmartArt 图形的过程，就是选择需要的某种形状布局样式。

④ 编辑、格式化 SmartArt 图形。当创建好 SmartArt 图形，就会出现"SmartArt 工具"选项卡，通过选项卡中的"设计"选项卡和"格式"选项卡对 SmartArt 图形进行格式化，根据实际调整图形中形状的数量，更改图形的布局，如图 4.71 所示。

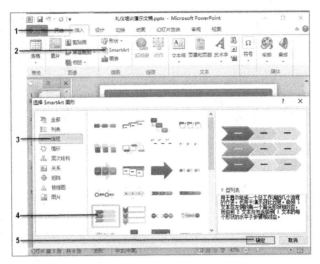

图 4.70 插入 SmartArt 图形

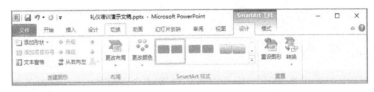

图 4.71 格式化 SmartArt 图形

● 形状的添加。

选择建好的 SmartArt 图形，单击"SmartArt 工具-设计"选项卡→"创建图形"组→"添加形状"按钮，在下拉列表中选择插入位置，如"在前面添加形状"或"在后面添加形状"，完成添加即可，如图 4.72 所示。

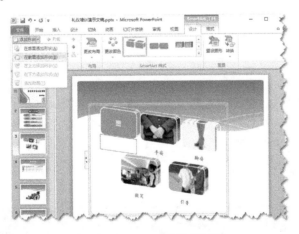

图 4.72 SmartArt 图形形状添加

● 应用 SmartArt 图形样式。

选择要更改的图形，单击"SmartArt 工具-设计"选项卡→"SmartArt 样式"组→"其他"按钮，选择合适的样式即可更改形状的总体外观样式，设置了 SmartArt 图形样式"鸟瞰场景"，如图 4.73 所示。

如果对样式不满意，可以调整形状和样式。选择要更改的图形，单击"SmartArt 工具–格式"选项卡→"形状"组→"更改形状"按钮，在下拉列表中选择合适的形状选项，如图 4.74 所示。

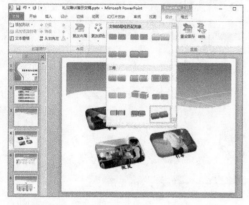
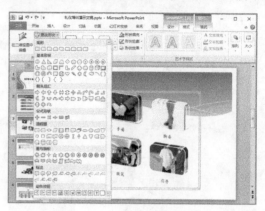

图 4.73　SmartArt 图形样式"鸟瞰场景"　　　　图 4.74　SmartArt 图形样式更改

● 更改 SmartArt 图形的颜色。

选择要更改的图形，单击"SmartArt 工具–设计"选项卡→"SmartArt 样式"组→"更改颜色"按钮，在"主题颜色""强调文字颜色 1""强调文字颜色 2""强调文字颜色 3""强调文字颜色 4""强调文字颜色 5""强调文字颜色 6""彩色"8 项中选择合适的 SmartArt 图形的颜色。

● 修改 SmartArt 布局类型。

选择建好的 SmartArt 图形，单击"SmartArt 工具–设计"选项卡→"布局"组→"更改布局"按钮，选择合适的 SmartArt 布局样式。

🗁 提示

SmartArt 图形中各形状之间是相互独立的，可以对它们进行单独设置。SmartArt 图形会自动更新在"文本"窗格中添加和编辑的内容，即会根据"文本"窗格的内容添加或删除相应的形状；有些 SmartArt 图形包含的形状个数是固定的，因此，在 SmartArt 图形中只能显示"文本"窗格的部分内容。

3）插入图表

在 PowerPoint 2010 提供了图表处理功能，可以像表格一样反应数据间的关系，在幻灯片中可以插入多种数据图表和图形，如柱形图、折线图、饼图、条形图、面积图、XY 散点图、股价图、曲面图、环形图、气泡图和雷达图。

（1）创建图表

① 单击"插入"选项卡→"插图"组→"图表"按钮，如图 4.75 所示。

图 4.75　插入图表

② 在弹出的"插入图表"对话框中，单击所需的图表类型，如图 4.76 所示。弹出名为"Microsoft

PowerPoint 中的图表.xlsx"的 Excel 文档,在 Excel 中图表区域里面输入创建图表的数据内容代替原来表中类别 1、系列 1 和里面的数据,如果输入数据较多或较少,可拖动区域的右下角调整图表数据区域的大小,如图 4.77 所示。

图 4.76 图表类型

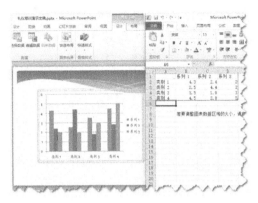

图 4.77 输入图表数据

📂 **提示**

在 PowerPoint 2010 中可以插入链接的 Excel 图表,具体步骤如下:

a. 打开包含所需图表的 Excel 工作簿,选择图表,右击选择"复制"命令。

b. 打开 PowerPoint 演示文稿,选中要在其中插入图表的幻灯片。

c. 右击在"粘贴选项"下面进行选择,若要保留图表在 Excel 文件中的外观,选择"保留源格式和链接数据"命令;如果希望图表使用 PowerPoint 演示文稿的外观,选择"使用目标主题和链接数据"命令。

(2)编辑图表数据

选择要更改的图表,在"图表工具-设计"选项卡→"数据"组中,单击"编辑数据"按钮,如图 4.78 所示。打开要编辑的工作表,若要编辑单元格中的标题内容或数据,则在 Excel 工作表中,输入要更改的标题或数据,然后关闭 Excel 文件即可。

图 4.78 编辑数据

(3)修饰图表

图表创建完成后,可以对它进行修饰,利用"图表工具"选项卡下的"设计"选项卡、"格式"选项卡和"布局"选项卡中的命令完成。

① 更改图表样式。单击"图表工具-设计"选项卡→"图表样式"组右下角的"其他"按钮,选择一种合适的图表样式来更改图表的整体外观。

② 添加图表标题。单击"图表工具-布局"选项卡→"标签"组→"图表标题"按钮,在下拉列表中可以选择合适的标题类型,如图 4.79 所示。在图表区输入图表标题即可。

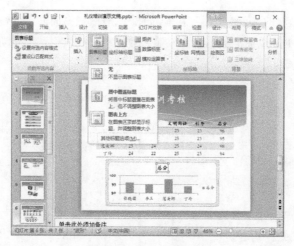

图 4.79　插入图表标题

③ 设置图表的背景。单击"图表工具–布局"选项卡→"背景"组中各按钮完成背景设置。

a. 单击"绘图区"按钮，在下拉列表中选择"其他绘图区选项"命令，在弹出的"设置绘图区格式"对话框中设置绘图区的填充效果，如图 4.80 所示。

b. 单击"图表背景墙"或"图表基底"按钮，完成三维图表的背景墙和基底的设置，方法与绘图区类似，这里就不再赘述。

4）插入艺术字

文本除了字体、字形、颜色等格式化方法外，还可以对文本进行艺术化处理，使其具有特殊的艺术效果，在幻灯片中既可以创建艺术字，也可以将现有的文本转换成艺术字。

（1）艺术字的插入

① 选中要插入艺术字的幻灯片。

② 单击"插入"选项卡→"文本"组→"艺术字"按钮，出现艺术字样式列表，如图 4.81 所示。

图 4.80　设置绘图区格式

③ 单击所需的艺术字样式（如"填充 - 茶色，文本 2，轮廓 - 背景 2"），出现指定样式的艺术字编辑框，其中内容为"请在此放置您的文字"，删除原有文本，输入艺术字即可。和普通文本一样，艺术字也可以通过"开始"选项卡→"字体"组的命令改变字体和字号等。

📂 **提示**

默认情况下，插入的艺术字为横排，也可以将其设置为竖排，方法是：右击艺术字，在弹出的快捷菜单中选择"设置形状格式"命令，弹出"设置形状格式"对话框，单击左侧的"文本框"项，在右侧的"文字方向"下拉列表中选择"竖排"选项即可。

（2）将现有文字转换为艺术字

① 选中要转换为艺术字的文字。

② 单击"插入"选项卡→"文本"组中→"艺术字"按钮，然后找到所需的艺术字样式。或者把现有文本设置成艺术字，单击"绘图工具–格式"选项卡→"艺术字样式"组中的命令。

（3）修饰艺术字的效果

选中艺术字，单击"绘图工具-格式"选项卡→"艺术字样式"组中的"文本填充""文本轮廓""文本效果"按钮用于修饰艺术字和设置艺术字外观效果，如图 4.82 所示。

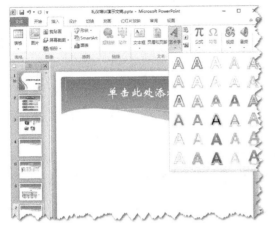

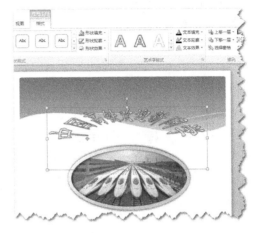

图 4.81　艺术字样式列表　　　　　　　图 4.82　艺术字效果

① 改变艺术字填充颜色，单击"文本填充"按钮，在下拉列表中选取一种颜色，则艺术字的内部用该颜色填充。

a. 若要添加或更改填充图片，单击"图片"按钮，找到包含用户要使用的图片的文件夹，单击该图片文件，然后单击"插入"按钮。

b. 若要添加或更改填充渐变，请指向"渐变"，然后选择所需的渐变变体。

c. 若要添加或更改填充纹理，请指向"纹理"，然后选择所需的纹理。

② 改变艺术字轮廓，单击"文本轮廓"按钮，在弹出的下拉列表中选取轮廓线颜色、粗细、虚线。

③ 改变艺术字的形状效果。如果对当前艺术字的效果不满意，可以使用"文本效果"按钮进行修饰，增加艺术感。

5）设置超链接

幻灯片的放映一般是按照给定顺序进行的，使用超链接功能可以实现从一张幻灯片到同一演示文稿中的另一张幻灯片的快速跳转，或是从一张幻灯片到不同演示文稿中的另一张幻灯片、Word 文档、Excel 表格、电子邮件地址、网页链接跳转。

（1）插入超链接

① 在"普通视图"中，选择要插入超链接的文本或对象。

② 单击"插入"选项卡→"链接"组中→"超链接"按钮。

③ 如果要跳转到当前演示文稿不同幻灯片，在"链接到"区域单击"本文档中的位置"按钮，单击要插入超链接目标的幻灯片；如果要跳转到已有的文件或 Web 页上，在"链接到"区域单击"现有文件或网页"按钮，选择要链接到的幻灯片的标题；如果要跳转到电子邮件，在"链接到"区域单击"电子邮件地址"按钮，输入连接到的邮件地址。

④ 单击"确定"按钮，即可创建超链接。

☞ 注意

  如果在主演示文稿中添加指向演示文稿的链接,则在将主演示文稿复制到便携式计算机中时,应确保将链接的演示文稿复制到主演示文稿所在的文件夹中。如果不复制链接的演示文稿,或者如果重命名、移动或删除它,则当从主演示文稿中单击指向链接的演示文稿的超链接时,链接的演示文稿将不可用。

  (2)更改超链接文本的颜色

  ① 单击"设计"选项卡→"主题"组→"颜色"按钮,在下拉列表中选择"新建主题颜色"命令。

  ② 在弹出的"新建主题颜色"对话框中的"主题颜色"最下面,可以看到"超链接"和"已访问的超链接",执行下列操作之一:

  ● 若要更改超链接文本的颜色,单击"超链接"的下拉按钮,然后选择一种颜色。

  ● 若要更改已访问的超链接文本的颜色,单击"已访问的超链接"下拉按钮,然后选择一种颜色,如图 4.83 所示。

  (3)设置超链接播放声音效果

  ① 选择创建超链接的对象。

  ② 单击"插入"选项卡→"链接"组→"动作"按钮。

  ③ 在弹出的"动作设置"对话框中执行下列操作之一:

  ● 若要在单击超链接时应用声音效果,单击"单击鼠标"选项卡。

  ● 若要在指针停留在超链接上时应用声音效果,单击"鼠标移过"选项卡。

  ④ 选中"播放声音"复选框,然后选择要播放的声音,如播放声音"打字机",如图 4.84 所示。

图 4.83   更改主题中超链接文本的颜色

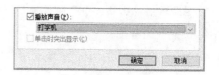

图 4.84   超链接中添加声音

  (4)编辑和删除超链接

  右击已建立超链接对象,在弹出的快捷菜单中选择"编辑超链接"命令,在弹出"编辑超链接"对话框中对超链接位置进行重设;右击已建立超链接对象,在弹出的快捷菜单中选择"取消超链接"命令,可删除超链接。

☛ **注意**

超链接只有在幻灯片放映视图下才能实现其跳转功能，幻灯片放映状态下，当鼠标经过超链接时，指针变成小手形状，单击即可实现超链接的跳转功能。

📄 **拓展**

（1）创建链接到"电子邮件地址"的超链接

① 在"普通"视图中，选中要用作超链接的文本或对象。

② 在"插入"→"链接"组中，单击"超链接"按钮。

③ 在"链接到"区域单击"电子邮件地址"按钮。

④ 在"电子邮件地址"文本框中，输入要链接到的电子邮件地址。

⑤ 在"主题"文本框中，输入电子邮件的主题。

（2）创建链接到"现有文件或网页"的超链接

① 在"普通"视图中，选中要用作超链接的文本或对象。

② 在"插入"→"链接"组中，单击"超链接"按钮。

③ 在"链接到"区域单击"现有文件或网页"按钮，然后单击"浏览过的网页"按钮或"最近使用过的文件"按钮。

④ 找到并选择要链接到的页面或文件，然后单击"确定"按钮。

（3）创建链接到"新建文档"的超链接

① 在"普通"视图中，选中要用作超链接的文本或对象。

② 在"插入"→"链接"组中，单击"超链接"按钮。

③ 在"链接到"区域单击"新建文档"按钮。

④ 在"新建文档名称"文本框中输入要创建并链接到的文件的名称。

6）设置动作按钮

Powerpoint 2010 演示文稿要想实现两张幻灯片的自由切换，增添文稿的操作性，可以通过添加动作按钮来完成。在演示文稿中通过添加动作按钮可以提高整个演示文稿的交互性。在整个放映过程当中只需通过鼠标指针轻轻地单击动作按钮就可以快速地跳转到指定内容上。

在形状库中找到的内置动作按钮形状，包括通俗易懂的用于转到"后退或前一项"、"前进或下一项"、"开始"和"结束"按钮，还有用于播放影片或声音等的符号，如图 4.85 所示。具体添加动作按钮步骤如下：

① 在"插入"选项卡→"插图"组中，单击"形状"按钮，然后在"动作按钮"下单击要添加的按钮形状。

② 单击幻灯片上的一个位置，通过拖动为该按钮绘制形状，释放鼠标左键，在系统自动弹出的"动作设置"对话框中设置鼠标动作，如图 4.86 所示。

③ 若要选择单击或指针移过按钮时将发生的动作，执行下列操作之一：

● 只使用形状，不指定相应动作，选中"无动作"单选按钮。

● 若要创建超链接，选中"超链接到"单选按钮，然后选择超链接动作的目标对象。

● 若要播放声音，选中"播放声音"复选框，选择要播放的声音。

④ 单击"确定"按钮就可在幻灯片中看到动作按钮。

图 4.85 动作按钮

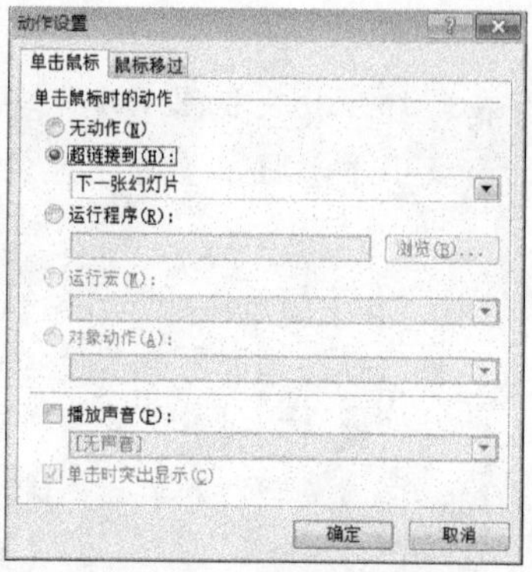

图 4.86 "动作设置"对话框

4.3.3 完成任务

1. 制作第一张幻灯片

1）启动 PowerPoint 2010

单击"文件"选项卡，选择"新建"命令，在右侧"可用的模板和主题"中选择"波形"主题，然后单击右侧窗格中"创建"按钮，默认打开一张标题幻灯片；或者在右侧"可用的模板和主题"中选择"样板模板"，在所有的内置模板中选择"培训模板"，单击"新建"按钮，在模板中进行修改即可。

2）输入文本并设置文本格式

在默认打开"标题幻灯片"中，在"单击此处添加标题"占位符中输入"高铁乘务员礼仪培训"，单击"开始"选项卡→"字体"组中的各按钮，调整标题文本的字体格式为方正姚体，字号48，颜色为"黑色，文字 1"，位置居中；在"单击此处添加副标题"占位符中输入"礼仪老师"，选择副标题文本并设置为楷体，字号 36，颜色为"黑色，文字 1"，居中对齐。

3）插入剪贴画

单击"插入"选项卡→"图像"组→"剪贴画"按钮，在幻灯片的右下角插入"人物"剪贴画（不包括 Office.com 内容），第一张幻灯片的效果如图 4.87 所示。

2. 制作第二张幻灯片

1）新建一张"空白"版式幻灯片

单击"开始"选项卡→"幻灯片"组→"新建幻灯片"下拉列表→"空白"版式，新建一张版式为"空白"的幻灯片。

2）插入标题形状并设置

① 单击"插入"选项卡→"插图"组→"形状"按钮，插入一个"流程图：终止"形状，如图 4.88 所示。

② 选中该形状，单击"绘图工具–格式"选项卡→"形状样式"组中的"细微效果–黑色，深色 1"，设置图形的外观样式。

③ 右击图形，选择"编辑文字"命令，输入"培训内容"，调整文字的字体格式为华文楷体、字号 36，颜色为"黑色，文字 1"。

图 4.87 第一张幻灯片

图 4.88 插入标题形状

3）插入内容形状并设置

① 插入"矩形"形状和"流程图：库存数据"形状，"矩形"形状在下面，"流程图：库存数据"形状在上面。

② 选择"流程图：库存数据"形状，设置形状样式"中等效果–酸橙色，强调颜色 4"，右击添加文字"模块一"，调整文字的字体格式为华文楷体、字号 28，颜色为"黑色，文字 1"。

③ 选择"矩形"形状，设置形状样式"细微效果–金色，强调颜色 5"，右击添加文字"站姿礼仪"，调整文字的字体格式为华文楷体、字号 28，颜色为"黑色，文字 1"。

④ 选中两个图形，右击组合，选择组合后的图形，单击"绘图工具–格式"选项卡→"形状轮廓"按钮，设置轮廓为主题颜色"黑色，文字 1，淡色 50%"。

⑤ 制作其他三个模块的组合图形，输入文字内容设置文字格式和矩形区域的形状样式，其中流程图：库存数据形状样式及文字格式设置与模块一相同，具体内容如下：

添加文本内容为"模块二""微笑礼仪"，文本字体格式为华文楷体、字号 28，颜色为"黑色，文字 1"，设置"矩形"形状样式"细微效果–蓝色，强调颜色 1"；

添加文本内容为"模块三""文明用语礼仪"，文本字体格式为华文楷体、字号 28，颜色为"黑色，文字 1"，设置"矩形"形状样式"中等效果–金色，强调颜色 5"；

添加文本内容为"模块四""引导礼仪"，文本字体格式为华文楷体、字号 28，颜色为"黑色，文字 1"，设置"矩形"形状样式"中等效果–蓝色，强调颜色 1"。

4）设置超链接

选中文本"站姿礼仪"，在"插入"选项卡的"链接"组中单击"超链接"按钮，弹出"插入超链接"对话框，单击对话框左侧的"本文本档中的位置"按钮，在右侧列表框中显示该演示文稿的所有幻灯片，选择"3.站姿礼仪"，单击"确定"按钮，如图 4.89 所示。

选中文本"微笑礼仪"，在"插入超链接"对话框，单击对话框左侧的"本文本档中的位置"按钮，选择"4.微笑礼仪"，单击"确定"按钮。

选中文本"文明用语礼仪"，在"插入超链接"对话框，单击对话框左侧的"本文本档中的位置"按钮，选择"5.文明用语礼仪"，单击"确定"按钮。

选中文本"引导礼仪"，在"插入超链接"对话框，单击对话框左侧的"本文本档中的位置"按钮，选择"6.微笑礼仪"，单击"确定"按钮。

选中超链接，单击"设计"选项卡"主题"组→"颜色"按钮，在下拉列表中选择"新建主题颜色"命令，弹出"新建主题颜色"对话框，将超链接颜色改为"黑色，背景1"。第二张幻灯片的效果如图 4.90 所示。

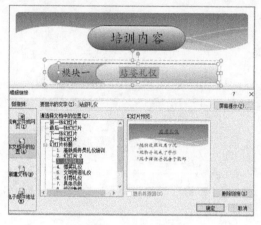

图 4.89　插入超链接　　　　　　　　　　图 4.90　第二张幻灯片效果

3．制作第三张幻灯片

1）插入新幻灯片

单击"开始"选项卡→"幻灯片"组→"新建幻灯片"下拉列表→"标题和内容"版式，新建一张版式为"标题和内容"的幻灯片。

2）输入标题和内容

在标题占位符中输入标题"站姿礼仪"，在添加文本占位符中输入"挺胸收腹……垂于腹部"三段内容，每段以回车结束，设置字号40，字体颜色"黑色，背景1"。

3）建立超链接

选中文本"站姿礼仪"，在"插入"选项卡的"链接"组中单击"超链接"按钮，弹出"插入超链接"对话框，单击对话框左侧的"本文本档中的位置"按钮，在右侧列表框中显示该演示文稿的所有幻灯片，选择"7.具体示例"。第三张幻灯片效果如图 4.91 所示。

4．制作第四张、第五张、第六张幻灯片

第四张、第五张、第六张幻灯片与第三张幻灯片的版式、制作效果相同，其效果分别如图 4.92～图 4.94 所示。

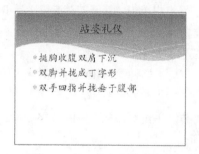

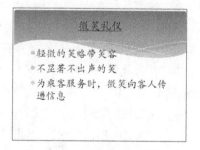

图 4.91　第三张幻灯片效果　　　　　　　图 4.92　第四张幻灯片效果

图 4.93　第五张幻灯片效果　　　　　图 4.94　第六张幻灯片效果

5．制作第七张幻灯片

1）新建幻灯片

单击"开始"选项卡→"幻灯片"组→"新建幻灯片"下拉列表→"标题和内容"版式，新建一张版式为"标题和内容"的幻灯片。

2）输入标题

在"单击此处添加标题"占位符中输入标题"具体示例"。

3）插入 SmartArt 图形

在"单击此处添加文本"占位符中单击"插入"选项卡→"插图"组→"SmartArt"按钮，在弹出的"选择 SmartArt 图形"对话框中，选择"图片"选项中的"图片题注列表"项，单击"确定"按钮，幻灯片中插入了图片题注列表的模板，如图 4.95 所示。直接在模板中插入图片对象并输入相关文字。

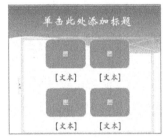

图 4.95　"图片题注列表"模板

4）设置 SmartArt 样式

选择 SmartArt 图形，单击"SmartArt 工具-设计"选项卡→"SmartArt 样式"组中的"三维"→"砖块场景"样式。

5）添加动作按钮

单击"插入"选项卡"插图"组中"形状"下拉列表中的"动作按钮"，选择"动作按钮-第一张"按钮，在幻灯片右下角合适位置画出形状，在弹出的"动作设置"对话框中选中"超链接到"单选按钮，在下拉列表中选择"幻灯片"选项，在"超链接到幻灯片"对话框中选择第二张幻灯片即可，单击"确定"按钮，如图 4.96 所示。选择动作按钮，单击"绘图工具-格式"选项卡→"形状样式"组的下拉列表中的"浅色 1 轮廓，彩色填充-蓝灰，强调颜色 5"。第七张幻灯片的效果如图 4.97 所示。

图 4.96　添加动作按钮

图 4.97　第七张幻灯片效果

6．制作第八张幻灯片

1）添加标题

单击"开始"选项卡→"幻灯片"组→"新建幻灯片"下拉列表→"标题和内容"版式，创建第八张幻灯片。

单击"单击此处添加标题"占位符，输入标题"培训考核"。

2）插入表格

将光标定位在"文本内容"占位符中，选择"插入"选项卡→"表格"组→"表格"下拉按钮→"插入表格"命令，在弹出的"插入表格"对话框中输入 5 行 6 列，输入表格中的内容，如图 4.98 所示。

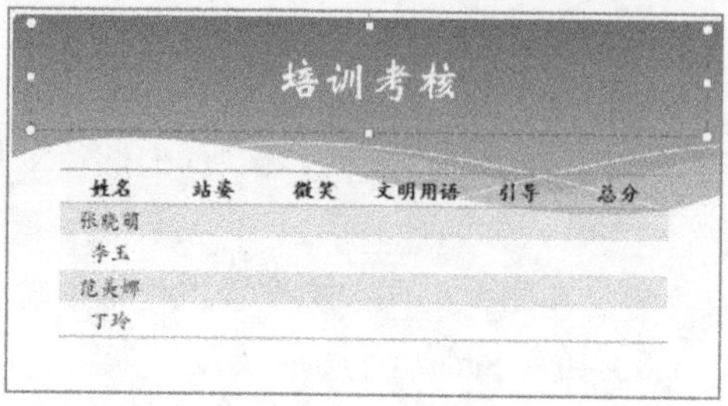

选中表格，设置表格内文字的字体格式为华文楷体，20 号，文字居中。

选中表格，单击"表格工具–设计"选项卡→"表格样式"组→"其他"按钮，设置表格样式为"浅色样式 1–强调 1"。

3）插入图表

为了便于学生了解所学礼仪的掌握情况，进行

图 4.98　插入表格后的效果

现场考核，需要录入每项考核成绩，计算总分，并按总分插入相应的图表，具体步骤如下：

单击"插入"选项卡→"插图"组→"图表"按钮，弹出"插入图表"对话框，选择"簇状柱形图"选项，单击"确定"按钮，打开图表设计窗口和输入图表数据的 Excel 表，将幻灯片中的表格数据"姓名"和"总分"输入 Excel 的数据区域中，如图 4.99 所示。拖动区域的右下角，调整图表区域的大小，关闭 Excel 窗口图表自动生成。第八张幻灯片效果如图 4.100 所示。

图 4.99　图标设计窗口及数据区域

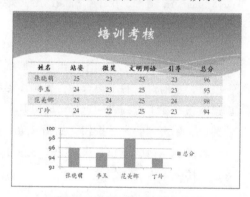

图 4.100　第八张幻灯片效果

7．制作第九张幻灯片

1）新建幻灯片

单击"开始"选项卡→"幻灯片"组→"新建幻灯片"下拉列表→"空白"版式，创建第九张幻灯片。

2）插入艺术字并设置艺术字格式

单击"插入"选项卡→"文本"组→"艺术字"按钮，在下拉列表中选取样式为"填充–浅蓝，文本 2，轮廓–背景 2"的艺术字。

设置艺术字格式，单击"绘图工具–格式"选项卡→"艺术字样式"组中的"文本效果"按钮，在下拉列表中选择"转换"选项中的"上弯弧"。

3）插入图片并美化图片

单击"插入"选项卡→"图像"组→"图片"按钮，在弹出的"插入图片"对话框中，选择"高铁.jpg"文件，单击"插入"按钮。

选择图片，单击"图片工具–格式"选项卡→"图片样式"组中的"金属棱台，黑色"选项，设置图片样式。第九张幻灯片效果如图 4.101 所示。

8．设置幻灯片的放映方式为演讲者放映

单击"幻灯片放映"选项卡→"设置"组→"设置幻灯片放映"按钮，在弹出的"设置放映方式"对话框中选择"演讲者放映（全屏幕）"放映类型。

图 4.101　第九张幻灯片效果

4.3.4　总结与提高

通过本节内容学习，应能够熟练掌握在幻灯片中插入剪贴画、图片、表格、图表、图形、艺术字等对象的方法，并能对各种多媒体对象进行格式设置，掌握设置超链接和动作按钮的方法，方便演示文稿的跳转。而艺术字、图片、剪贴画、表格、超链接插入也是本节重点考察的内容，除了设置一般格式之外，还要掌握各对象的位置设置，以及艺术字样式的选择和转换效果的设计。通过培训演示文稿的制作，应学会面对应用设计幻灯片时，先理清制作思路，查找需要的合理搭配背景的素材，并尽最大可能使演示文稿美观、清晰、简洁、富有新意，制作出集文字、图形、图像等多媒体元素于一体的演示文稿，使观众既能学到知识，又能获得美感。

4.3.5　思考与实践

建立如下演示文稿：

① 对第一张幻灯片，主标题文字输入"中国海军护航舰队抵达亚丁湾索马里海域"，其字体为"黑体"，字号为 41 磅，加粗，颜色为红色（自定义标签的红色：250，绿色 0，蓝色 0）。副标题输入"组织实施针对 4 艘中国商船的首次护航"，字体为"仿宋"，字号为 30。

② 新建第二张幻灯片，版式为"空白"，在第二张幻灯片中插入样式为"填充–无，轮廓–强调文字颜色 2"的艺术字"中国海军护航舰队"（位置为水平：3 cm，度量依据：左上角，垂直：3 cm，度量依据：左上角），上网查找相关图片，下载命名为"海军.jpg"，在艺术字下方插入图片，并设置图片样式。

③ 新建第三张幻灯片，版式为"标题和内容"，标题为"中国海军护航确保被护船只和人员安全"，内容区域输入："中国海军护航行动，是中国海军从 2008 年底开始在亚丁湾索马里海盗频发海域护航的一项军事行动。这项军事行动是中国中央军委根据联合国有关决议，参照有关国家做法，并得到索马里政府的同意后进行的。此行动的主要内容是：保护航行该海域中国船舶人员安全；保护世界粮食计划署等世界组织运送人道主义物资船舶安全"，在幻灯片的右下角插入有关"船"的剪贴画。

④ 新建第四张幻灯片，版式为"仅标题"，标题为"海军护航队行动过程"，标题下面插入 5

行 3 列的表格，如表 4.1 所示。

表 4.1　海军护航队启航表

护 航 编 队	起 航 地
第一批护航编队	三亚
第二批护航编队	广东湛江
第三批护航编队	浙江舟山东海舰队某军港
第四批护航编队	青岛胶州湾某军港

4.4　应用动画演示文稿

　　制作出来的演示文稿最终的目的是对其进行放映，最基本的放映方式是：放映完一张幻灯片后接着放映另一张幻灯片，如同翻书一样显得过于单调，为了使演示文稿更加生动获得更好的播放效果，在正式制作演示文稿之前，应充分发挥想象力、调动审美感官对演示文稿做必要的设置，使其发挥更好的宣传作用。例如，设置幻灯片的动画，变换幻灯片的切换效果等，设计完演示文稿后可以使用 PowerPoint 2010 的打印、打包等功能将演示文稿以多种形式保存，满足不同环境的需要。

4.4.1　任务的提出

　　礼仪老师制作的培训演示文稿，由于播放时效果过于简单，需要改进，让播放的画面更加生动、更具表现力，从而吸引毕业生的注意力，真正地掌握各种礼仪规范。

　　🄟 我们的任务
　　① 设置幻灯片动画效果，让演示文稿更加生动。
　　② 设置幻灯片的切换效果，吸引注意力。
　　③ 适当地插入备注，及时提示演讲者。
　　④ 使用绘画笔，更好地强调幻灯片上的要点。
　　⑤ 打印演示文稿。

4.4.2　分析任务与知识准备

1. 分析任务

　　本任务要求在放映幻灯片时，使幻灯片之间的切换有一定的过渡动画效果；幻灯片中的元素放映时以一定的动画方式展现；通过绘画笔功能更好地实现演讲者与演示文稿及用户之间的交互。制作的基本步骤如下：

　　① 利用自定义动画功能为幻灯片的各个对象创建动画效果，设置动画的开始、速度及属性，控制好动画效果发生的先后顺序。

　　② 设置幻灯片切换效果，轻松地制作出具有视觉冲击力的幻灯片，强化演示文稿的播放效果。

　　③ 在幻灯片放映时，能够使用绘画笔功能。

　　④ 对演讲稿进行打印、打包。

2. 知识准备

1）使用动画

为幻灯片创建动画效果，可使静态的演示文稿变为动态的演示文稿。在为幻灯片创建动画效果时，可以在设计每张幻灯片时，为幻灯片添加动画。也可以将演示文稿中的所有幻灯片设计完成后，再为幻灯片创建动画效果。在演示文稿中恰当使用一些动画效果，可以使播放的演示文稿更加活泼精彩、引人入胜，并有助于提高信息的生动性。

（1）自定义动画

PowerPoint 2010 为用户提供 4 类动画，即"进入""强调""退出""动作路径"。"进入"是指对象在幻灯片上出现时的动画，即从无到有过程；"强调"是指对象直接显示后突出其内容的动画效果，如缩小、放大、摆动或改变颜色；"退出"是指对象在幻灯片上消失时的效果，即从有到无过程；"动作路径"是指对象沿着已有的或者自己预设的路径运动的动画效果。

图 4.102　动画效果

（2）应用自定义动画

① 应用"进入""强调""退出"动画。

a. 选中要设置动画的对象。

b. 在"动画"选项卡→"动画"组中，单击"其他"按钮，出现动画效果的下拉列表，如图 4.102 所示。其中有 4 类动画，每类又包含若干不同的动画效果，从中选择一种"进入""强调""退出"的动画效果。如果列表中未找到满意的动画效果，可以选择动画样式下拉列表下方的"更多进入效果"等命令，弹出"更改进入效果""更多强调效果""更多退出效果"对话框，其中包括"基本型"、"细微型"、"温和型"和"华丽型"中列出的更多动画效果选择。

② 应用"动作路径"动画

使用这些效果可以使对象上下移动、左右移动或者沿着星形或圆的图案移动，也可以自定义移动路径，其中绿色箭头控制点表示起点，红色箭头控制点表示终点，鼠标放到红色箭头控制点上，待光标变为双向箭头，按住鼠标左键后当光标变为加号形状时可以调整路径的方向和路径的。例如，放孔明灯，设置"直线路径"或"自定义路径"动画的方法如下：

a. 选中要设置动画的对象。

b. 单击"动画"选项卡→"动画"组中动画效果列表右下角的"其他"按钮，出现各种动画效果的下拉列表。

c. 单击"动作路径"类中"直线"命令，则所选对象被赋予该动画效果。拖动路径的各控制点可以改变路径，而拖动路径上方的红色控点可以改变路径的角度。效果如图 4.103 所示。

☛ **注意**

在动画库中，"进入"效果图标呈绿色、"强调"效果图标呈黄色、"退出"效果图标呈红色。

自定义路径时，双击表示路径结束。

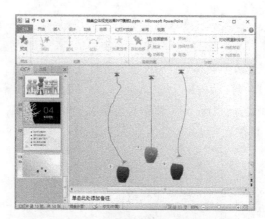

图 4.103　直线路径和自定义路径

（3）设置动画属性

① 设置动画效果。对于 PowerPoint 2010 演示文稿中一个已设置动画的对象，用户可以根据需要修改动画效果，具体设置方法是：

a. 选中要设置动画效果的文本或对象。

b. 单击"动画"选项卡→"动画"组右侧的"效果选项"按钮，弹出根据具体的动画样式而定的效果选项的下拉列表，从中选择满意的效果。

② 设置动画的开始方式、持续时间和延迟时间。

a. 选中要设置开始计时的文本或对象。

b. 在"动画"选项卡→"计时"组中，选择相应的方式和时间，如图 4.104 所示。

动画开始的方式有 3 种："单击时""与上一动画同时""上一动画之后"。若要在单击时幻灯片开始动画效果，选择"单击时"选项；如果选择"与上一动画同时"选项，那么此动画就会和同一张 PPT 中的前一个动画同时出现（包含过渡效果在内），选择"上一动画之后"就表示上一动画结束后立即出现。

图 4.104　动画计时组

动画速度由"持续时间"和"延迟"值控制，"持续时间"表示指定动画的长度，设置调整"延迟时间"，可以让动画在"延迟时间"设置的时间到达后才开始出现。

③ 改变动画顺序。幻灯片上的动画对象显示一个数字，用来指示对象的动画播放顺序。如果有两个或多个动画效果，可以通过下面两种方法之一更改动画效果的播放顺序。

方法一：在幻灯片上，单击某个动画，单击"动画"选项卡→"计时"组→"对动画重新排序"→"向前移动"按钮或"向后移动"按钮。

方法二：单击"动画"选项卡→"高级动画"组→"动画窗格"按钮，打开动画窗格，选中准备改变动画顺序的对象，通过在列表中向上或向下拖动对象来更改顺序；或者单击要移动的对象，然后使用"动画窗格"上的"重新排序"按钮。

④ 应用动画刷设置相同动画。在 PowerPoint 2010 中，可以使用动画刷快速轻松地将动画从一个对象复制到另一个对象。具体操作方法是：

a. 选中要复制动画的对象。

b. 在"动画"选项卡→"高级动画"组中，单击"动画刷"按钮，如

图 4.105　动画刷

图 4.105 所示。

c．在幻灯片上，单击将要复制动画到的对象即可实现。

☛ **注意**

如果有多个对象需要设置相同的动画效果，就可以使用"动画刷"轻松一刷即可。

⑤ 触发器动画。在幻灯片放映期间，使用触发器可以在单击幻灯片上的对象或者播放视频的特定部分时，显示动画效果，下面通过一个简单的实例来实现触发器的功能。

a．插入一幅图片。

b．绘制一个文本框，为文本框添加动画"进入""自右上部"。

c．选中文本框，单击"动画"选项卡→"高级动画"组→"触发"按钮，在下拉列表中选择"单击"命令，然后选择触发器，如图 4.106 所示。

⑥ 设置动画的声音效果。

a．选择要设置声音效果的文本或对象，设置满足要求的动画。

b．单击"动画"选项卡→"动画"组中的对话框启动器按钮，打开效果选项对话框。

c．在"效果"→"增强"区域的"声音"下拉列表中，选择一个声音，可单击"音量"按钮，并向上或向下移动滑块。要关闭预览声音，选中"静音"复选框。单击"确定"按钮，如图 4.107 所示。

图 4.106　触发器

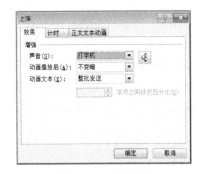

图 4.107　设置声音

☛ **注意**

在"效果"→"增强"区域，可以设置动画文本"整批发送""按字/词""按字母"等动画效果。

（4）为对象添加多个动画效果

为了让幻灯片中对象的动画效果丰富、自然，可以为一个对象添加多个动画效果，具体操作步骤如下：

① 打开幻灯片，选中要添加多个动画的对象。

② 在"动画"选项卡→"动画"组中，单击"其他"按钮然后选择一种动画，单击"动画"选项卡→"动画"组右侧的"效果选项"按钮，发现此对象左侧出现数字"1"，说明插入了一种动画效果。

③ 想要添加第 2 个效果的话，单击"动画"选项卡→"高级动画"组中的"添加动画"按钮，在弹出的下拉列表中选择需要的"进入""强调""退出""动作路径"中一种动画，设置动画效果，如图 4.108 所示。发现对象左侧出现数字"2"标记，说明成功添加两个动画效果。

④ 相同方法可以添加更多动画效果。

（5）删除动画效果

用户设置错误或不需要动画效果时，可以清除动画效果。

① 单击要清除动画效果的对象。

② 单击"动画"选项卡→"动画"组中动画样式中的"无"，则可以删除该对象的所有动画效果。

2）幻灯片切换效果

幻灯片切换效果是指在播放过程中，从一张幻灯片移到下一张幻灯片时在"幻灯片放映"视图中出现的动画效果，即幻灯片放映时进入和退出屏幕的方

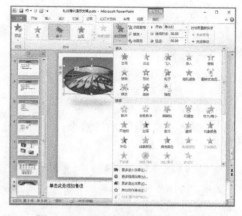

图 4.108　为幻灯片添加多个动画

式。在 PowerPoint 2010 中提供了细微型、华丽型和动态内容 3 大类的幻灯片之间的切换效果，并且还可以为其添加声音，来增加演示文稿的趣味性和动态感。设置幻灯片切换效果的操作步骤如下：

（1）添加幻灯片切换效果

① 在"视图"窗格中，单击"幻灯片"选项卡。

② 选中准备添加切换效果的幻灯片。

③ 单击"切换"选项卡，"切换到此幻灯片"组中要应用于该幻灯片的切换效果，如图 4.109 所示。在此示例中，选择了"淡出"切换效果。若要查看更多切换效果，单击列表右侧滚动条下方的"其他"按钮按钮，会弹出涵盖 3 大类的更多切换效果。

④ 单击"切换"选项卡→"切换到此幻灯片"组→"效果选项"按钮，完成切换效果的修改，如图 4.110 所示。

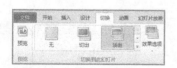

图 4.109　幻灯片切换效果

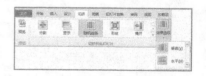

图 4.110　修改切换效果

☛ 注意

若要演示文稿中的所有幻灯片应用相同的幻灯片切换效果，在"切换"→"计时"组中，单击"全部应用"按钮。

（2）设置切换效果的持续时间

在放映幻灯片的过程中，用户可以根据需要设置幻灯片之间的切换效果的持续时间，具体操作是：在"切换"选项卡→"计时"组中的"持续时间"文本框中，输入所需的时间，如图 4.111 所示。

图 4.111　设置切换效果计时

（3）设置幻灯片的切换方式

PowerPoint 2010 中提供了两种幻灯片的换片方式，即单击时和以指定的时间切换幻灯片。

① 若要单击时换片，在"切换"选项卡→"计时"组→"换片方式"中，选中"单击鼠标时"复选框。

② 要在经过指定时间后切换幻灯片，选择"切换"选项卡→"计时"组→"换片方式"区域，选中"设置自动换片时间"复选框，在"设置自动换片时间"文本框中输入所需的秒数，如00：02.00，表示在 2s 后自动切换到下一张幻灯片。

（4）向幻灯片切换效果添加声音

单击"切换"选项卡→"计时"组中→"声音"下拉按钮，选择所需的声音添加即可。

（5）删除切换效果

在"视图"窗格中，单击"幻灯片"选项卡，选中要删除其切换效果的幻灯片，在"切换"选项卡→"切换到此幻灯片"组中，选择"无"选项。

3）添加备注

在演讲中用户可能会依赖 PowerPoint 2010 带来的各种不同展示风格，以获得更多人的赞同，想在演讲中获得更好的效果，除了让自己的 PPT 幻灯片更加精致以外，还可以利用它独特的风格和功能，让演示者很好地得到提示并辅助完成演讲。选择要添加备注的幻灯片，在状态栏上面的"单击此处添加备注"中添加相应的对象即可。或在"视图"选项卡→"演示文稿视图"组中，单击"备注页"按钮，同样可添加备注。

4）使用绘图笔

在演示文稿放映时，演讲者为了强调幻灯片上的要点，可以使用"绘图笔"在幻灯片上绘制圆圈、箭头、下画线、强调符号或其他标记，其操作方法如下：

① 打开演示文稿，在演示文稿放映状态下右击屏幕。

② 在弹出的快捷菜单中选择"指针选项"命令，在其子菜单中选择"笔"命令或"荧光笔"命令对应的两种笔形，如图 4.112 所示。

③ 在弹出的快捷菜单中选择"指针选项"命令，在其子菜单中选择"墨迹颜色"命令，从其下级菜单颜色列表框中为指定的笔形指定颜色。

④ 当结束放映时，PowerPoint 会弹出询问对话框，单击"保留"按钮即可保留墨迹；反之，则放弃，如图 4.113 所示。

5）打印演示文稿

打印幻灯片及打印演示文稿讲义，可以让观众在用户进行演示时参考相应的演示文稿，又可以留作以后参考，打印演示文稿时，可以根据需要设置页面、打印范围、打印份数等内容。

（1）设置幻灯片页面

① 单击"设计"选项卡→"页面设置"组中的"页面设置"按钮，弹出"页面设置"对话框，如图 4.114 所示。

图 4.112　使用绘图笔

图 4.113　是否保留墨迹对话框

图 4.114　"页面设置"对话框

② 在"幻灯片大小"下拉列表中，选择要打印的纸张的大小，如"B5（ISO）纸张（176 × 250 毫米）"，系统会自动设置宽度为 19.91 cm，高度为 14.93 cm。如果选择"自定义"选项，可根据需要自行设定相应的宽度和高度。

③ 在"方向"区域选中"横向"或"纵向"单选按钮，选择幻灯片的方向。

④ 在"幻灯片编号起始值"文本框中，输入要在第一张幻灯片或讲义上打印的编号，默认值是 1。

☛ **注意**

默认情况下，PowerPoint 2010 幻灯片布局显示为横向。虽然一个演示文稿中只能有一个方向（横向或纵向），但可以链接两个演示文稿，以便在看似一个的演示文稿中同时显示纵向和横向幻灯片。

（2）设置打印选项

① 选择"文件"选项卡→"打印"命令，然后在"打印份数"文本框中，输入要打印的份数。在"打印机"下，选择要使用的打印机。

② 在"设置"区域，按需求选择"打印全部幻灯片"、"打印所选幻灯片"、"打印当前幻灯片"或"自定义范围"。

③ 若要包括页眉和页脚，单击"编辑页眉和页脚"链接，在弹出的"页眉和页脚"对话框中进行选择。设置完成后，单击"打印"按钮。

6）演示文稿打包

演示文稿通常包含各种独立的文件，如音频文件、视频文件、图片、动画等，具体应用时需要将文件保存在一起，同时演示文稿制作完成后，可能要放到其他没有与 Internet 连接的计算机上放映。为此，PowerPoint 2010 提供了打包功能，可以将其打包成 CD 数据包，即生成一种独立于运行环境并包括全部链接对象的文件，将其复制到可移动磁盘上，使用时，再将其复制到要播放演示文稿的计算机中，进行播放观看演示文稿。

① 选择"文件"选项卡→"保存并发送"→"文件类型"→"将演示文稿打包成 CD"命令。

② 单击"打包成 CD"按钮，弹出"打包成 CD"对话框，将演示文稿中涉及的外部文件和链接的各种文件的路径和名称，逐一添加，如图 4.115 所示。

③ 单击"复制到文件夹"按钮，弹出"复制到文件夹"对话框，设置存放文件的文件夹名称、位置，如图 4.116 所示。

④ 单击"确定"按钮，弹出提示对话框"是否要在包中包含链接文件"，单击"是"按钮即可。

图 4.115　打包　　　　　　　　　　　图 4.116　"复制到文件夹"对话框

4.4.3 完成任务

1. 设置"培训"演示文稿的动画效果

（1）打开"培训"演示文稿

（2）选定第一张幻灯片

选中主标题文本，单击"动画"选项卡→"动画"组→"其他"按钮，选择"进入"效果中的"飞入"，在"效果选项"下拉列表中选择"自顶部"效果，在"计时"组选择"单击时"选项。

选中幻灯片的副标题占位符，单击"动画"选项卡"动画组"下拉列表中的"浮入"按钮，在"效果选项"下拉列表中选择"上浮"效果。

选中剪贴画对象，选择"进入"效果中的"切入"，在"效果选项"下拉列表中选择"自右侧"效果，在"计时"组选择"上一动画之后"选项、持续时间"02.00"、延迟"00.50"。第一张幻灯片的动画设计效果如图 4.117 所示。

（3）选定第二张幻灯片

选中"培训内容"所在形状，单击"动画"选项卡→"动画"组→"其他"按钮，选择"进入"效果中的"飞入"，在"效果选项"下拉列表中选择"自顶部"效果，在"计时"组选择"单击时"选项。选中"模块一"组合图形设置"进入"效果中的"淡出"，在"计时"组选择"上一动画之后"选项，持续时间"01.00"，延迟"00.50"，利用格式刷设置其他组合图形的动画，如图 4.118 所示。

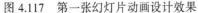
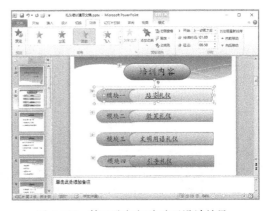

图 4.117　第一张幻灯片动画设计效果　　　图 4.118　第二张幻灯片动画设计效果

（4）设置第三、四、五、六、七、八张幻灯片标题占位符的动画设置效果及其他部分动画

单击"动画"选项卡"动画组"下拉列表中的"飞入"按钮，在"效果选项"下拉列表中选择"自顶部"效果。其他部分的动画设置"进入"效果中的"淡出"。

（5）设置第九张幻灯片的多动画效果

① 为图片添加第一个动画效果。选中图片对象，单击"动画"选项卡→"动画"组→"其他"按钮，选择"动作路径"效果中的"直线"动画效果，拖动路径上方的红色控点可以改变路径的角度，由幻灯片的中间位置向左上运动，选择"计时"组中的"单击时"开始动画。

② 为图片添加第二个动画效果。选中图片对象，单击"动画"选项卡→"高级动画"组→"添加动画"按钮，在弹出的下拉列表中选择"强调"效果中的"放大/缩小"动画效果；

单击左侧"动画"组→"效果选项"按钮，在弹出的下拉列表中选择"方向"效果为"两者"，"数量"效果为"较大"；

选择"计时"组中的"上一动画之后"开始动画，如图 4.119 所示。

③ 设置艺术字动画效果。选中艺术字，设置艺术字"自顶部飞入"动画效果，"上一动画之后"开始。

2．设置幻灯片的切换效果

单击"切换"选项卡"切换到此幻灯片"组中的"摩天轮"按钮，再选择"效果选项"下拉列表中"自右侧"效果，如图 4.120 所示。

单击"切换"选项卡"计时"组中的"持续时间"微调框，将时间调整为"02.50"，再单击"全部应用"按钮。

3．为第七张幻灯片添加备注

在第七张幻灯片的备注区输入"通过动作按钮返回到第二张幻灯片，再进行其他超链接的跳转。"的备注信息。

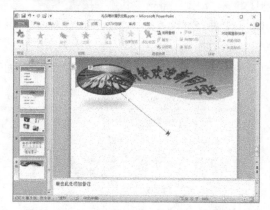
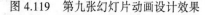

图 4.119　第九张幻灯片动画设计效果

图 4.120　幻灯片切换效果

4．使用绘图笔

在培训过程中使用绘图笔对讲解的重要内容进行标记、强调，加深印象，也可以在这个过程中进行师生互动。

5．打印演示文稿

单击"文件"选项卡，选择"打印"命令，然后在"打印"文本框中，输入要打印的 5 份数、在"设置"区域按需求选择"打印全部幻灯片"，选择要使用的打印机，单击"打印"按钮即可。

4.4.4　总结与提高

本节主要介绍了幻灯片的切换效果、演示文稿动画设计、添加备注及演示文稿的打印和打包等相关知识，完善静态演示文稿的设计。通过对本节的学习，用户在实际应用中能够比较熟练地设置演示文稿动画，尤其是多动画效果，但幻灯片中相似项目的动画效果尽量一致统一，避免幻灯片放映时感觉效果混乱，单击超链接和动作按钮以后就会跳到与这些特定对象相关的页面中，设置幻灯片的切换效果，使演示文稿在播放过程中更具动态感，从而达到更好的效果。

4.4.5　思考与实践

1. 案例

制作一个具有 6 张幻灯片的演示文稿，保存在 D 盘根目录下，文件名为"毕业答辩.pptx"，演示文稿的最终效果如图 4.121 所示。

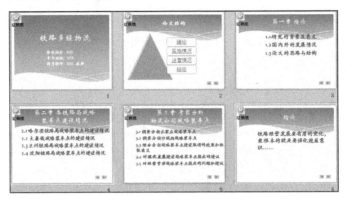

图 4.121　最终演示效果

具体要求如下：

① 第一张幻灯片的版式为"标题幻灯片"，第二张幻灯片的版式为"仅标题"，其余版式全部为"标题和内容"，所有幻灯片的主题为"波形"。

② 在第二张幻灯片中插入 SmartArt 图形，输入文本，为文本设置超链接。

③ 分别在第三张、第四张、第五张、第六张幻灯片中输入文本并设置文本的动画效果。

④ 在第四张幻灯片的备注区输入"战略装车点是新时期铁路现代化装车作业场所，具有智能化的装载系统，大容量的仓储能力，高效率、规模化的作业方法；是能够集中存储，整列配车，整列始发，对全国铁路货物发送和生产效率具有重要影响和重大意义的装车点。"

⑤ 插入按钮并设置相应的超链接。

⑥ 全文幻灯片的切换效果设置为"形状"，换片方式为"单击鼠标时"。

⑦ 将演示文稿的放映类型设置为"在展台浏览（全屏幕）"，"放映选项"为"放映时不加旁白"，换片方式为"手动"。

⑧ 根据喜好设置每张幻灯片的动画。

2. 演示文稿真题

打开考生文件夹的演示文稿 yswg.pptx，按照下列要求完成对此文稿的修饰并保存，如图 4.122 所示。

图 4.122　yswg.pptx 幻灯片浏览视图

① 使用"穿越"主题修饰全文。

② 在第一张幻灯片前插入版式为"标题和内容"的新幻灯片，标题为"公共交通工具逃生指南"，内容区插入 3 行 2 列表格，第 1 列的 1、2、3 行内容依次为"交通工具""地铁""公交车"，第 1 行第 2 列内容为"逃生方法"，将第四张幻灯片内容区的文本移到表格第 3 行第 2 列，将第五张幻灯片内容区的文本移到表格第 2 行第 2 列。表格的样式为"中度样式 4–强调 2"。在第一张幻灯片前插入版式为"标题幻灯片"的新幻灯片，主标题输入"公共交通工具逃生指南"，并设置为"黑体"，43 磅，红色（RGB 模式：红色 193，绿色 0，蓝色 0），副标题输入"专家建议"，并设置为"楷体"，27 磅。第四张幻灯片的版式改为"两栏内容"，将第三张幻灯片的图片移入第四张幻灯片内容区，标题为"缺乏安全出行基本常识"。图片动画设置为"进入""擦除"，效果选项为"自右侧"。第四张幻灯片移到第二张幻灯片之前，并删除第四、五、六张幻灯片。

第 5 章

网络基础知识

随着信息化时代的到来，计算机网络以极其迅猛的方式深入到人们的日常生活当中，给人们的生活带来了极大的方便，如网上银行、网上订票、网上查询、收发邮件、网上购物、办公自动化，等等。计算机网络不仅仅可以传输数据，同时可以传输图像、音频、视频等多种形式的信息，对人们的娱乐、学习、交往、工作都产生了不可估量的影响，成为信息化社会的命脉，同时也是发展知识经济的重要基础。

学习目标

本章主要介绍网络的基本知识。通过本章的学习，掌握以下内容：

- 了解计算机网络的基本概念；
- 掌握局域网的基本概念及网络连接设备的设置；
- 熟练掌握使用网页浏览器 IE 的方法；
- 熟练掌握使用 OE 进行收发电子邮件的操作方法；
- 掌握创建和使用博客的方法。
- 掌握移动媒体图文分享的方法。

5.1　Internet 的基本知识

Internet 是计算机网络的一种应用。在了解 Internet 之前，先来了解一下计算机网络的相关知识。

5.1.1　计算机网络的概念和分类

1．计算机网络的概念

（1）计算机网络的定义和功能

计算机网络的定义：计算机网络是指将地理位置不同的具有独立功能的多台计算机及其外围设备，通过通信线路连接起来，在网络操作系统，网络管理软件及网络通信协议的管理和协调下，实现资源共享和信息传递的计算机系统。

简单来说，计算机网络的定义是一些相互连接的、以共享资源为目的的、自治的计算机的集合。

计算机网络的功能：计算机网络主要具有数据通信、资源共享、提高计算机可靠性和可用性及分布式处理等功能。

- 数据通信：通信是计算机网络的基本功能之一，它可以为网络用户提供强有力的通信手段。构建计算机网络，可以让分布在不同地理位置的计算机用户能够相互通信、交流信息。计算机网络主要提供传真、电子邮件、电子数据交换（EDI）、电子公告牌（BBS）、远程登录和浏览等数据通信服务。
- 资源共享：计算机网络构建了一个丰富的信息资源库，凡是入网用户均能享受网络中共享的信息资源。可共享的信息资源有：搜索与查询的信息，Web 服务器上的主页及各种链接，FTP 服务器中的软件，各种各样的电子出版物，网上消息、网上图书馆等。
- 提高计算机的可靠性和可用性：网络中的每台计算机都可以通过网络相互成为后备机。一旦某台计算机出现故障，它的任务就可由其他的计算机代为完成，这样可以避免在单机情况下，一台计算机发生故障引起整个系统瘫痪的现象，从而提高系统的可靠性。而当网络中的某台计算机负担过重时，网络又可以将新的任务交给较空闲的计算机完成，均衡负载，从而提高了每台计算机的可用性。
- 分布式处理：分布处理将一个作业的处理分为三个阶段——提供作业文件；对作业进行加工处理；把结果输出。若在单机环境下，以上过程是在本地计算机系统中进行。在网络环境下，根据分布处理的需求，可将作业分配给其他计算机系统进行处理，以提高系统的处理能力，高效地完成一些大型应用系统的程序计算及大型数据库的访问等。

（2）计算机网络的形成

计算机网络自 20 世纪 60 年代发展至今，已经形成从小型的办公局域网络到全球性的大型广域网的规模。对现代人们的生产、经济、生活等各方面都产生了巨大的影响。纵观计算机网络的发展历史可以发现，它和其他事物的发展一样，也经历了从简单到复杂，从低级到高级的过程。在这一过程中，计算机技术与通信技术紧密结合，相互促进，共同发展，最终形成了计算机网络。总体看来，计算机网络的发展可以分为 4 个阶段。

第一阶段是 20 世纪 50 年代中期，实现了面向终端的具有通信功能的单机系统。这种系统的主机是网络的中心和控制者，终端（键盘和显示器）分布在各处并与主机相连，用户通过本地的终端使用远程的主机。它只提供终端与主机之间的通信，子网之间无法通信。

第二阶段是 20 世纪 60 年代中期，多个主机互连，实现了计算机与计算机之间的通信，这个阶段又称局域网阶段。包括通信子网和用户资源子网，终端用户可以访问本地主机和通信子网上所有主机的软硬件资源。

第三阶段是 20 世纪 70 年代，国际标准化组织（ISO）提出了 ISO/OSI 参考模型，实现了不同计算机厂家生产的计算机之间实现互连，又称广域网阶段。国际上，各种广域网、局域网与公用分组交换网发展十分迅速。

第四阶段是 20 世纪 90 年代至今，进入了互联网阶段。迅速发展的 Internet、信息高速公路、无线网络与网络安全，使得信息时代全面到来。计算机只要遵循 TCP/IP 就可以跟全球 Internet 网络中其他计算机互连了。

2. 计算机网络的分类

计算机网络的分类方法很多，通常可以从不同的角度对计算机网络进行分类。按交换方式可分为线路交换网络（Circuit Switching）、报文交换网络（Message Switching）和分组交换网络（Packet

Switching）；按网络的控制方式可以分为集中式网络、分散式网络和分布式网络；按网络的使用性质可以分为专用网和公共网；按网络中计算机之间互连的拓扑形式可把计算机网络分为星状网、树状网、总线网、环状网、网状网和混合网；按网络的使用范围和环境分类，可以分为企业网、校园网等；按传输介质分类，可以分为同轴电缆网（低速）、光纤网（高速）、微波及卫星网（高速）。

（1）按照网络类型划分

在众多分类方式中，按照地理范围划分计算机网络是一种大家都认可的通用网络划分标准。按这种标准可以把各种网络类型划分为局域网、城域网、广域网和互联网 4 种。

- 局域网 LAN（Local Area Network）。局域网（LAN）通常安装在一个建筑物或校园（园区）中，覆盖的地理范围从几十米至数千米。局域网规模小、速度快，应用非常广泛。例如，一个实验室、一栋大楼、一个校园或一个单位。
- 城域网 MAN（Metropolitan Area Network）。城域网（MAN）覆盖的范围在广域网和局域网之间，通常在几千米到一百千米之间，规模如一个城市。它的运行方式类似局域网，是一个城市或地区组建的网络。
- 广域网 WAN（Wide Area Network）。广域网（WAN）覆盖的地理范围很大，可以从几十千米到几万千米，地理范围覆盖地区、国家或几个大洲，形成全球性的计算机网络。在广域网中可以使用电话线、微波、卫星等介质进行通信。因特网就是典型的广域网。
- 互联网（Internet）。互联网的典型代表为"因特网"，它覆盖的地理范围最大，它可以是全球计算机的互连，这种网络的最大特点就是不定性，整个网络的计算机每时每刻随着个人网络的接入在不断地变化。在互联网应用如此广泛的今天，它已经是人们每天都要打交道的一种网络。

（2）按照网络拓扑结构划分

网络拓扑结构是指用传输媒体互连各种设备的物理布局，就是用什么方式把网络中的计算机等设备连接起来。网络拓扑图给出网络服务器、工作站的网络配置和相互间的连接，按照网络拓扑结构划分方法，把各种网络类型划分为总线结构、环状结构、星状结构、树状结构、网状结构等。

- 总线拓扑结构是将网络中的所有设备通过相应的硬件接口直接连接到公共总线上，结点之间按广播方式通信，一个结点发出的信息，总线上的其他结点均可"收听"到。它的优点是结构简单、布线容易、可靠性较高，易于扩充，是局域网常采用的拓扑结构。缺点是所有的数据都需经过总线传送，总线成为整个网络的瓶颈；出现故障诊断较为困难。总线拓扑结构如图 5.1 所示。

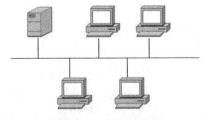

图 5.1　总线拓扑结构

- 环状拓扑结构中，各结点通过通信线路组成闭合回路，环中数据只能单向传输。它的优点是结构简单，适合使用光纤，传输距离远，传输延迟确定。缺点是环网中的每个结点均成为网络可靠性的瓶颈，任意结点出现故障都会造成网络瘫痪，另外故障诊断也较困难。环状拓扑结构如图 5.2 所示。
- 星状拓扑结构中，每个结点都由一条单独的通信线路与中心结点连结，要求中心结点有很高的可靠性。由此可知它的优点是结构简单、容易实现、便于管理，连接点的故障容易监测和排除。缺点是中心结点是全网络的可靠瓶颈，中心结点出现故障会导致网络的瘫痪。星状拓扑结构如图 5.3 所示。

 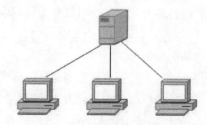

图 5.2　环状拓扑结构　　　　　　图 5.3　星状拓扑结构

- 树状拓扑结构是一种层次结构，结点按层次连结，信息交换主要是在上下结点之间进行的，相邻结点或同层结点之间一般不进行数据交换。它的优点是连结简单，维护方便，适用于汇集信息的应用要求。缺点是资源共享能力较低，可靠性不高，任何一个工作站或链路的故障都会影响整个网络的运行，并且各个结点对根的依赖性太大。树状拓扑结构如图 5.4 所示。

- 网状拓扑结构又称无规则结构，结点之间的联结是任意的，没有规律。它的优点是系统可靠性高，比较容易扩展，但是结构复杂，每个结点都与多点进行连结，因此必须采用路由算法和流量控制方法。目前广域网基本上采用网状拓扑结构。缺点是结构复杂，必须采用路由选择算法与流量控制算法。网状拓扑结构如图 5.5 所示。

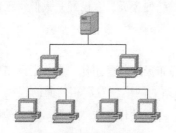 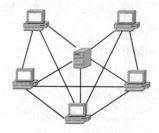

图 5.4　树状拓扑结构　　　　　　图 5.5　网状拓扑结构

3. 计算机网络的应用

计算机网络应用在很多方面，对商业、家庭及社会都产生了深远的影响。

在商业应用方面，计算机网络实现了资源共享，打破了地理位置的束缚，运用客户–服务器模型进行资源共享。同时提供了强大的通信媒介，如电子邮件、视频会议、网络购物等。

在家庭应用方面，首先，计算机网络可以访问远程信息，通过浏览网页获得各种信息；其次，通过网络可以进行个人之间的通信，如 QQ、MSN、聊天室等；计算机网络还可以进行交互式娱乐，如视频点播、即时评论、网络游戏等。

计算机网络的广泛应用已经深入到社会当中，对人们的工作、生活、消费和交往方式都影响深远。随着高度信息化的网络社会的到来，人类传统的生产方式、生活方式和生存状态发生了翻天覆地的变化。人类处于一个历史飞跃时期，正由高度的工业化时代迈向初步的计算机网络时代。

5.1.2 计算机网络的组成

计算机网络总体来说是由硬件设备、网络软件和共享资源 3 大部分组成。

1. 硬件设备

计算机网络的硬件设备由计算机、通信设备、连接设备及辅助设备组成，下面介绍几个常见的网络硬件设备。

（1）服务器

服务器是一台运行速度快，存储量大的计算机，它是网络系统的核心设备，负责网络资源管理和用户服务。服务器可分为文件服务器、远程访问服务器、数据库服务器、打印服务器等，是一台专用或多用途的计算机。在互联网中，服务器之间互通信息，相互提供服务，每台服务器的地位是同等的。服务器需要专门的技术人员对其进行管理和维护，以保证整个网络的正常运行。

（2）网卡

网卡又称为网络适配器，如图 5.6 所示。它是计算机和计算机之间直接或间接传输介质互相通信的接口，它插在计算机的扩展槽中。一般情况下，无论是服务器还是工作站，都应安装网卡。网卡的作用是将计算机与通信设施相连接，将计算机的数字信号转换成通信线路能够传送的电子信号或电磁信号。网卡是物理通信的瓶颈，它的好坏直接影响用户将来的软件使用效果和物理功能的发挥。目前，常用的有 10Mbps、100Mbps 和 10Mbps/100Mbps 自适应网卡，网卡的总线形式有 ISA 和 PCI 两种。

（3）光纤解调器

随着宽带的普及，光纤通信因其频带宽、容量大等优点而迅速发展成为当今信息传输的主要形式，要实现光通信就必须进行光的调制解调，因此作为光纤通信系统的关键器件，光调制解调器正受到越来越多的关注。

光调制解调器，光猫又称为单端口光端机，如图 5.7 所示。它是针对特殊用户环境而研发的一种三件一套的光纤传输设备。该设备采用大规模集成芯片，电路简单，功耗低，可靠性高，具有完整的告警状态指示和完善的网管功能。该设备作为本地网的中继传输设备，适用于基站的光纤终端传输设备及租用线路设备。单端口光端机一般使用于用户端，工作类似常用的广域网专线（电路）联网用的基带 Modem。

图 5.6 网卡

图 5.7 光调制解调器

光调制解调器由发送、接收、控制、接口及电源等部分组成。数据终端设备以二进制串行信号形式提供发送的数据，经接口转换为内部逻辑电平送入发送部分，经调制电路调制成线路要求的信号向线路发送。接收部分接收来自线路的信号，经滤波、反调制、电平转换后还原成数字信号送入数字终端设备。类似于电通信中对高频载波的调制与解调，光调制解调器可以对光信号进行调制与解调。不管是模拟系统还是数字系统，输入光发射机带有信息的电信号，都通过调制转换为光信号。光载波经过光纤线路传输到接收端，再由接收机通过解调把光信号转换为电信号。

（4）路由器

路由器（Router）是互联网中使用的连接设备，如图 5.8 所示。它可以将两个网络连接在一起，组成更大的网络。被连接的网络可以是局域网也可以是互联网，连接后的网络都可以称为互联网。路由器不仅有网桥的全部功能，还具有路径的选择功能。路由器可根据网络上信息拥挤的程度，自动地选择适当的线路传递信息。在互联网中，两台计算机之间传送数据的通路会有很多条，数据包（或分组）从一台计算机出发，中途要经过多个站点才能到达另一台计算机。这些中间站点通常是由路由器组成的，路由器的作用就是为数据包（或分组）选择一条合适的传送路径。用路由器隔开的网络属于不同的局域网地址。

图 5.8　路由器

2．网络软件

在计算机网络环境中，用于支持数据通信和各种网络活动的软件，称为网络软件。网络软件包括操作系统、网络协议和网络应用软件。

（1）操作系统

网络操作系统（NOS）是网络的心脏和灵魂，是向网络计算机提供服务的特殊的操作系统。它在计算机操作系统下工作，使计算机操作系统增添了网络操作所需要的能力。

常见的网络操作系统有 Windows、NetWare、UNIX、Linux。对特定计算环境的支持使得每一个操作系统都有适合于自己的工作场合，这就是系统对特定计算环境的支持。例如，Windows 7适用于桌面计算机，Linux 目前较适用于小型的网络，而 Windows 8 Server 和 UNIX 则适用于大型服务器应用程序。因此，对于不同的网络应用，需要有目的地选择合适的网络操作系统。

（2）网络协议

网络协议的定义：为计算机网络中进行数据交换而建立的规则、标准或约定的集合。

为了使不同计算机厂家生产的计算机能够相互通信，以便在更大的范围内建立计算机网络，国际标准化组织（ISO）在 1978 年提出了"开放系统互连参考模型"，即著名的 OSI/RM 模型（Open System Interconnection/Reference Model）。它将计算机网络体系结构的通信协议划分为 7 层，自下而上依次为：物理层（Physics Layer）、数据链路层（Data Link Layer）、网络层（Network Layer）、传输层（Transport Layer）、会话层（Session Layer）、表示层（Presentation Layer）、应用层（Application Layer），如图 5.9 所示。

应用层
表示层
会话层
传输层
网络层
数据链路层
物理层

TCP/IP 中文译名为传输控制协议/因特网互联协议，又称网络通信协议，这个协议是 Internet 最基本的协议、Internet 国际互联网络的基础，简单地说，就是由网络层的 IP 协议和传输层的 TCP 协议组成的。TCP/IP 是

图 5.9　OSI/RM 模型

一个 4 层的分层体系结构，分别为应用层、传输层、网际层和网络接口。高层为传输控制协议，它负责聚集信息或把文件拆分成更小的包。低层是网际协议，它处理每个包的地址部分，使这些包正确地到达目的地。

（3）网络应用软件

网络应用软件就是需要上网应用的软件，它用于提供或获取网络上的共享资源。例如，浏览软件、传输软件、远程登录软件、电子邮件等，用户可以根据自身需要选择相应的网络应用软件。

3．共享资源

资源共享是基于网络的资源共享，是现代计算机网络的最主要的应用，它包括软件共享、硬件共享及数据共享。

软件共享是指计算机网络内的用户可以共享计算机网络中的软件资源，包括各种语言处理程序、应用程序和服务程序。

硬件共享是指可在网络范围内，提供对处理资源、存储资源、输入/输出资源等硬件资源的共享，特别是对一些高级和昂贵的设备，如巨型计算机、大容量存储器、绘图仪、高分辨率的激光打印机等。

数据共享是对网络范围内的数据共享。网上信息包罗万象，无所不有，可以供每一个上网者浏览、咨询和下载。

5.1.3　因特网基础

因特网（Internet）是国际计算机互联网的英文称谓。准确地说，因特网是一个全球性的计算机互联网络。它以 TCP/IP 网络协议将各种不同类型、不同规模、位于不同地理位置的物理网络连接成一个整体。它把分布在世界各地、各部门的电子计算机存储在信息总库里的信息资源通过电信网络连接起来，从而进行通信和信息交换，实现资源共享。

在 1946 年世界上第一台电子计算机问世后的十多年时间内，由于计算机价格很昂贵，数量极少。早期所谓的计算机网络主要是为了解决这一矛盾而产生的，其形式是将一台计算机经过通信线路与若干台终端直接连接，人们也可以把这种方式看作为最简单的局域网雏形。

最早的 Internet 是由美国国防部高级研究计划局（DARPA）建立的。现代计算机网络的许多概念和方法，如分组交换技术都来自 ARPAnet。ARPAnet 不仅进行了租用线互连的分组交换技术研究，而且做了无线、卫星网的分组交换技术研究，其结果导致了 TCP/IP 问世。

📖 知识点：TCP/IP 的发展历程

1977～1979 年，ARPAnet 推出了目前形式的 TCP/IP 体系结构和协议。1980 年前后，ARPAnet 上的所有计算机开始了 TCP/IP 的转换工作，并以 ARPAnet 为主干网建立了初期的 Internet。1983 年，ARPAnet 的全部计算机完成了向 TCP/IP 的转换，并在 UNIX（BSD4.1）上实现了 TCP/IP。ARPAnet 在技术上最大的贡献就是 TCP/IP 的开发和应用。1985 年，美国国家科学基金组织 NSF 采用 TCP/IP 将分布在美国各地的 6 个为科研教育服务的超级计算机中心互连，并支持地区网络，形成 NSFnet。1986 年，NSFnet 替代 ARPAnet 成为 Internet 的主干网。1988 年，Internet 开始对外开放。1991 年 6 月，在连通 Internet 的计算机中，商业用户首次超过了学术界用户，成为 Internet 发展史上的一个里程碑。

下面简单了解一下因特网的常识性知识。

1．IP 地址和域名

Internet 上的每台主机都有一个唯一的 IP 地址。IP 协议就是使用这个地址在主机之间传递信息，这是 Internet 能够运行的基础。

IP 地址的长度为 32 位（共有 2^{32} 个 IP 地址），分为 4 段，每段 8 位，用十进制数字表示，每段数字范围为 0～255，段与段之间用句点隔开。

IP 地址是 Internet 主机的作为路由寻址用的数字型标识，人不容易记忆。因而产生了域名（Domain Name）这一种字符型标识。每一个字符型的地址都与特定的 IP 地址对应，这样网络上的资源访问起来就容易得多了。这个与网络上的数字型 IP 地址相对应的字符型地址，就被称为域名。

子网掩码用于对 IP 地址的解释，它是一个 32 位地址，用于屏蔽 IP 地址的一部分以区别网络标识和主机标识，并说明此 IP 地址是在局域网还是在远程网上。

2．Internet 接入方式

因特网的接入方式有很多种，下面介绍 4 种常见的接入方式。

（1）ADSL 接入

ADSL（Asymmetrical Digital Subscriber Line，非对称数字用户环路）是一种能够通过普通电话线提供宽带数据业务的技术，也是目前极具发展前景的一种接入技术。ADSL 素有"网络快车"之美誉，因其下行速率高、频带宽、性能优、安装方便等特点而深受广大用户喜爱，成为一种高效的接入方式。

（2）局域网接入

一般单位的局域网都已接入 Internet，局域网用户即可通过局域网接入 Internet。局域网接入传输容量较大，可提供高速、高效、安全、稳定的网络连接。现在许多住宅小区也可以利用局域网提供宽带接入。

（3）无线接入

由于铺设光纤的费用很高，对于需要宽带接入的用户，一些城市提供无线接入来代替。用户通过高频天线和 ISP 连接，距离在 10km 左右，带宽为 2～11Mbit/s，费用低廉，但是受地形和距离的限制，适合城市里距离 ISP 不远的用户，性能价格比很高。

（4）光纤接入

光纤接入网是采用光纤传输技术的接入网，即本地交换机和用户之间全部或部分采用光纤传输的通信系统。光纤具有带宽、远距离传输能力强、保密性好、抗干扰能力强等优点，是未来接入网的主要实现技术。FTTH（Fiber To The Home，光纤到户）是指光纤直通到用户家中，一般仅需要一至二条用户线，短期内经济性欠佳，但却是长远发展方向和最终的接入网解决方案。

5.1.4 思考与实践

① 简述计算机网络的定义与功能。

② 网络的拓扑结构有哪些？

③ 什么是网络协议的七层结构？

④ 什么是 TCP/IP？

⑤ 什么是因特网？

⑥ 简述因特网的接入方式的种类及优缺点。

5.2 组建局域网

局域网技术产生于 20 世纪 70 年代，在 90 年代后期发展迅猛，主要用于将较小地理区域内的各种数据通信设备连接在一起。局域网的出现，使计算机网络为大多数人所认识，并在很短的时间内深入各个领域。因此，局域网技术在当前技术领域中非常流行，各种类型的局域网不断发展并且得到了广泛的应用，从而进一步推动了信息化社会的发展。

5.2.1 任务的提出

在计算机逐渐普及的今天，很多家庭都拥有两台以上的计算机，使得组建家庭局域网成为可能。组建家庭局域网可以实现资源共享，从而为人们的家庭生活增添乐趣。小美在一家公司上班，办公室有三个人，每人有一台计算机，为了实现资源共享，方便工作，办公室的三台计算机需要互连，小美决定组建一个小型局域网，将办公室的三台计算机连接起来，实现文件共享和打印机共享。

Ｂ 我们的任务

帮助小美实现办公室局域网（小型局域网）的建设。

5.2.2 分析任务与知识准备

1．分析任务

组建小型局域网，首先要准备基本的硬件设备，并将硬件设备连接在一起，然后进行相应的设置。

2．知识准备

局域网（Local Area Network，LAN）是指在某一区域内由多台计算机互连成的计算机组。一般是方圆几千米以内。局域网可以实现文件管理、应用软件共享、打印机共享、工作组内的日程安排、电子邮件和传真通信服务等功能。局域网是封闭型的，可以由办公室内的两台计算机组成，也可以由一个公司内的上千台计算机组成。

局域网由网络硬件（包括网络服务器、网络工作站、网络打印机、网卡、网络互连设备等）和网络传输介质，以及网络软件所组成。

那么在现实生活中，假如人们想要在几台计算机之间实现网络访问和联机玩游戏，该如何进行局域网络的组建呢？下面为大家讲解组建局域网的相关知识。

（1）硬件设备

组建局域网需要的硬件设备有：两台以上的计算机、传输介质（双绞线）、网卡（网络适配器），以及交换机或者路由器、集线器。

📖 知识点：网线的制作方法

① 剪断：利用压线钳的剪线刀口剪取适当长度的网线。

② 剥皮：用压线钳的剪线刀口将线头剪齐，再将线头放入剥线刀口，让线头触及挡板，稍微握紧压线钳慢慢旋转，让刀口划开双绞线的保护胶皮，拔下胶皮。

③ 排序：剥除外包皮后即可见到双绞线的 4 对 8 条芯线，并且可以看到每对的颜色都不同。每对缠绕的两根芯线是由一种染有相应颜色的芯线加上一条只染有少许相应颜色的白色相间芯线组成。四条全色芯线的颜色为：棕色、橙色、绿色、蓝色。每对线都是相互缠绕在一起的，制作网线时必须将 4 对线的 8 条细导线一一拆开、理顺、捋直，然后按照规定的线序排列整齐。这里使用 T568B 标准描述的线序从左到右依次为：1-白橙、2-橙、3-白绿、4-蓝、5-白蓝、6-绿、7-白棕、8-棕。

排列水晶头 8 根针脚：将水晶头有塑料弹簧片的一面向下，有针脚的一面向上，使有针脚的一端指向远离自己的方向，有方型孔的一端对着自己，此时，最左边的是第 1 脚，最右边的是第 8 脚，其余依次顺序排列。

④ 剪齐：把线尽量抻直（不要缠绕）、压平（不要重叠）、挤紧理顺（朝一个方向紧靠），然后用压线钳把线头剪平齐。

⑤ 插入：一手以拇指和中指捏住水晶头，使有塑料弹片的一侧向下，针脚一方朝向远离自己的方向，并用食指抵住；另一手捏住双绞线外面的胶皮，缓缓用力将 8 条导线同时沿 RJ-45 头内的 8 个线槽插入，一直插到线槽的顶端。

⑥ 压制：确认所有导线都到位，并透过水晶头检查一遍线序无误后，就可以用压线钳制 RJ-45 头了。将 RJ-45 头从无牙的一侧推入压线钳夹槽后，用力握紧线钳（如果力气不够大，可以使用双手一起压），将突出在外面的针脚全部压入水晶头内。

最后，在把水晶头的两端都做好后即可用网线测试仪进行测试，如果测试仪上 8 个指示灯都依次为绿色闪过，证明网线制作成功。

（2）配置网络适配器（网卡）

一般装机光盘都可以自动安装网卡驱动程序。如果计算机安装了网卡驱动程序，在 Windows 7 中一般能自动创建一个本地连接，但是如果没有，可以通过控制面板中的添加删除程序来实现。下面介绍配置网卡的方法。

① 右击桌面上的"计算机"图标，在弹出的快捷菜单中选择"属性"命令。

② 在计算机的"属性"对话框中，单击"设备管理器"，弹出"设备管理器"窗口，如图 5.10 所示。在窗口中找到本机的"网络适配器"，右击后在弹出的快捷菜单中选择"属性"命令，弹出"网络适配器属性"对话框，如图 5.11 所示。

③ 对话框中有"常规""高级""驱动程序""资源"等选项卡，通过这些选项卡，可以安装网卡的驱动程序，还可以对网卡进行相应的设置。

（3）网络协议的安装与设置

① 安装网络协议。安装网卡后，Windows 7 默认安装了"Internet 协议"，如图 5.12 所示。

  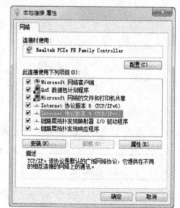

图 5.10　"设备管理器"窗口　　图 5.11　"网络适配器属性"对话框　　图 5.12　"本地连接属性"对话框

如果还需要添加其他协议，可以选中协议，单击"安装"按钮，在打开的"选择网络功能类型"对话框中，选择"协议"选项，如图 5.13（a）所示。弹出"选择网络协议"对话框，在对话框中列出了当前可用的协议，选中所需协议，单击"确定"按钮就可以安装了，如图 5.13（b）所示。

② 设置 TCP/IP。在"本地连接属性"对话框中，双击列表中的"Internet 协议"，弹出"Internet 协议属性"对话框，如图 5.14 所示。在对话框中输入 IP 地址、子网掩码、默认网关等。

（a）"选择网络功能类型"对话框

（b）"选择网络协议"对话框

图 5.13　"安装网络协议"对话框

图 5.14　"Internet 协议属性"对话框

a. IP 地址的设置：IP 地址一般为 192.168.0.X，这里的 X 可以是 1～254 中的其中一个。注意：在局域网中，X 必须不同，也就是说，局域网中每台计算机的 IP 地址都是唯一的。在这里也可以选择自动获得 IP 地址，系统会自动分配 IP 地址。

b. 子网掩码的设置：当把鼠标放进去时，会自动获取地址，也就是 255.255.255.0。

c. 默认网关的设置：如果本地计算机需要通过其他计算机访问 Internet，需要将"默认网关"设置为代理服务器的 IP 地址。如果是个小局域网，可以不进行设置。

完成设置后，单击"确定"按钮，就完成了 TCP/IP 的设置。

（4）计算机名的设置

在 Windows 7 中，右击"计算机"图标，选择"属性"命令，在弹出的对话框中单击"计算机名称、域和工作组设置"后面的"更改设置"按钮，弹出图 5.15 所示的"系统属性"对话框。在对话框中单击"更改"按钮，弹出图 5.16 所示的"计算机名/域更改"对话框。在对话框中，可以输入计算机名和工作组名称。

需要注意的是，局域网中工作组必须名称相同，确保局域网中每台计算机都在同一个工作组中。

（5）关闭防火墙

为了确保局域网能够畅通无阻，需要将 Windows 7 自带的防火墙关闭。

关闭防火墙的方法如下：

① 打开"控制面板"选择"网络和 Internet"。

② 单击"网络和共享中心"，在窗口中找到"Windows 防火墙"，单击进入。

③ 在弹出的窗口左边单击"打开或关闭 Windows 防火墙"，将窗口内防火墙都关闭，如图 5.17 所示。

图 5.15 "系统属性"对话框　　图 5.16 "计算机名/域更改"对话框　　图 5.17 防火墙自定义设置窗口

（6）文件夹的共享

在局域网中，可以进行文件夹的共享。例如，局域网中，A 计算机的使用者想看 B 计算机中的文件夹，就可以通过文件夹的共享来实现。

Windows 7 系统下，由于系统安全系数比较高，所以共享的设置比其他系统稍显复杂，常常设置共享之后出现没有权限的提示，或者要求输入用户名和密码。下面介绍 Windows 7 系统下如何对文件夹进行共享设置。

① 开启临时用户，解决没有权限的问题。首先在"开始"菜单中单击"控制面板"，将"控制面板"窗口打开，在"控制面板"窗口中选择"用户账户和家庭安全"，在弹出的窗口中选择"用户账户"，下一个窗口中单击"管理其他账户"，在弹出窗口中选择 Guest，并在弹出窗口中单击"启用"按钮，如图 5.18 所示。

② 解决登录时要求输入用户名和密码的问题。打开"控制面板"，在"控制面板"窗口中单击"网络和 Internet"下的"选择家庭组和共享选项"，在弹出窗口中选择"更改高级共享设置"，在弹出窗口中找到"密码保护的共享"区域，选中"关闭密码保护共享"单选按钮，如图 5.19 所示。这样就关闭了计算机的密码保护。

图 5.18 "启用来宾账户"窗口

③ 直接设置共享文件夹。选中要求共享的文件夹，右击，选择"共享"命令，对话框中单击"共享"按钮，弹出图 5.20 所示的"文件共享"对话框。在第一个框中选择 Guest，单击"添加"按钮，然后单击"共享"按钮就完成了。

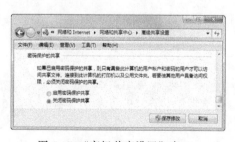

图 5.19 "高级共享设置"窗口

图 5.20 "文件共享"对话框

📁 **提示**

Windows 7 中，只能对文件夹或磁盘设置共享，而不能对文件设置共享。

🏳 **技巧**

设置文件夹及磁盘共享的取消方法与共享属性的设置比较起来，就简单得多了。

设置的方法为：右击要设置的文件夹，在弹出的快捷菜单中选择"属性"命令，在弹出的对话框中选择"共享"选项卡，单击"高级共享"按钮，在弹出的对话框中，取消选中"共享此文件夹"复选框，再单击"确定"按钮即可。

（7）打印机的共享

在组建的小型局域网中，除了能实现文件夹的共享，还能实现硬件资源的共享。例如，打印机的共享。实现打印机共享有利于局域网中其他用户方便地使用打印机，从而实现了资源共享，充分地发挥了硬件的利用率，也在一定程度上提高了办公效率。那么，如何实现打印机的共享呢？首先，共享网络打印机，然后设置其他计算机对它的访问，这样就可以使用网络打印机了。

设置共享网络打印机，首先要设置小型局域网，将需要共享打印机的计算机组建局域网（组建局域网的步骤不再赘述），然后在主机上设置打印机为共享状态，在主机上共享打印机后，在其他联机的计算机上查找共享的打印机，并进行安装。步骤如下：

① 单击"开始"按钮，选择"设备和打印机"命令，弹出窗口如图 5.21 所示。在弹出的窗口中找到想要共享的打印机（前提是打印机连接正确，而且驱动已安装）。

② 在该打印机上右击，选择"打印机属性"命令，切换到"共享"选项卡，选中"共享这台打印机"复选框，并且设置共享名，如图 5.22 所示。设置后单击"确定"按钮。

图 5.21　"设备和打印机"窗口　　　　图 5.22　打印机属性对话框

③ 单击桌面任务栏上的"网络连接"按钮，选择"打开网络和共享中心"选项，单击"选择家庭组和共享选项"，在窗口中单击"更改高级共享设置"按钮，在弹出的对话框中，选中"启用文件和打印机共享"和"启用密码保护共享"单选按钮，如图 5.23 和图 5.24 所示。注意要保证局域网内的计算机处于一个工作组。

④ 打开"控制面板"，单击"硬件和声音"，进入窗口后，单击"设备和打印机"下的"添加打印机"链接，弹出对话框如图 5.25 所示。

  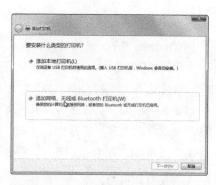

图 5.23 启用文件和   图 5.24 启用密码   图 5.25 "添加打印机"对话框
　　打印机共享窗口   　　保护窗口

⑤ 在弹出的对话框中选择"添加网络、无线或 Bluetooth 打印机"进行搜索，在搜索结果中选择设置共享的打印机，并设置打印机名称，即可打印测试页，进行打印。

5.2.3 完成任务

下面帮助小美将公司的三台计算机连接在一起，组建一个小型的局域网。

1. 准备工作

基础硬件：三台个人计算机、三块网卡、满足需求的网线及一台交换机。

2. 硬件连接

① 安装网卡。现在大多数计算机都采用集成网卡，对无网卡的机器，需要进行网卡的安装。安装网卡方法为：关闭计算机，打开机箱，找到空闲的 PC 插槽，插入网卡，拧好螺丝。

② 设备连接。将网线一头插在网卡接头处，一头插到交换机上。把需要联网的两台计算机和交换机都连接起来，这样硬件连接便完成了。

📁 提示

要判断一下计算机与交换机物理连通与否，最简单的方法就是查看网卡的指示灯或者交换机上对应的指示灯，看它们是否正常闪亮就能知道是否连通了，一般网卡上绿灯亮表示网络连通，交换机上对应端口的灯亮即为连通。

3. 软件安装设置

硬件连接好后，就要为每台计算机进行软件连接和设置。

① 安装网卡驱动程序。右击"计算机"，在弹出的快捷菜单中选择"属性"命令，弹出的窗口中选择"设备管理器"，找到网络适配器并双击，选择"驱动程序"选项卡，即可在指定位置找到驱动程序进行安装。

② 安装与设置网络协议。安装网卡后，Windows 7 默认安装了"Internet 协议"，即 TCP/IP。设置 TCP/IP，单击桌面右下角的"网络连接"按钮，单击"网络和共享中心"，在弹出的"网络和共享中心"窗口中单击"本地连接"，弹出"本地连接状态"对话框。在弹出的对话框中单击"属性"按钮，弹出的"本地连接属性"对话框如图 5.26 所示。在对话框中双击"Internet 协议版本 4（TCP/IPv4）"，弹出的"Internet 协议版本 4（TCP/IPv4）属性"对话框如图 5.27 所示。在对话框中输入 IP 地址为 192.168.0.1，第二台为 192.168.0.2，第三台为 192.168.0.3；子网掩码都设置为 255.255.255.0。

图 5.26　"本地连接属性"对话框

图 5.27　修改 IP 地址

4．设置计算机名称

设置计算机名称的方法为：右击"计算机"图标，选择"属性"命令，弹出窗口如图 5.28 所示。在窗口中选择"计算机名称、域和工作组设置"后面的"更改设置"按钮。弹出的"系统属性"对话框如图 5.29 所示。在弹出的对话框中单击"更改"按钮，输入计算机名称和工作组名称，如图 5.30 所示。

5．关闭防火墙

首先断开网络连接，如图 5.31 所示。然后在"控制面板"中关闭防火墙。

图 5.28　"系统设置"窗口

图 5.29　"系统属性"对话框

图 5.30　"计算机名/域更改"对话框

图 5.31　"断开网络连接"窗口

6．设置文件夹共享

① 在"控制面板"中，开启"临时用户"；

② 在"控制面板"中，关闭"密码保护共享"；

③ 选中共享文件夹，右击，选择"共享"命令，在弹出的选项卡中设置共享文件夹。

5.2.4　总结与提高

本节介绍了如何组建小型局域网。组建小型局域网首先要准备硬件设备，包括两台以上的计算机、传输介质（双绞线）、网卡（网络适配器）及交换机。其次，配置网卡并安装和设置网络协议，设置计算机名，断开防火墙。最后，在"共享"对话框中进行文件夹和打印机共享的设置。

5.2.5　思考与实践

① 简述局域网的基本组成。

② 简述组建局域网的步骤。

③ 将计算机名称修改为"user 21"。

④ 将计算机中的防火墙关闭。

⑤ 将 D 盘中的 abc 文件夹设为共享。

⑥ 练习配置 TCP/IP，将本机 IP 地址设定为 192.168.0.1；子网掩码为 255.255.255.0；网关为 192.168.0.200；DNS 为 114.114.114.114。

⑦ 设置共享网络打印机。

5.3　浏览器的使用

随着信息时代的到来，人们越来越多的需求都可以通过计算机网络来实现。例如，获取资讯、下载资源、网络购物、远程教育等。这些网络应用都需要使用浏览器进行操作，本节就来了解一下浏览器的使用方法。

5.3.1　任务的提出

铁路部门开通了高铁动卧列车，小美的家人想乘坐高铁动卧列车去广州，为了帮助小美的家人了解高铁动卧列车，小美决定通过浏览器查询相关高铁动卧列车信息，并将相关信息发给家人查阅。

　　♫ 我们的任务

教会小美了解 IE 浏览器，掌握浏览器的使用方法，掌握搜索、保存关于高铁动卧列车的相关信息的方法。

5.3.2　分析任务与知识准备

1．分析任务

小美刚接触浏览器，需要了解如何使用搜索引擎浏览网页，并掌握保存网页、设置网页主页及收藏网页的方法。

2．知识准备

（1）相关概念

① 万维网（WWW）。WWW 是 World Wide Web 的缩写，中文称为"万维网""环球网"等，

常简称为 Web。使用浏览器可以访问 Web 服务器上的页面。WWW 提供丰富的文本和图形、音频、视频等多媒体信息，并将这些内容集合在一起，通过导航功能，使用户可以方便地浏览。

② 超链接和超文本。超链接是指站点内不同网页之间、站点与 Web 之间的链接关系，它可以使站点内的网页成为有机的整体，还能够使不同站点之间建立联系。超链接由两部分组成：链接载体（源端点）和链接目标（目标端点）。超文本（Hypertext）是用超链接的方法，将各种不同空间的文字信息组织在一起的网状文本，超文本的格式有很多，目前最常使用的是超文本标记语言（Hyper Text Markup Language，HTML）及富文本格式（Rich Text Format，RTF）。

③ 统一资源定位器（URL）。统一资源定位器是为了使客户端程序查询不同的信息资源时有统一访问方法而定义的一种地址标识方法。在 Internet 上所有资源都有一个独一无二的 URL 地址。

统一资源定位器 URL 的格式是：协议://IP 地址或域名/路径/文件名。

举例说明：http://zhidao.baidu.com/question/212969650.html 中使用协议是 HTTP，资源所在主机的域名为 zhidao.baidu.com，要访问的文件具体位置在 question 文件夹下，文件名为 212969650.html。

④ 浏览器。浏览器是指可以显示网页服务器或者文件系统的 HTML 文件内容，并使用户与这些文件交互的一种软件。它用来显示在万维网或局域网内的文字、图像及其他信息。这些文字或图像，可以是连接其他网址的超链接，用户可迅速地浏览各种信息。大部分网页为 HTML 格式。一个网页中可以包括多个文档，每个文档都是从服务器获取的。大部分的浏览器本身支持除了 HTML 之外的广泛的格式，例如，JPEG、PNG、GIF 等图像格式，并且能够扩展支持众多的插件（plug-ins）。另外，许多浏览器还支持其他的 URL 类型及其相应的协议，如 FTP、Gopher、HTTPS（HTTP 协议的加密版本）。HTTP 内容类型和 URL 协议规范允许网页设计者在网页中嵌入图像、动画、视频、声音、流媒体等。常见的网页浏览器包括微软的 Internet Explorer、Mozilla 的 Firefox、360 安全浏览器、搜狗高速浏览器、傲游浏览器、百度浏览器及腾讯 QQ 浏览器等，浏览器是经常使用到的客户端程序。

（2）浏览网页

浏览网页必须用到浏览器，下面以 Windows 7 系统自带的 Internet Explorer 8（IE8）为例，介绍浏览器的常用功能及操作方法。

① IE 8 的启动和关闭。启动 IE 8 的方法有很多种，可以单击快速启动区中的 图标，也可以双击桌面上的 快捷方式图标，还可以选择"开始"→"所有程序"→"Internet Explorer"命令，即可打开 IE 浏览器。

关闭 IE 8 的方法以下 4 种：

- 单击窗口右上角的"关闭"按钮；
- 右击窗口标题栏，在弹出的快捷菜单中选择"关闭"命令；
- 在任务栏的 IE 图标处单击，选择要关闭的窗口单击"关闭窗口"按钮；
- 直接按【Alt+F4】组合键。

② IE 8 的工作界面。单击进入 IE 8 后，打开的界面如图 5.32 所示。

IE 8 的界面包括标题栏、地址栏、搜索栏、收藏夹栏、命令栏、状态栏、滚动条等。

a. 标题栏：显示当前正在浏览页面的名字及控制图标。当单击控制图标 时，将弹出图 5.33 所示的提示框，单击"关闭所有选项卡"按钮后可以关闭浏览器。

图 5.32　IE 8 浏览器窗口

　　b. 地址栏：显示的是当前页面的地址及控制按钮。控制按钮的功能分别是：打开历史记录中的网页、显示兼容性视图、刷新网站和停止进入网站。

　　c. 搜索栏：显示的是搜索时需要输入的关键字及控制按钮。控制按钮的功能分别是：立即搜索和选择搜索引擎。

　　d. 收藏夹栏：显示的是收藏夹按钮、加入收藏栏按钮，以及收藏栏中网页的描述。

　　e. 命令栏：显示的是使用浏览器的相关命令，如图 5.34 所示。单击相应按钮或者选择相应菜单下的命令即可执行。

图 5.33　"关闭浏览器"提示框

图 5.34　IE 8 工具栏和命令栏

　　f. 状态栏：当浏览器正在下载页面时，状态栏左侧显示需要浏览的网址和相应的下载信息，右侧显示该站点的性质。

　　（3）Web 网页浏览

　　浏览网页时，通常先输入网址，也就是在地址栏输入需要浏览网站的地址，然后按【Enter】键，即可进入。例如，输入 http://www.baidu.com/，按【Enter】键，即可进入百度页面。除了在地址栏中直接输入网址的方式外，在网页中单击其他链接，也可以进入相应的网页。

　　在浏览器新建选项卡后，总是在新建的选项卡中出现常用网站，如何将选项卡中常用网站清理干净呢？清理常用网站的步骤如下：

　　① 单击"工具"菜单，在下拉菜单中选择"Internet 选项"，在"常规"选项卡中，单击"选项卡"下的"设置"按钮，弹出对话框。

　　② 在弹出的"选项卡浏览设置"对话框中，在"打开新选项卡后，打开"下拉列表中选择"空白页"或"您的第一个主页"选项，如图 5.35 所示。

　　（4）设置默认浏览器

　　当计算机安装了多个浏览器时，就涉及设置默认浏览器的问题。那么，如何将 IE 8 浏览器设置为默认浏览器呢？

　　设置 IE 8 为默认浏览器的方法为：打开 IE 8 浏览器，单击"工具"菜单，在下拉菜单中选择

"Internet 选项"命令，在"程序"选项卡中，单击"默认的 Web 浏览器"下的"设为默认值"按钮，如图 5.36 所示。

图 5.35　"选项卡浏览设置"对话框　　　　图 5.36　设置默认浏览器

（5）保存网页

在网络上浏览资料时，遇到需要保存的资料，可以通过以下几种方法进行保存。

① 保存 Web 网页。

a．浏览相关资料后，单击"页面"菜单。

b．在弹出的下拉菜单中选择"另存为"命令。

c．在弹出的对话框中选择文件保存的位置后，输入文件名，并选择"保存类型"，单击"保存"按钮，就完成了网页的保存，如图 5.37 所示。

② 保存网页中的部分内容。

a．浏览网页后，选中要保存的内容，右键复制。

b．找到指定文件，将内容粘贴到指定文件中。

③ 保存网页中的图片、声音等文件。

图 5.37　"保存网页"对话框

a．在要保存的图片或声音文件上右击。

b．在弹出的快捷菜单中选择"图片另存为"命令。

c．在弹出的对话框内选择保存的位置，输入文件名，并选择"保存类型"，单击"保存"按钮。

（6）收藏网页

在网页浏览时，可以对经常使用的网站进行收藏。收藏方法如下：

① 打开网页，单击"收藏夹"按钮，在弹出菜单中选择"添加到收藏夹"命令，弹出图 5.38 所示的对话框。

② 在对话框中选择收藏文件的位置，输入收藏网页的名称，单击"添加"按钮，就完成了网页的收藏。

（7）设置主页

经常使用浏览器时，可以把主页设置成用户经常使用的网站。设置的方法如下：

① 单击"工具"菜单。

② 在弹出的下拉菜单中选择"Internet 选项"命令。

③ 在弹出的对话框中选择"常规"选项卡，在"主页"下空白处输入指定的网址，单击"确定"按钮，如图 5.39 所示。

图 5.38　收藏网页对话框　　　　　　　　　图 5.39　设置主页

📖 知识点：使用 IE8 浏览器常用的快捷键

使用 IE 8 浏览器常用的快捷键如表 5.1 所示。

表 5.1　使用 IE 8 浏览器常用的快捷键

功　　能	快　捷　键
选项卡之间的转换	Ctrl+Tab/Ctrl+Shift+Tab
关闭当前选项卡	Ctrl+W
关闭所有选项卡	Alt+F4
关闭其他选项卡	Ctrl+Alt+F4
打印网页	Ctrl+P
新建网页窗口	Ctrl+N
全选网页中的内容	Ctrl+A
打开收藏夹	Ctrl+Shift+I
打开历史记录	Ctrl+Shift+H
网页内容放大（10%）	Ctrl+ "+"
网页内容缩小（10%）	Ctrl+ "−"

（8）使用搜索引擎

搜索引擎为网络信息搜索工具，在网络的海量信息中，查找需要的信息。它们从互联网提取各个网站的信息（以网页文字为主），建立起数据库，并能检索与用户查询条件相匹配的记录，按一定的排列顺序返回结果。

📖 知识点：搜索引擎的工作原理

搜索引擎的工作原理大致分为三个步骤：抓取网页、处理网页和提供搜索服务。

抓取网页：每个独立的搜索引擎都有自己的网页抓取程序（spider）。

处理网页：搜索引擎抓到网页后，还要做大量的预处理工作，才能提供检索服务。其中，最重要的就是提取关键词，建立索引文件。其他还包括去除重复网页、分词（中文）、判断网页类型、分析超链接、计算网页的重要度/丰富度等。

提供检索服务：用户输入关键词进行检索，搜索引擎从索引数据库中找到匹配该关键词的网页；为了用户便于判断，除了网页标题和 URL 外，还会提供一段来自网页的摘要及其他信息。

搜索引擎从诞生到现在已经有几十年历史，期间搜索技术一直在不断变化，从最初的目录式搜索到关键词搜索，以及正在发展的语音搜索、图片搜索等，搜索引擎在不断进化中。个性化搜索引擎无疑是最受关注的方向，并且将成为搜索引擎的未来。

常用的搜索引擎有很多，如百度（Baidu）、谷歌（Google）、雅虎（Yahoo）、搜狗（Sogou）等。

使用搜索引擎的方法如下：

① 打开浏览器窗口，在 IE 地址栏中输入搜索引擎的网址，本例选用百度作为搜索引擎来进行操作。首先输入百度网站的网址（即 http://www.baidu.com/），打开百度网站的主页，如图 5.40 所示。

② 在百度的搜索栏中输入搜索的关键字，单击"百度一下"按钮，即可得到与搜索关键字相关的信息列表。图 5.41 所示的是输入"世卫大会开幕"之后的搜索结果，单击相应的结果链接，可以进入相应的网页，进行信息的查阅。

图 5.40　百度主页窗口

图 5.41　百度搜索"世卫大会开幕"结果

📖 **知识点：搜索引擎的使用技巧**

使用双引号：对查询的关键词加双引号，可以实现精确的查询，这种方法要求查询结果精确匹配，不包括演变形式。

使用加号：在关键词的前面使用加号，使用这种搜索方式，该单词出现在搜索结果中的网页上。

使用减号：在关键词的前面使用减号，查询结果中不会出现该关键词。

使用通配符：这种通配符的方法可以应用在英文搜索引擎中。通配符包括星号（*）和问号（？），前者表示匹配的数量不受限制，后者匹配的字符数与符号数一致。

（9）使用因特网播放音/视频

在因特网迅速发展的今天，越来越多的网站都提供了浏览音/视频功能。以强大的视频功能著称的网站有优酷、搜狐视频、土豆网、酷6网、六间房等。视频网站主要提供视频的播放、发布、搜索等功能。下面以优酷视频网站为例，介绍在因特网上播放视频的方法。

① 打开浏览器窗口，在 IE 地址栏输入优酷网站的网址：http://www.youku.com/。按【Enter】键进入优酷网站。优酷网站首页如图5.42所示。

② 在优酷网站的首页可以看到网站推荐的视频，也可以在搜索栏中输入关键字，然后单击"搜库"按钮，搜索想要观看的视频。

③ 在搜索结果页面中，列出了搜索结果视频的截图、标题、时长、发布时间等信息。选择相应的结果视频，可以进入视频页面，视频播放页面如图5.43所示。

图 5.42　优酷网站首页　　　　　　　图 5.43　视频播放页面

④ 在视频页面中，可以单击页面上的"暂停"和"播放"按钮控制视频的播放，还可以进行声音的调节，设置清晰度，设置视频全屏显示及进一步设置视频。视频的进度条中，红色进度条显示的是当前播放视频的进度，灰色进度条显示的是下载视频的进度。在进度条下面，显示的是视频当前播放时间和视频总时长。

5.3.3　完成任务

通过上面充足的知识准备，现在帮助小美完成任务。找到"高铁动卧"的网站，了解相关信息并告知家人。

① 打开浏览器，在地址栏中输入百度的地址（http://www.baidu.com/），按【Enter】键进入百度首页。

② 在百度的搜索栏中输入"高铁动卧"，按【Enter】键打开搜索结果页面，如图5.44所示。

③ 单击搜索结果中第1个链接，弹出了"高铁动卧"百度百科，如图5.45所示。

④ 单击网页中目录链接的"主要特色"文字链接，进入"主要特色"子网页。

⑤ 查看有关高铁动卧的相关内容，包括车厢的结构、卧铺的舒适度、娱乐设施及服务等信息。

⑥ 收藏"高铁动卧"的网页。单击"收藏夹"命令栏中的"添加到收藏夹"按钮，将网页添加到收藏夹栏中。

图 5.44　百度搜索"高铁动卧"结果

图 5.45　"高铁动卧"百度百科网站页面

⑦ 在网页中单击第一张图片，打开第一张图片，将该图片另存在桌面文件夹内。选中图片右击，在弹出的快捷菜单中选择"另存为"命令，弹出"保存图片"对话框，在"保存图片"对话框的"文件名"文本框输入"高铁动卧列车"，"保存类型"选择"图片文件（*.JPG）"，然后单击"保存"按钮，如图 5.46 所示。

⑧ 在"高铁动卧"页面中，找到目录中的"列车时刻表"链接，单击进入，浏览后，用鼠标选中"列车时刻表"内容，按【Ctrl+C】组合键，打开新建的文本文档，按【Ctrl+V】组合键，将网页内容粘贴到新建的文本文档中，并进行保存，如图 5.47 所示。

图 5.46　"保存图片"对话框

⑨ 为了帮助家人对高铁动卧和软卧的区别，在百度搜索页面中，在搜索栏输入"高铁动卧与软卧的区别"，在页面中单击第三个链接，进入界面中，查阅后保存网页。单击"页面"菜单下的"另存为"命令，在弹出的"保存网页"对话框中输入名称"高铁动卧与软卧的区别"，"保存类型"选择"文本文件（*.txt）"，然后单击"保存"按钮，如图 5.48 所示。

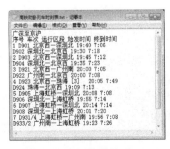

图 5.47　"记事本"窗口

图 5.48　"保存网页"对话框

5.3.4　总结与提高

本节介绍了浏览器的相关概念，包括万维网（WWW）、超链接和超文本、统一资源定位器、浏览器，并以 Windows 7 系统自带的 Internet Explorer 8（IE8）为例，介绍浏览器的操作方法。

在浏览器的相关操作中，除了需要掌握收藏网页、设置浏览器主页等在日常生活中经常用到的操作方法外，网页的保存也尤为重要。网页的保存作为计算机一级考试的重点，主要分为 Web 网页的保存、网页中部分内容的保存及网页中附件的保存，因此在熟练掌握保存网页的同时还需要对保存内容加以区分。

5.3.5　思考与实践

① 简述万维网的概念。

② 打开 http://www.hao123.com/网页，浏览"唯品会"页面内容，并将该网页以文本文件的格式保存到本机 E 盘 BB 文件夹下，命名为"唯品会.txt"。

③ 打开 http://www.taobao.com/网页，将网页内容复制到 E 盘 AA 文件夹下的文本文档"淘宝.txt"中。

④ 将 http://www.taobao.com/设置为主页。

⑤ 浏览 http://www.sina.com.cn/网页，并将该网页添加到收藏夹。

⑥ 利用百度搜索引擎中的图片引擎，搜索"笔架山"的图片，并将第 1 张图片另存到 E 盘中，命名为"笔架山.jpg"。

⑦ 在 IE 浏览器的收藏夹中新建一个文件夹，命名为"常用搜索"，将百度搜索的网址（www.baidu.com）添加至该目录下。

⑧ 打开 http://www.youku.com/网页，搜索有关"公益短片"的视频，播放搜索结果中的第 1 个视频。

⑨ 设置 IE 8 为默认浏览器。

5.4　邮件的收发

随着信息技术的发展，信息的传递方式也发生着改变，传统的信息传递方式早已被电子邮件所取代。与以往的信息传递方式相比，电子邮件更加方便和快捷。电子邮件综合了电话通信和邮政信件的特点，又有所突破。它传送信息的速度和电话一样快，又能像信件一样使收信者在接收端收到文字记录。除了文字记录，电子邮件还能传递声音、图片、文档等各种文件。所以，时至今日电子邮件已经成为人们传递信息的主要手段。

5.4.1　任务的提出

电子邮件作为一种新兴的信息传递方式，迅速深入人们的生活中。小美也希望能够了解电子邮件，并通过电子邮件的形式为家人写一封信，信中附上小美的近照。

　　🏳 我们的任务

　　帮助小美了解 Outlook Express 6.0，并掌握配置账户的方法，完成电子邮件的发送任务。

5.4.2　分析任务与知识准备

1．分析任务

根据小美的要求，帮助她了解电子邮件的相关概念，并掌握使用 Outlook Express 6.0 收发电子邮件的方法。

2．知识准备

1）电子邮件的相关概念

（1）电子邮件的定义

电子邮件（Electronic Mail，简称 E-mail）是一种通过网络实现相互传送和接收信息的现代化通信方式。它是 Internet 应用最广的服务，通过网络的电子邮件系统，用户可以用非常低廉的价格，以非常快速的方式，与世界上任何一个角落的网络用户联系，这些电子邮件可以是文字、图像、声音等各种文件形式。

（2）电子邮箱

电子邮箱是通过网络电子邮局为网络客户提供的网络交流电子信息空间。电子邮箱具有存储和收发电子信息的功能，是因特网中最重要的信息交流工具。在网络上每个电子邮箱都有一个唯一可识别的电子邮件地址，电子邮件地址跟人们平时写信的收件人和寄信人的地址是一样的。

📖 **知识点：电子邮件地址的构成**

电子邮件地址的格式为：<用户名>@<邮件服务器>，用户名就是用户在主机上使用的登录名，@是邮用用户名与邮件服务器之间的间隔符，@后面的是邮局方服务计算机的标识（域名），都是邮局方给定的，如 957587255@qq.com、shiyejia345@sohu.com、shiyejiababa@163.com 等。

常见的电子邮箱访问方式有两种，分别是在线访问邮箱和通过客户端软件访问邮箱。

① 在线访问电子邮箱：目前，很多网站都提供免费的电子邮箱，注册后可通过在线方式访问邮箱，如搜狐邮箱、新浪邮箱、网易邮箱等。

下面以网易邮箱为例，介绍注册邮箱的方法。首先，打开"网易"网站，如图 5.49 所示。在网页上单击"注册免费邮箱"按钮，弹出窗口如图 5.50 所示。在窗口填写用户信息后，单击"立即注册"按钮；注册成功后，即可登录该邮箱收发电子邮件了。

图 5.49　网易首页

② 通过客户端软件访问电子邮箱：关于此种方式访问电子邮箱将在本节后面进行详尽的介绍。

（3）电子邮件的格式

电子邮件由信头和信体两部分构成。

① 信头包括收件人、抄送、主题。

● 收件人：收件人的 E-mail 地址。

● 抄送：同时发送给其他人的地址。

● 主题：本邮件的主题。

② 信体则是发送电子邮件的内容。

（4）电子邮件系统的工作过程

电子邮件的工作过程遵循客户–服务器模式。每份电子邮件的发送都涉及发送方与接收方，发送方构成客户端，而接收方构成服务器，服务器中含有众多用户的电子信箱。发送方通过邮件客户程序，将编辑好的电子邮件向邮局服务器（SMTP 服务器）发送。邮局服务器识别接收者的地址，并向管理该地址的邮件服务器（POP3 服务器）发送

图 5.50　"网易邮箱注册"界面

消息。邮件服务器将消息存放在接收者的电子信箱内，并告知接收者有新邮件到来。接收者通过邮件客户程序连接到服务器后，就会看到服务器的通知，进而打开自己的电子信箱来查收邮件。

2）Outlook Express 简介

除了登录大型网站使用在线邮箱，还可以通过电子邮件客户端软件进行电子邮件的收发。与网站的在线邮箱相比，电子邮件的客户端软件功能更为强大，如 Foxmail、KooMail、Outlook Express 等。

在邮件的客户端软件中，以 Outlook Express（简称 OE）最为常用。它是 Microsoft（微软）自带的一款电子邮件客户端。OE 不是电子邮箱的提供者，它是 Windows 操作系统的一个收、发、写、管理电子邮件的自带软件，即收、发、写、管理电子邮件的工具，使用它收发电子邮件十分方便。通常用户在某个网站注册了自己的电子邮箱后，要收发电子邮件，须登录该网站，进入电子邮箱网页，输入用户名和密码，然后进行电子邮件的收、发、写操作。使用 Outlook Express 后，这些步骤便一步跳过。只要打开 Outlook Express 界面，Outlook Express 程序便自动与用户注册的网站电子邮箱服务器联机工作。

作为客户端软件邮箱，Outlook Express 6.0 功能十分强大，同时 Outlook Express 6.0 的使用也是计算机一级考试的重点内容，下面以 Outlook Express 6.0 为例，介绍收发电子邮件的相关操作。

（1）启动 OE

单击"开始"→"程序"→"Outlook Express"命令，可以启动 OE。如果在桌面上安装了快捷方式，也可以通过双击快捷方式图标的方法来启动 OE。

（2）OE 的窗口

启动 OE 后，弹出 OE 的窗口如图 5.51 所示。在窗口中，有"文件""编辑""查看""工具""邮件""帮助"6 个菜单。每个菜单栏下都有相应的命令按钮，用户可以根据需要，打开相应菜单，选择相应的命令按钮，完成邮件的操作。

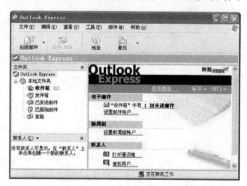

图 5.51　OE 的窗口

（3）账号的配置

使用 OE 之前，必须对其进行账号的配置。OE 中可以配置多个账户，用来进行邮件的操作。配置账号的操作步骤如下：

① 启动 OE，如果是初次启动 OE，则系统直接弹出"添加账户"对话框。但若是已经添加过账户了，在启动 OE 后在窗口中选择"工具"菜单下的"账户"命令（见图 5.52），弹出图 5.53 所示对话框，在窗口中单击"添加"按钮，在弹出的级联菜单中选择"邮件"命令。

图 5.52　"工具"菜单　　　　　　　图 5.53　"Internet 账户"对话框

② 在弹出的对话框中输入"显示名"，单击"下一步"按钮，如图 5.54 所示。

③ 在弹出对话框中输入与 OE 联机的网站电子邮件地址，单击"下一步"按钮，如图 5.55 所示。

图 5.54　"Internet 连接向导"对话框 1　　　图 5.55　"Internet 连接向导"对话框 2

④ 在弹出的对话框中选择"接收服务器"类型，并输入服务器相关信息，单击"下一步"按钮，如图 5.56 所示。

⑤ 在弹出的对话框中输入网站电子邮箱的用户名和密码，单击"下一步"按钮，如图 5.57 所示。

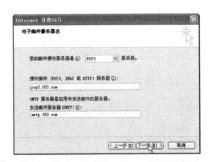

图 5.56　"Internet 连接向导"对话框 3　　　图 5.57　"Internet 连接向导"对话框 4

⑥ 出现祝贺对话框，单击"完成"按钮，返回"邮件"选项卡，单击"关闭"按钮，添加账户的操作就完成了。

⑦ 下面进行账户的属性设置。选择"邮件"选项卡，选择刚添加的账号，单击"属性"按钮，如图 5.58 所示。在弹出的对话框中，选择"服务器"选项卡，选中"我的服务器要求身份验证"复选框，如图 5.59 所示。至此，就可以用新账号进行邮件的操作了。

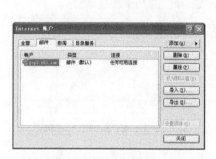

图 5.58 "Internet 账户"对话框

图 5.59 "pop3.163.com 属性"对话框

（4）撰写与发送电子邮件

当给定收件人、主题、内容时，如何进行电子邮件的发送，是使用 OE 最基本的操作。

发送电子邮件的方法为：单击 OE 窗口的"创建邮件"按钮；在弹出的窗口中输入给定信息，输入结果如图 5.60 所示。输入完毕核查无误后，单击"发送"按钮，即可完成对邮件的发送。

📖 知识点：邮件字体、字号、文字颜色的设置方法

撰写邮件时，可以对书写文字格式进行设置，单击"设置文本格式"菜单，即可实现，如图 5.61 所示。

图 5.60 "撰写邮件"窗口

图 5.61 "设置文本格式"窗口

🚩 技巧

● 如何查看已经发送出去的邮件？

单击 OE 窗口左侧文件夹标题下的"已发送邮件"命令，即可在右侧窗口看到发送出去的邮件收件人地址和主题，并在下方窗口可以看到邮件的预览，如图 5.62 所示。

● 邮件中收件人地址为多个时，如何连接收件人地址？

电子邮件地址与地址之间的连接用英文标点";"连接。

为了使邮件更加美观，可以为邮件添加信纸。Outlook Express 6.0 为用户提供了几种信纸，可以为邮件添加 OE 自带的信纸，如图 5.63 所示。

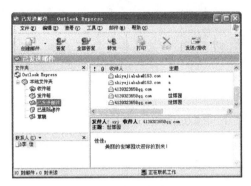

图 5.62　"已发送邮件"窗口

图 5.63　"使用 OE 自带信纸"菜单命令

如果对 OE 自带的信纸不满意，需要自己定义新信纸，则需按照如下操作步骤进行：

① 选择"邮件"菜单下的"选择信纸"命令，如图 5.64 所示。在弹出的"选择信纸"对话框中单击"创建信纸"按钮，如图 5.65 所示。

图 5.64　"邮件"菜单

图 5.65　"选择信纸"对话框

② 在弹出的"信纸设置向导"对话框中单击"浏览"按钮，选择图片，在窗口的右侧有预览图。图片选定后，需要对其进行相关设置，如图 5.66 所示。确定无误后单击"下一步"按钮。在弹出的对话框中设置信纸的字体信息，如图 5.67 所示。设置后单击"下一步"按钮。

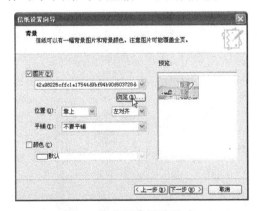

图 5.66　信纸背景设置

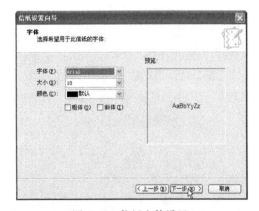

图 5.67　信纸字体设置

在弹出的对话框中设置信纸的页边距，单击"下一步"按钮后，输入信纸的名称，如图 5.68 所示。设置后单击"完成"按钮，完成对信纸的创建。

③ 在弹出的对话框中，选择创建的信纸，单击"确定"按钮，如图 5.69 所示。应用信纸后

的邮件窗口如图 5.70 所示。

图 5.68 完成信纸创建   图 5.69 "选择信纸"对话框

（5）邮件中添加附件

邮件除了可以传递文字信息，还可以为邮件添加图片、文件、声音等文件。这就需要掌握附件的添加方法。

添加附件的方法很简单，在新邮件窗口中选择"插入"菜单下的"文件附件"命令，如图 5.71 所示。弹出图 5.72 所示的对话框。在弹出的对话框中选择要添加的附件，单击"附件"按钮，插入图片附件后的窗口如图 5.73 所示。当需要添加多个文件时，只需要重复以上操作即可。

  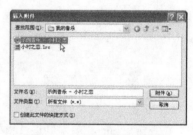

图 5.70 "新邮件"窗口   图 5.71 "插入"菜单   图 5.72 "插入附件"对话框

（6）邮件的抄送

邮件的抄送是将邮件同时发送给收信人以外的人，对方可以看见该用户的 E-mail，同时也可以看到邮件都抄送给哪些收件人了。

为邮件添加抄送的方法是：在抄送的地址栏输入抄送的地址，如果需要输入两个以上地址，则需输入"；"作为地址之间的连接。添加抄送后的邮件，如图 5.74 所示。

图 5.73 插入附件后的窗口   图 5.74 添加抄送的邮件窗口

（7）邮件的密件抄送

密件抄送指的是邮件发送给多个收件人，但是收件人只能看出邮件是发件人发的，具体发给多少个人，都发送给谁，收件人是看不出来的。也就是说，抄送人之间是看不到彼此的。

密件抄送添加地址的操作方法为：在邮件窗口单击"抄送"按钮，在弹出的对话框中，选择"收件人"，单击"密件抄送"按钮，如图 5.75 所示。添加完毕，单击"确定"按钮。密件抄送的地址也可以在"密件抄送"后的空白处直接输入联系人地址。添加密件抄送后查看邮件窗口，如图 5.76 所示。这样密件抄送就添加完毕了。

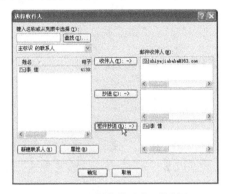

图 5.75　"选择收件人"对话框　　　　　　图 5.76　添加密件抄送的邮件窗口

（8）接收和阅读邮件

在 OE 窗口中，单击左侧栏中指定账号下的"收件箱"，可以在中间窗口看到收件箱中的邮件信息，包括邮件主题、接收时间、信件前部分内容等，单击其中一封邮件可以在右侧窗口中看见邮件预览，如图 5.77 所示。

阅读邮件方法为：双击收件箱中需要阅读的邮件，在弹出的窗口中即可阅读邮件。

（9）附件的阅读与保存

在收件箱，打开带有附件的邮件，即可在下方窗口出现附件的预览图，如图 5.78 所示。如果想要保存附件，右击附件，在弹出的快捷菜单中选择"另存为"命令，如图 5.79 所示。在弹出窗口中将附件命名，并保存到指定位置。

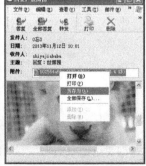

图 5.77　查看收件箱窗口　　　　图 5.78　查看附件窗口　　　图 5.79　另存附件窗口

（10）回复和转发邮件

回复邮件的方法为：选中收件箱的邮件后，单击"邮件"菜单，在菜单中选择"答复发件人"

命令，如图 5.80 所示。在信件内容前，输入要回复的文字后，单击"发送"按钮，完成了信件的回复。回复邮件的窗口如图 5.81 所示。

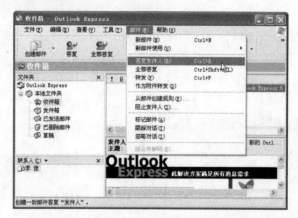

图 5.80 "邮件"菜单

转发邮件的方法为：选中收件箱的邮件后，单击"开始"菜单，在菜单中选择"转发"命令，在弹出的窗口中输入收件人地址及需要回复的文字，如图 5.82 所示。单击"发送"按钮，就完成了信件的转发。

图 5.81 回复邮件窗口

图 5.82 转发邮件窗口

（11）设置收到邮件自动回复

当用户无法即时处理电子邮件时，为了怕寄信方不知道用户是否收到信件，可以编辑并启动自动回复功能。自动回复功能启动后，当收到新邮件时，邮箱将会自动回复一封用户预先设置好的文字内容 E-mail 到对方的信箱中。

设置自动回复的步骤如下：

① 新建文本文件。新建一个文本文件，在文本文件中输入希望自动回复时显示的内容：您的来信我已经收到，稍后给您回复。输入后的"记事本"窗口如图 5.83 所示。确定无误后，将它保存，命名为"回复.txt"。

② 设置规则。

a. 选择"工具"菜单下的"邮件规则"命令，如图 5.84 所示。

图 5.83　"记事本"窗口　　　　　　　　　　图 5.84　"工具"菜单

b．在弹出的"新建邮件规则"对话框中，在"选择规则条件"选区中选中"针对所有邮件"复选框，在"选择规则操作"选区中选中"使用邮件答复"复选框，如图 5.85 所示。

c．在"新建邮件规则"对话框中，设置"规则描述"为"使用邮件答复"。单击"邮件"链接，在弹出的窗口中找到"回复.txt"的位置并选择，核实无误后，单击"打开"按钮。"新建邮件规则"对话框设置后，如图 5.86 所示。确定无误后，单击"确定"按钮，完成新规则的创建。

图 5.85　"新建邮件规则"对话框　　　　　图 5.86　使用文本回复邮件规则

d．弹出对话框如图 5.87 所示。确定不再修改和新建规则后单击"立即应用"按钮，弹出对话框如图 5.88 所示。选择要应用的规则后单击"立即应用"按钮，这样就应用了新规则。

所有操作结束后，OE 邮箱在收到来信后就会自行回复邮件了。

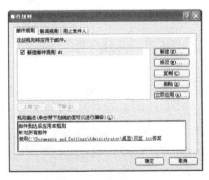

图 5.87　"邮件规则"对话框　　　　　图 5.88　"开始应用邮件规则"对话框

（12）联系人的使用

OE 中的联系人工具可以保存联系人的 E-mail 地址、邮编、通讯地址、电话等信息，还可以自动填写电子邮件地址。下面介绍联系人的创建和使用。

① 在 OE 启动后的窗口，选择"工具"菜单中的"通讯簿"命令，弹出菜单如图 5.89 所示。

图 5.89 "通讯簿"命令

② 在通讯簿窗口中选择"新建"下拉列表中的"新建联系人"命令，如图 5.90 所示。在弹出窗口中输入女生名、单位、电子邮件、电话号码、地址、头像等相关信息，如图 5.91 所示。

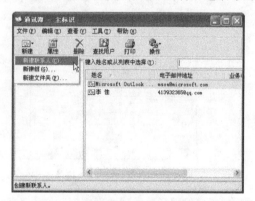

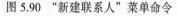

图 5.90 "新建联系人"菜单命令

图 5.91 新建联系人窗口

③ 单击窗口左上角的"保存并关闭"按钮，即可将联系人的信息保存到 OE 中了。

5.4.3 完成任务

通过前面的知识准备，小美轻松地给家人发了一封电子邮件，并附上了自己的一张照片。具体操作步骤如下：

① 启动 OE，选择"开始"→"所有程序"→"Microsoft Office"→"Microsoft Outlook"命令，弹出 OE 窗口。

② 在窗口中单击"开始"菜单下"新建电子邮件"按钮，弹出"创建新邮件"窗口。

③ 在"收件人"文本框中输入收件人的电子邮件地址：123456789@qq.com。

④ 在"主题"文本框中输入电子邮件的题目：小美。

⑤ 在邮件内容窗口中输入电子邮件的内容：我在大学一切都好，老师同学都很照顾我，请勿挂念。

⑥ 在邮件窗口中插入附件。选择"插入"菜单下的"附加文件"命令，找到小美的照片，

单击"插入"，插入后如图 5.92 所示。

⑦ 单击"发送"按钮，即可发给收件人。

5.4.4　总结与提高

本节学习了电子邮件的相关知识，掌握了 Outlook Express 6.0 的相关操作方法，包括账号的设置、撰写与发送电子邮件、邮件中添加附件、邮件的密件抄送、接收和阅读电子邮件、附件的保存、回复与转发电子邮件、联系人的使用等知识点。

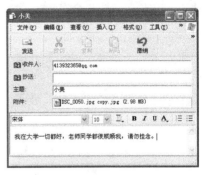

图 5.92　邮件窗口

5.4.5　思考与实践

① 注册网易电子邮箱。

② 启动 Outlook Express 6.0，根据注册的网易邮箱配置账户。

③ 启动 Outlook Express 6.0，向李欣同学发送一封电子邮件，并抄送给张乐，将指定文本文件 sy.txt 作为附件一同发出，邮件内容如下：

收件人地址：shiyejia345@sohu.com

抄送地址：zhangle123@sohu.com

主题：世博园

附件：sy.txt

内容：欢迎大家来锦州世博园玩。

④ 启动 Outlook Express 6.0，向李梅发送一封电子邮件，并密件抄送给李欣和张乐。邮件内容如下：

收件人地址：413932365@qq.com

抄送地址：shiyejia345@sohu.com；zhangle123@sohu.com

主题：世博园

内容：请您查看相关文件。

⑤ 启动 Outlook Express 6.0，设置自动回复，回复内容为：抱歉，我有事出去一下，一会回来给您回复。

⑥ 上网下载图片，以"信纸.txt"命名并保存在桌面上。启动 Outlook Express 6.0，将"信纸.txt"设置为信纸，并设置字体为"楷体、10 号、黑色"，信纸姓名为"信纸"。

5.5　撰 写 博 客

随着信息化时代的到来，"博客"一词对于人们已经不再陌生，越来越多的人拥有自己的博客。博客成为网络时代的个人文摘，为人们的生活、工作、学习带来了意想不到的转变。

5.5.1　任务的提出

博客以网络日志的形式迅速风靡全国，很多名人都拥有自己的博客，铁路站段同样需要有博客，用来发布铁路相关信息，帮助更多的人了解铁路行业。小美作为宣传员，负责为站段建立博客的工作。

⏃ 我们的任务

帮助小美掌握创建博客的方法，并学会如何使用博客。

5.5.2　分析任务与知识准备

1. 分析任务

小美希望能够通过自己的博客，发布铁路相关信息。这就需要掌握注册博客、撰写日志、管理相册等方法，了解博客的相关功能。

2. 知识准备

（1）博客的概念

"博客"一词，源于英文单词 Blog。博客是以网络为载体，由个人或企业管理、不定期张贴新的文章的网站。博客上的文章通常根据张贴时间，以倒序方式由新到旧排列。许多博客专注在特定的课题上提供评论或新闻，其他则被作为比较个人的日记。一个典型的博客结合了文字、图像、其他博客或网站的链接及其他与主题相关的媒体，能够让读者以互动的方式留下意见，是许多博客的要素。大部分的博客内容以文字为主，仍有一些博客专注在艺术、摄影、视频、音乐、播客等各种主题。博客是社会媒体网络的一部分。

（2）博客的分类

博客按照功能分为基本博客和微型博客。

基本博客是博客中最简单的形式。单个的作者对于特定的话题提供相关的资源，发表简短的评论。这些话题几乎涉及人类的所有领域。

微型博客目前是全球最受欢迎的博客形式，博客作者不需要撰写很复杂的文章，而只需要抒写 140 字（这是大部分的微博字数限制）内的心情文字即可，如新浪微博、网易微博、搜狐微博、腾讯微博等。

除了这种分类方式，博客还可以按照用户分为个人博客和企业博客；按照博客主人的知名度和文章受欢迎的程度，分为名人博客、一般博客、热门博客；按照博客内容的来源和知识产权可以将博客分为原创博客、非商业用途的转载性质的博客及二者兼有之的博客。

（3）基本博客的相关操作

基本博客，也就是人们口中所说的博客，它作为一种简易的个人信息发布方式，任何人都可以注册，完成个人网页的创建、发布和更新。通过基本博客，可以及时记录和发布个人的生活故事、闪现的灵感等，更可以以文会友，结识和汇聚朋友，进行深度交流沟通。

基本博客网站有很多，新浪网博客频道是全国最主流、人气颇高的博客频道之一，拥有娱乐明星博客、知性的名人博客、动人的情感博客等。

下面就以新浪博客为例，介绍基本博客的使用方法。

① 注册、登录新浪博客。登录新浪博客，可以通过输入账号和密码进行登录，也可以用 MSN账号登录。如果没有 MSN 账号和新浪博客账号，就必须先注册账号。

注册新浪博客的步骤如下：

a. 打开新浪博客登录网页，如图 5.93 所示。

b. 单击"注册新浪博客"按钮，弹出窗口如图 5.94 所示。注册博客有手机注册和邮箱注册两种方式，用户可以自由选择博客的注册方式，这里以手机注册为例。

图 5.93　"新浪博客登录"窗口

图 5.94　"注册新浪通行证"窗口

c. 在窗口中填入自己的信息，单击"立即注册"按钮，弹出窗口如图 5.95（a）所示。

d. 在窗口中填入信息，单击"完成开通"按钮，弹出成功开通博客窗口，如图 5.95（b）所示。

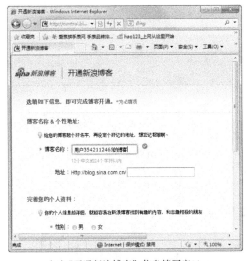

（a）"开通新浪博客"信息填写窗口

（b）"开通新浪博客"成功窗口

图 5.95　开通新浪博客

② 博客的设置。博客创建之后，可以根据自己的喜好对其进行设置，包括账号、访问、权限及页面设置等。下面简单介绍博客的设置方法。

a. 登录新浪博客后，就进入了博客的首页，单击首页右上角的"个人中心"按钮，在弹出的窗口右侧单击"设置"按钮，展开"设置"菜单，如图 5.96 所示。

b. 选择第一个 "账户/博客设置"命令，弹出窗口如图 5.97 所示。在窗口中有"个人信息""头像昵称""登录密码""博客地址"4 个选项卡，可以对博客进行设置。在窗口右侧还有"账号安全设置"按钮，可以对博客账号进一步设置。

图 5.96　博客设置菜单　　　　　　　　图 5.97　修改博客个人信息窗口

c. 选择第二个"权限管理"命令，弹出窗口如图 5.98 所示。在窗口中可以对"访问设置""消息设置""博文转载设置""访问足迹设置"进行设置。

d. 选择第三个"账号绑定"命令，弹出窗口如图 5.99 所示。可以设置对 MSN 和新浪微博的绑定。

图 5.98　"权限管理"窗口　　　　　　图 5.99　"绑定 MSN 账号"窗口

e. 单击主页上面的"页面设置"按钮，弹出窗口如图 5.100 所示。窗口有 5 个选项卡。

图 5.100　"新浪博客页面设置"窗口

- "风格设置"选项卡，如图 5.101 所示。可以设置页面背景风格，设置后效果如图 5.102 所示。
- "自定义风格"选项卡，单击后出现图 5.103 所示的窗口。

图 5.101 "风格设置"选项卡

图 5.102 "风格设置"效果窗口

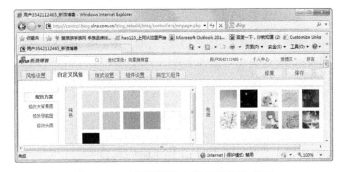

图 5.103 "新浪博客自定义风格"窗口

单击可以修改相应的风格（包括配色方案、修改大背景图、修改导航图、修改头图），若修改大背景图，单击"修改大背景图"按钮，自己上传图片，进行设置，结果窗口如图 5.104 所示。

- "版式设置"选项卡，单击出现图 5.105 所示的窗口，通过窗口可以设置博客的版式。例如，选择三栏，并将"分类"版块、"评论"版块、"留言"版块移动到右侧，效果如图 5.106 所示。

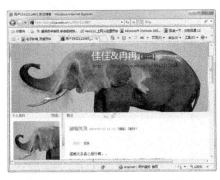

图 5.104 "自定义风格设置"效果窗口

图 5.105 "新浪博客版式设置"窗口

- "组件设置"选项卡，单击出现图 5.107 所示的窗口，通过窗口可以添加删除及设置组件。
- "自定义组件"选项卡，单击可以进行添加组件的操作，如添加文本组件，组件标题为诗诗，组件中插入图片，效果如图 5.108 所示。

图 5.106 "新浪博客版式设置"效果窗口

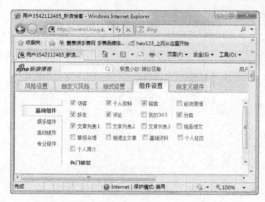

图 5.107 "新浪博客组件设置"窗口

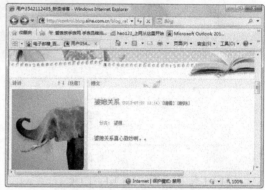

图 5.108 "新浪博客自定义组件"效果窗口

③ 撰写博客。发博文的方法很简单，单击右上角的"发博文"按钮，即可弹出发博文的窗口，如图 5.109 所示。在图中的标题处输入博文的标题，在内容处输入博客的内容。可以使用标题下方的工具按钮栏，进行内容格式的更改、表情的插入、图片和视频的插入等。

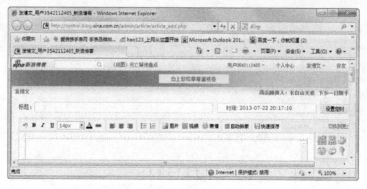

图 5.109 "发博文"窗口

博客内容输入无误后，拖动下拉菜单，如图 5.110 所示。进行博客的设置，包括博客的分类、标签、设置权限等，设置完毕后，单击"发博文"按钮。

④ 发图片和视频。博客中，除了发表日志，也可以发图片和视频，下面介绍发图片的操作步骤。

a. 单击首页窗口右侧的"发博文"菜单下的"发照片"按钮，弹出窗口如图 5.111 所示。

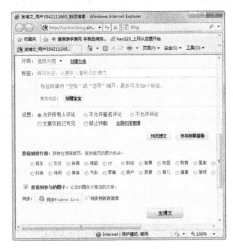

图 5.110　"博文设置"窗口　　　　　　　　　图 5.111　"博客选择图片"窗口

b. 单击"选择照片"按钮，在弹出的窗口中找到要发的照片，单击"确定"按钮后，弹出窗口如图 5.112 所示。

c. 在窗口中设置专辑和添加标签，设置完毕后单击"开始上传"按钮，稍等会出现"上传完成"窗口，如图 5.113 所示。

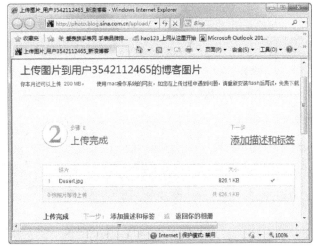

图 5.112　"博客上传图片"窗口　　　　　　　图 5.113　"博客上传图片完成"窗口

博客中发视频的方法与发图片的方法大致相同，不再赘述。

（4）微博的相关操作

除了基本博客外，微博也同样是博客的主流方式。微博，也就是微型博客，2009 年 8 月中国门户网站新浪推出"新浪微博"内测版，成为门户网站中第一家提供微博服务的网站，微博正式进入中文上网主流人群视野。早在 2011 年 10 月，中国微博用户总数就达到 2.498 亿，成为世界微博第一大国。

新浪微博的简单操作方法如下：

① 创建新浪微博。创建新浪微博可以通过绑定新浪博客的方法来实现。单击窗口"个人资料"版块的"微博"按钮，即可设置绑定。

② 相关设置。在微博中，用户可以对自己的微博进行账号或者模板的设置。

a．对账号的设置：在微博首页，单击菜单栏右侧的"设置"按钮，弹出"设置"菜单。选择"账号设置"命令，弹出"账号设置"窗口，如图 5.114 所示。可以根据自己的需要进行设置。

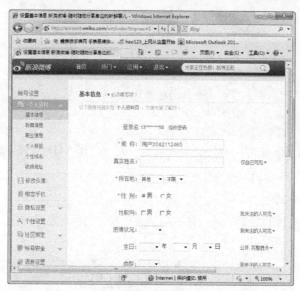

图 5.114 "微博账号设置"窗口

b．对模板的设置：在微博首页，单击"设置"按钮，在"设置"菜单中选择"模板设置"命令，弹出"模板设置"窗口，如图 5.115 所示。单击相应的选项卡进行设置后，单击"确定"按钮。

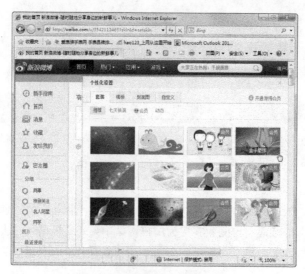

图 5.115 "微博模板设置"窗口

③ 编辑微博。创建新浪微博后，单击"个人资料"版块上的"微博"按钮，进入微博界面，如图 5.116 所示。单击微博窗口的"有什么新鲜事告诉大家"下面的空白处，即可输入 140 字以内的微博内容，单击下面的工具按钮，还可以插入表情、图片、视频等。输入完毕单击下面的"发布"按钮，即发布了一条微博。

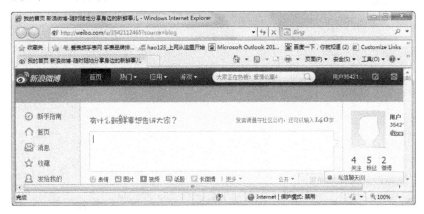

图 5.116　"微博发布"窗口

④ 加关注。加关注，顾名思义就是关注对方，成为他的粉丝，以后对方更新微博就会在你的主页显示，如果不想看到好友的信息，也可以取消关注。目前一个用户最多可以关注 2 000 人，超过系统会提示超标。

在微博首页，可以看到自己关注的人数和自己的粉丝人数，如图 5.117 所示。

加关注的方法有多种，下面介绍两种常用的方法。

a．通过"热门"菜单，加关注。单击微博首页上方的"热门"菜单，弹出窗口如图 5.118 所示。

图 5.117　微博关注显示　　　　图 5.118　"微博广场"窗口

选择喜欢的话题，浏览发言，单击想要关注人的名字，弹出窗口如图 5.119 所示。在弹出窗口中单击"+关注"按钮，弹出窗口如图 5.120 所示。设置完毕单击"保存"按钮就完成了对他人的关注。

图 5.119 "微博关注"窗口

图 5.120 "微博关注成功"窗口

b. 通过输入用户名，加关注。在新浪微博首页上方的搜索栏中，输入搜索的用户名或标签，如图 5.121 所示。搜索结果如图 5.122 所示。单击"+关注"按钮，在弹出窗口中设置后，单击"保存"按钮，完成关注。

图 5.121 "微博搜索用户名"窗口

图 5.122 "搜索微博"结果窗口

⑤ 查看消息。登录微博后，通常最先做的就是查看消息，包括评论、私信、新粉丝等。单击首页上的"查看"按钮就可以在下拉菜单下选择要查看的内容，"查看"菜单如图 5.123 所示。选择"查看@我"命令，弹出窗口如图 5.124 所示。

图 5.123 "查看"菜单

图 5.124 "查看@我"窗口

5.5.3　完成任务

通过前面的学习，小美掌握了博客的操作方法，并发布了铁路的相关信息，具体操作步骤如下：

① 注册博客。打开新浪博客登录网页，单击"注册新浪博客"，在窗口中填入自己的信息，单击"立即注册"按钮，在窗口中填入信息，单击"完成开通"按钮，弹出"成功开通博客"窗口。

② 设置背景风格。单击主页上面的"页面设置"按钮，单击弹出窗口中的"风格设置"选项卡，单击设置页面背景风格为"美人如花隔云端"。

③ 发表博客日志。单击右上角的"发博文"按钮，在弹出窗口的标题处输入博文的标题为"快乐的一天"，在内容处输入博客的内容，如图 5.125 所示。使用标题下方的工具按钮栏，进行内容格式的更改，插入表情，确定无误后，单击"发博文"按钮。

图 5.125　"博客"窗口

④ 绑定新浪微博。在微博首页，单击窗口"个人资料"版块的"微博"按钮，设置绑定。

⑤ 设置微博模板。在微博首页，单击"设置"按钮，在"设置"菜单中选择"模板设置"命令，弹出"模板设置"窗口，在窗口中选择"套装"选项卡中的"保护北冰洋"套装，单击"确定"按钮。

⑥ 发微博。单击微博窗口的"有什么新鲜事告诉大家"下面的空白处，输入图 5.126 所示的内容，输入完毕单击下面的"发布"按钮。

⑦ 通过"热门话题"，加关注。选择热门话题，浏览话题，单击感兴趣的话题，浏览发言，单击想要关注人的名字，在弹出窗口中单击"+关注"按钮，设置好后单击"保存"按钮。

图 5.126　"发微博"窗口

⑧ 通过输入用户名，加关注。在新浪微博首页上方的搜索栏中，输入搜索的用户名为韩寒，在搜索结果中选择，单击"+关注"按钮，在弹出窗口中设置后，单击"保存"按钮。

5.5.4 总结与提高

本节主要讲解了博客的相关概念，并以新浪博客和新浪微博为例介绍了它们的使用方法。下面讲解微博在实际应用中遇到的两个小问题。

1．新浪微博模板背景透明的设置方法

设置的操作步骤如下：

① 打开微博首页，单击"设置"按钮，在下拉菜单中选择"模板设置"命令。

② 在弹出的窗口中选择"自定义"选项卡，如图 5.127 所示。

③ 在弹出的窗口中单击"自定义模板"按钮，弹出窗口如图 5.128 所示。

图 5.127 "个性化设置"窗口

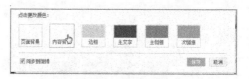

图 5.128 "自定义模板"窗口

④ 在弹出窗口单击"内容背景"按钮。

⑤ 在弹出的窗口中，输入"#ffffff"，如图 5.129 所示。单击"确定"按钮后，单击"保存"按钮。

2．在新浪微博中开启和关闭在线聊天

① 打开微博首页，单击"设置"按钮，在下拉菜单中选择"账号设置"命令。

② 在弹出窗口中选择"个性设置"选项卡，弹出窗口如图 5.130 所示。

③ 设置后，单击"保存"按钮。

图 5.129 "背景颜色设置"窗口

图 5.130 "个性设置"窗口

5.5.5 思考与实践

① 简述博客的定义与分类。

② 注册新浪博客账号。

③ 在新浪博客中进行页面设置，设置风格为"宁静乡村"，版式设置为"两栏 3:1"。

④ 在新浪博客中撰写一篇博客日志，并在日志中插入图片和视频。

⑤ 在新浪微博中进行账号设置，设置"教育信息"，学校类型为"大学"，学校名称为"辽宁铁道职业技术学院"，入学年份为"2018 年"。

⑥ 在新浪微博中进行模板设置，设置模板为"风轻云淡"。

⑦ 在新浪微博中发布一篇微博，并在微博中插入图片。

⑧ 在新浪微博中关注"中国铁路"，并查看最新文章。

5.6　移动媒体图文分享

随着移动网络传输技术和速度的不断提高，移动网络环境下信息的共享模式成为主流的信息传播方式，基于移动媒体的图文分享，丰富的信息资源得到充分的共享，使手机用户能够方便、快捷地获得准确的信息资源。

5.6.1　任务的提出

⚑ 我们的任务

某站段的工作人员小美接到任务，进行高铁相关信息的宣传。在众多种信息传播方式当中，面向移动终端的图文分享和个性化信息推送成为当今信息传播的主要方式之一。小美权衡了信息传播的方式，决定运用移动媒体进行图文信息的分享，以便快捷地进行高铁相关信息的分享。

5.6.2　分析任务与知识准备

1. 分析任务

基于移动终端的图文分享方式有很多种，如简书、故事贴、美篇、指间秀等，本文以美篇软件为例，进行图文信息的分享，大致步骤如下：

① 注册美篇账号；

② 编辑美篇图文信息；

③ 一键分享到朋友圈、微博、QQ 空间等社交平台。

2. 知识准备

（1）美篇的介绍

美篇是一款图文创作分享应用 APP，产品覆盖 Web 及移动终端。美篇解决了微博、微信朋友圈只能上传 9 张图片的痛点，为用户创造了流畅的创作体验。

（2）美篇的特色

① 美篇的强大功能。美篇支持插入 100 张图片、背景音乐和视频，可以任意排版，随时修改更新，体验"1 分钟写好一篇游记"的感觉。

② 美篇的原创图文社区。基于海量 UGC 和 PGC 的图文内容，美篇聚合了一个有较高生活质量和情感表达需求的优质用户群体。

③ 美篇的社交平台。美篇基于用户的兴趣爱好，设置了摄影、旅行、生活、兴趣、美文等分类栏目，用户可以与顶级摄影大师，旅行达人，热爱美食、生活、萌宠等有相同频率的朋友互动交流。

④ 中小企业商家营销利器。美篇有满足商务、亲子、情感等各种使用场景的海量背景模板，详细的数据分析统计，是众多中小企业商家的推广选择。

（3）美篇的功能

① 图文可以随时修改更新，是图文直播的不二选择。

② 有商务、亲子、生活、节日等海量背景模板，满足各种使用场景。

③ 一键分享到朋友圈、微博、QQ 空间等社交平台，打造自己的内容头条。

④ 投稿上首页精选，让作品被更多人看到。

⑤ 可开启赞赏功能，让作品获得经济回报。

⑥ 精准的访问统计功能，让文章推广更有针对性。可设置访问权限，为你的内容贴心护航。

⑦ 可导出 PDF，一键保存到本地。

（4）美篇网页版

美篇网页版于 2016 年 7 月正式发布，美篇网页版具有和 APP 版一样的编辑功能，为用户在计算机端图文创作提供便捷。

（5）美篇手机版的使用方法

① 注册、登录美篇。登录美篇，可以通过输入账号和密码进行登录，也可以用微信、微博、手机号登录，如图 5.131 所示。如果希望通过注册新账号登录，也可以进行美篇账号的注册。

注册美篇账号的步骤如下：

a. 打开美篇登录界面。

b. 在美篇登录界面单击"美篇账号"按钮，弹出窗口如图 5.132 所示。

图 5.131　美篇登录界面

图 5.132　美篇账号登录界面

c. 在界面中点击右上角"注册"按钮，弹出图 5.133 所示界面，输入手机号，并获取验证码，输入后弹出界面如图 5.134 所示。

d. 在注册界面输入昵称和密码，点击"注册"按钮，如图 5.135 所示。即可完成美篇的注册，弹出注册成功界面，如图 5.136 所示。

② 发表美篇图文并茂文章的方法。

a. 新建一篇文章。在点击主界面下方的"+"号，即可新建一篇文章，如图 5.137 所示。

图 5.133　美篇注册界面

图 5.134　美篇账号设置界面

图 5.135　美篇输入昵称界面

图 5.136　美篇账号注册成功界面

　　b. 插入图片。在弹出的界面中，选择"图片"命令，插入图片，如图 5.138 所示。在手机图片中选择要插入的图片如图 5.139 所示。单击"确定"按钮，插入图片后效果如图 5.140 所示。

图 5.137　新建文章界面

图 5.138　插入图片界面

图 5.139　选择图片界面

图 5.140　插入图片完成界面

c. 输入标题。在弹出的界面中，点击"设置标题"按钮，为文章设置标题，在弹出的界面中设置标题后，点击"完成"按钮，完成标题的输入，如图 5.141 和图 5.142 所示。

图 5.141　设置标题界面

图 5.142　插入标题完成界面

d. 添加文字。返回编辑界面后，点击"添加文字"按钮，为文章添加文字，如图 5.143 所示。在编辑文字的界面中，输入文字，点击"完成"按钮，完成文字的输入，如图 5.144 所示。在这里，也可以在输入文字下方工具条设置文字的大小、对齐方式、字体颜色等。完成编辑后，点击"下一步"按钮，完成文章的编辑。

e. 设置文章的模板、背景音乐、图和文字的顺序及文章是否公开等。

设置文章的模板，点击界面下方"模板"按钮，弹出的模板设置界面如图 5.145 所示。在弹出的界面中选择相应的模板，并点击"完成"按钮，如图 5.146 所示。完成对文章模板的设置。

设置文章的背景音乐，点击界面下方的"背景音乐"按钮，弹出的背景音乐界面，在弹出的界面中选择背景音乐，系统默认的音乐集可以先试听再选择，如图 5.147 所示。若没有合适的背景音乐，也可以点击背景音乐界面中的"搜索在线音乐"按钮，输入音乐名称搜索音乐，如图 5.148 所示。选择指定音乐后点击"完成"按钮，完成对背景音乐的设置。

图 5.143　编辑文字界面

图 5.144　编辑文字完成界面

图 5.145　设置文章模板界面

图 5.146　文章模板完成界面

图 5.147　选择系统默认背景音乐界面

图 5.148　选择网络背景音乐界面

设置图和文字的顺序，点击界面下方的"字上图下"按钮，弹出图和文字顺序设置的界面如图 5.149 所示。选择后，完成对图文顺序的设置，选择"字上图下"后的设置效果如图 5.150 所示。

图 5.149　设置文字和图片布局界面

图 5.150　设置文字和图片布局效果界面

设置公开权限，点击界面下方的"公开"按钮，弹出文章在美篇软件中权限设置的界面如图 5.151 所示。设置后，完成对文章权限的设置。

其他设置，点击点击界面下方的"设置"按钮，如图 5.152 所示。设置后，完成对文章的设置。

图 5.151 设置文章权限界面   图 5.152 其他设置界面

f. 完成图文并茂美篇的编辑。点击预览界面中的"完成"按钮，即完成美篇的编辑。

g. 分享美篇。完成编辑美篇弹出的界面如图 5.153 所示。选择要分享的社交软件，分享到微信朋友圈的美篇如图 5.154 所示。也可以将美篇导出成长图，点击"保存"按钮，即可将导出的长图保存，如图 5.155 所示。长图也可以分享。

图 5.153 分享社交软件界面   图 5.154 分享到微信朋友圈界面   图 5.155 文章导出的长图

5.6.3 完成任务

通过前面的学习，小美注册了美篇账号，并发表图文并茂的高铁动卧的相关文章。具体操作步骤如下：

① 注册美篇账号。打开美篇登录界面，在美篇登录界面点击"美篇账号"按钮，在界面中点击右上角"注册"按钮，输入手机号，并获取验证码，在注册界面输入昵称和密码，点击"注册"按钮，即完成美篇的注册，弹出注册成功界面。

② 插入图片。在弹出的界面中选择"图片"命令，插入图片，在手机图片中选择并点击"确定"按钮，操作结果如图 5.156 所示。

③ 输入标题。在弹出的界面中点击"设置标题"按钮，为文章设置标题。在弹出的界面中设置标题为"高铁动卧特色环境"，单击"完成"按钮，完成标题的输入，如图 5.157 所示。

④ 添加文字。返回编辑界面后，点击"添加文字"按钮，为文章添加文字，在编辑文字的界面中，输入文字，点击"完成"按钮，完成文字的输入。完成编辑后，点击"下一步"按钮，完成文章的编辑，预览如图 5.158 所示。

图 5.156　图片插入后界面

图 5.157　标题输入后界面

⑤ 设置文章的模板、背景音乐、图和文字的顺序及文章是否公开等。设置文章模板为"智慧城市"，设置搜索背景音乐为"高铁为荣"，文图排版为"字上图下"，公开权限选择"公开"，设置为"允许评论"，完成设置后预览如图 5.159 所示。

图 5.158　添加文字后界面

图 5.159　设置文章后界面

⑥ 完成图文并茂美篇的编辑。点击预览界面中的"完成"按钮，即完成"高铁动卧"美篇的编辑。

⑦ 分享美篇。分享到微信朋友圈。

5.6.4　总结与提高

本节主要讲解了美篇的相关操作知识，并以制作高铁动卧相关的美篇为例介绍了美篇的使用方法。

美篇软件除了能够发表图文并茂的文章外，还有很多实用的功能。

1. 美篇投票功能的使用

美篇投票功能设置的操作步骤如下：

① 打开美篇软件，点击"+"按钮，在界面中设置标题、文字、图片后，点击"投票"按钮，设置相关投票内容，如图 5.160 所示。

② 点击"完成"按钮，完成文章的编辑，效果如图 5.161 所示。

2. 美篇导出海报功能的使用

美篇导出功能设置的操作步骤如下：

① 选择要设置的美篇文章，点击"分享"按钮，在界面中选择"制作海报"命令。

② 在弹出的界面下方选择合适的封面，如图 5.162 所示。

③ 设置后，点击"分享"按钮，如图 5.163 所示。将设置好的海报分享到社交软件。

图 5.160　设置投票界面　　图 5.161　设置投票后界面　图 5.162　设置海报封面界面　图 5.163　"分享海报"界面

5.6.5　思考与实践

① 简述美篇软件的功能。

② 注册美篇账号。

③ 建立一个美篇文档，文件名为"我眼中的大美祖国"，并按照以下要求进行操作：

a. 登录美篇界面，新建文档。

b. 插入手机中关于美丽景色的图片。

c. 输入标题为"我眼中的大美祖国"。

d. 添加文字，输入每张图片的相关文字。

e. 设置文章的模板、背景音乐、图和文字的顺序及文章是否公开等。

f. 完成文档的编辑，并分享美篇到微信朋友圈。

④ 通过美篇建立一个投票文档，选出手机中的三张图片，进行图文编辑，并在文档最后设置三张图片的投票。

参 考 文 献

[1] 赵旭辉，王素香，谭昕，等. 计算机应用基础（Windows 7+Office 2010）[M]. 北京：中国铁道出版社，2014.

[2] 李志群，杨子燕. 计算机应用基础教程[M]. 北京：中国铁道出版社，2013.

[3] 饶兴明，李石友. 计算机应用基础[M]. 北京：北京邮电大学出版社，2013.

[4] 张永昌. 计算机应用基础[M]. 北京：北京邮电大学出版社，2014.

[5] 王菊，王巨松. 计算机基础实训教程[M]. 北京：北京邮电大学出版社，2015.

[6] 王小林，郭燕. Excel 2010电子表格制作高级案例教程[M]. 北京：航空工业出版社，2012.

[7] 谢昌兵，戴成秋，曾勤超. 计算机应用基础（Windows 7+Office 2010）[M]. 上海：上海交通大学出版社，2015.

[8] 谭鸿健，李展涛. 新编大学计算机应用基础[M]. 上海：上海交通大学出版社，2017.

[9] 邹贵红. 计算机应用基础教程（Windows 7+Office 2010）[M]. 北京：电子工业出版社，2017.

[10] 顾沈明. 计算机基础[M]. 北京：清华大学出版社，2017.

[11] 高昂. Word 2010文档处理案例教程[M]. 北京：清华大学出版社，2016.